Mark Benecke
Mumien in Palermo

Mark Benecke

Mumien in Palermo

Als Kriminalbiologe
an den dunkelsten Orten der Welt

Lübbe

Dieser Titel ist auch als E-Book erschienen

MIX
Papier aus verantwor-
tungsvollen Quellen
FSC® C083411

Originalausgabe

Copyright © 2016 by Bastei Lübbe AG, Köln
Fotos Innenklappen: Archiv Mark Benecke
Karten Innenklappen: Sarah Franke, Köln
Umschlaggestaltung: Guter Punkt, München
Einband-/Umschlagmotiv: © Archiv Mark Benecke
Satz: Dörlemann Satz, Lemförde
Gesetzt aus der ITC Giovanni
Druck und Einband: CPI books GmbH, Leck – Germany

Printed in Germany
ISBN 978-3-7857-2572-6

5 4 3 2

Sie finden uns im Internet unter: www.luebbe.de
Bitte beachten Sie auch: www.lesejury.de
Neuigkeiten vom Autor unter: www.benecke.com

INHALT

VORWORT

Das Publikum entscheidet – nicht nur die Themen meiner Vortragsabende, sondern auch, dass ich die folgenden Fälle aufschreibe.

Dieses Buch ist mein Geschenk an alle ZuschauerInnen und ZuhörerInnen, Studierenden und Fans, denn ohne Ihre Nachfragen wären mir viele Details, auch in meinen eigenen Fällen, nie aufgefallen. Danke schön.

Es freut mich, dass gerade die schrägen Themen dabei so oft nachgefragt werden. An Aliens und entflammten Menschen kann man seine Kombinations- und Experimentiergabe schärfen, weil gedankenlähmende Vorurteile dabei besonders harmlos wirken. Sind sie aber nicht.

Den Fall von Therese von Konnersreuth habe ich deshalb kurzfristig mit in das Buch genommen. Er zeigt uns, warum nur rechtzeitige, sachliche Aufklärung ein später nicht mehr beeinflussbares Glaubensgebilde verändern kann.

Ich möchte zudem zeigen, dass auch die kauzigste Forschungsrichtung kriminalistische Bedeutung haben kann. Nicht jeden Fall können wir mit dem klassischen kriminalistischen Besteck bearbeiten. Einige ForscherInnen, die sich nicht für Forensik interessieren – ich mich aber sehr für ihre Forschungen – stelle ich Ihnen daher ebenfalls hier vor. »Picking someone's brain«, nennen die Amerikaner, was ich mit diesen KollegInnen mache; zu deutsch: durch Fragen lernen.

Vorweg noch eine große Verbeugung an Martin Schöller, der mich 1998 in Manhattan für eine forensische Reportage auf analogem Film porträtierte. Er ist heute einer der bekanntesten Fotografen Nordamerikas, dabei aber so menschlich und cool wie früher geblieben. Für dieses Buch hat er zwei Fotos zur Verfügung gestellt.

Im Namen der LeserInnen danke ich auch dem Verlag, der Ihnen und mir nach zwanzigjähriger Zusammenarbeit ein Buch mit durchgehend farbigen Abbildungen ermöglicht hat.

Damit entlasse ich Sie in die Welt der besonders sonderlichen Fälle. Ich hoffe, Sie folgen mir auf verschlungenen und manchmal detailreichen Wegen. Dabei wird sich ein eigenwilliges Rätsel nach dem anderen lösen und lichten.

Wie immer gilt dabei: Glauben Sie nichts.

Prüfen Sie alles.

Mark Benecke
Amsterdam und London, Sommer 2016

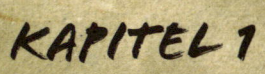

KAPITEL 1

Zum Aufwärmen:
Aliens und andere Leichen

EINE ALIEN-AUTOPSIE

Niemand (auf der Erde) weiß, ob es Außerirdische gibt. Vielleicht können wir sie einfach nicht wahrnehmen – sie könnten riesig oder sandkornklein sein. Wabern sie wie Nebel durch die Gegend oder gleichen sie Radiowellen, die sogar durch uns hindurchreichen? Und wer sagt, dass Aliens auf der Erde *leben*? Vielleicht stürzt ja bloß manchmal eine Gestalt ab, landet in unserem Schwerefeld und kracht – wenn ihr Schiff nicht verglüht – auf die Erdoberfläche.

Wir prüfen in der naturwissenschaftlichen Kriminalistik nichts, was wir nicht messen oder beschreiben können. Zu den nicht genügend genau beschriebenen und daher unprüfbaren Wesen und Dingen gehören Gott, die Gerechtigkeit und Geister. Was wir nicht messen können, besprechen wir nicht.

Als ich gefragt wurde, ob ich eine Alien-Autopsie untersuchen wollte, war die Antwort trotzdem nicht so einfach. Denn es gab eine Tatort-Spur – einen verwackelten Schwarz-Weiß-Film aus Roswell, angeblich aus dem Jahr 1947. Das Team aus den USA wollte wissen, ob der Film und damit die Sektion des außerirdischen Lebewesens echt sein kann oder nicht. Der Tonmann der Produktion hatte berichtet, dass alles innerhalb weniger Tage als Fälschung im Hinterhof zusammengestrickt worden sei. Doch mehr als sein Wort hatten wir nicht.

Also schaute ich mir das rätselhafte Werk an. Auf den ersten Blick verblüffte mich weniger das Alien als die seltsame Uniform der Untersucher. So einen Schutzanzug hatte ich noch nie gesehen. Doch es gibt vieles, was ich noch nie gesehen habe.

In New York hatte ich schon neben dem Chef des Institutes für Rechtsmedizin im Sektionssaal gestanden, der in Straßenkleidung dieselbe Leiche aufschnitt, an welcher der ebenfalls neben ihm stehende Präparator wegen der damals zunehmend auftretenden Krankheiten Hepatitis C und AIDS in einem Vollschutzanzug, einer Art Astronauten-Outfit, arbeitete. Wer wollte da entscheiden, ob die KollegInnen im Jahr 1947 in einer Militärbasis in der Wüste nicht auch unübliche Schutzkleidung trugen, während sie das Alien zerlegten?

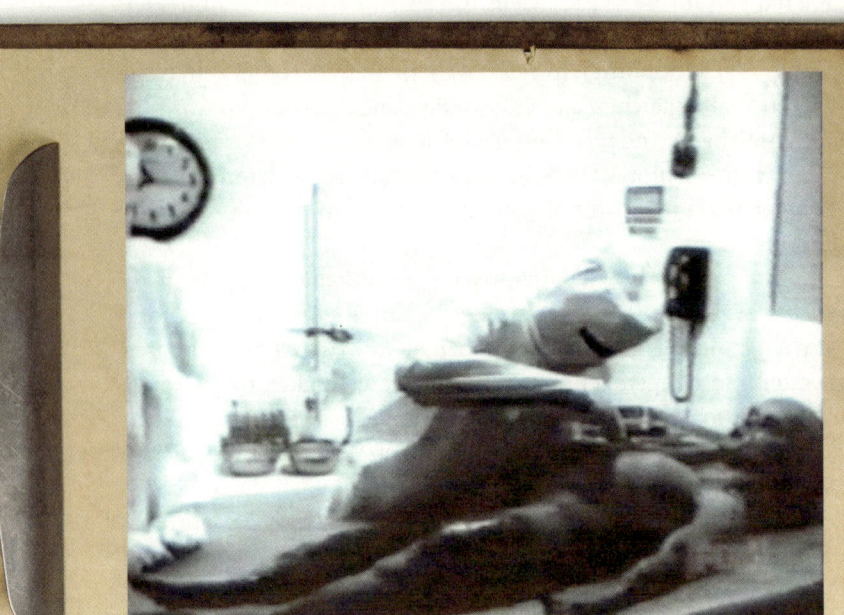

Ungewöhnliche, aber nicht unmögliche Sektionsausrüstung bei der Alien-Autopsie: Strahlenschutzausrüstung oder ein Anzug gegen biologische oder chemische Kampfstoffe?

Merkwürdig am Alienfilm war auch, dass die UntersucherInnen darin nur zaudernd an der Leiche arbeiteten. Die meisten Handgriffe bei einer Sektion sind Tag für Tag dieselben, und wie bei jedem anderen Beruf stellt sich daher nach einiger Zeit Routine ein. So prüfen RechtsmedizinerInnen beispielsweise immer die Leichenstarre, indem sie einen Arm oder ein Bein der toten Person anwinkeln (beziehungsweise es versuchen), und setzen immer gleiche Schnitte, um die inneren Organe untersuchen zu können. Die Ärzte auf der Militärbasis in Roswell arbeiten im Film aber nur ganz zaghaft, zeigen nach hier und nach dort und scheinen in einer Szene sogar den Pulsschlag an einer großen Ader am Hals zu prüfen. Und das bei einem auf die Erde abgestürzten Alien, dessen Raumschiff zertrümmert sein soll und aus dem trotz schwerer Beinverletzung keine Flüssigkeiten austreten.

Doch wer weiß schon, was den KollegInnen kurz nach Ende des Zweiten Weltkrieges angesichts eines kindlich oder krank aussehenden Besuchers aus dem All während dessen Sektion durch den Kopf gegangen sein könnte.

Also suchten wir nach härteren, messbaren und besser prüfbaren Tatsachen. Wir fanden sie – aber nicht durch Tüfteln, Zeugen oder Nachdenken, sondern mittels biologischer Vergleiche. Wir fragten uns, ob die Körperzusammensetzung und der Aufbau des fremden Wesens – egal, wo es herkam – unter den im Film erkennbaren Bedingungen Sinn ergaben.

ANATOMISCHE BESONDERHEITEN

Nachdem wir die Filmaufnahmen kontrastverstärkt hatten, zeigte sich, dass das Alien am schwer verletzten, durch den Absturz geöffneten Bein eine schräge Wunde aufwies. Darunter lag ein Hohlraum. Die Wunde musste also in einer festen, dicken Schicht liegen, fast wie ein Lochbruch eines Rohres. Das ist eigentümlich, weil lebende Körper eigentlich anders stabilisiert sind. Und einen lebenden Körper hatte unser Alien ja.

Beispielsweise gibt es auf der Erde keine meterhohen Riesenspinnen, weil diese – wie offenbar auch die Beine unseres Außerirdischen – außen hart und innen weich sind. Eine harte Außenhülle muss mit zunehmender Größe der Riesenspinne aber immer dicker werden, damit sie das Gewicht tragen kann. Da solch eine feste Hülle steif sein muss, können die ebenfalls immer dicker und steifer werdenden Gelenke bald nicht mehr arbeiten. Riesenspinnen wären also unbewegliche Spinnen. Darum könnten sie uns nichts anhaben.

Warum hat das Alien im Film also einerseits eine dicke, steife Außenhaut, zugleich aber die Gelenke eines Menschen, bei dem die steifen Knochen *innen* liegen? Denn menschliche Gelenke funktionieren ja überhaupt nur durch ihre außen liegenden Muskeln und Sehnen, die mit den innen liegenden Knochen verbunden sind. Beim Alien stimmt also etwas nicht.

Zur Erklärung, warum dieser biologische Widerspruch so interessant ist: Unsere Außenhülle, die Haut, ist sehr stabil. Man kann Haifisch-Angelhaken hindurchstecken und Menschen damit in die Luft ziehen *(body suspension)*. Sie ist aber trotzdem nicht hart und steif, sondern eine bieg- und dehnbare Hülle. Das Alien ist biomechanisch also verdächtig menschenähnlich aufgebaut, ohne offenbar unter irdischen Bedingungen entstanden zu sein.

Gleichzeitig ist das Wesen so vermurkst konstruiert, dass keine Umwelt auf anderen Planeten dazu passt. Denn käme es von einem Planeten mit großer Schwerkraft, würden wir ein gedrungenes Wesen erwarten, das nicht auf zwei schlanken Beinen geht. Bei geringerer Schwerkraft erwarten wir ein fluffig-elastisch gebautes Alien, ohne die harte Außenschicht unseres Film-Fremdlings, die beim Unfall wie erwähnt gleich einem außen harten Rohr aufgebrochen wirkt.

Die Schwerkraft wirkt aber im ganzen Universum, auch auf anderen Planeten, und lässt sich nicht abschirmen. Sie verhält sich nicht wie magnetische oder elektrische »Strahlen«, die wir durch eine Metallwand abblocken können. Die Anziehung von Massen lässt zwar mit zunehmender Entfernung nach, ihre Wirkung ist aber doch unbegrenzt und nicht abschirmbar. Sie endet nie.

Wenn daher Lebewesen, die wie unser Alien Arme und Beine haben, auf einem Planeten aufwachsen, dann sind sie immer der Schwerkraft dieses Planeten ausgesetzt. Massen ziehen sich an – auch Planeten und deren BewohnerInnen gegenseitig. Die Schwerkraft wirkt sich darum auf den Bauplan aller Lebewesen aus, auch auf unser Alien. Und dessen Konstruktion sieht bezogen auf den der Schwerkraft angepassten Aufbau verdammt erdenähnlich aus.

ALIENBLUT

Man könnte nun – entgegen aller bisherigen archäologischen Funde – einwenden, dass das Alien vielleicht von Ahnen abstammt, die irgendwann einmal die Erde besucht hätten (oder wir sie). Die Erbsubstanz wäre ausgetauscht und vermischt worden, und danach hätten die Wesen mit großem technischen Aufwand Raumstationen mit anderen Schwerkraftverhältnissen gebaut und jeden Tag wie menschliche Astronauten ein Fitnessprogramm betrieben, um ihre Knochen und Muskeln funktionsfähig zu halten.

Doch selbst diese schon herausfordernde Annahme hilft uns nicht, den Körperbau des Wesens zu verstehen. Denn es geht nicht nur um Knochen und Muskeln. Das tote Alien hat auch keine Totenflecken, obwohl bei seiner Sektion Blut oder eine andere Flüssigkeit aus seinem Körper läuft.

Wenn eine Flüssigkeit auf der Erde in einem lebenden Körper wie Blut funktioniert, dann sammelt sie sich durch die Schwerkraft in unteren Körperbereichen an. Langstrecken-Reisende kennen das, weil die Beine nach einigen Stunden ohne Bewegung wehtun. Ältere Menschen kennen es als »Wasser in den Beinen«, jüngere vielleicht von einer Ohnmacht, wenn ihr Herz nicht mehr stark genug schlägt, um das Blut gegen die Schwerkraft nach oben, in Richtung Gehirn, zu transportieren.

Bei toten Menschen entstehen deshalb Totenflecken. Das sind

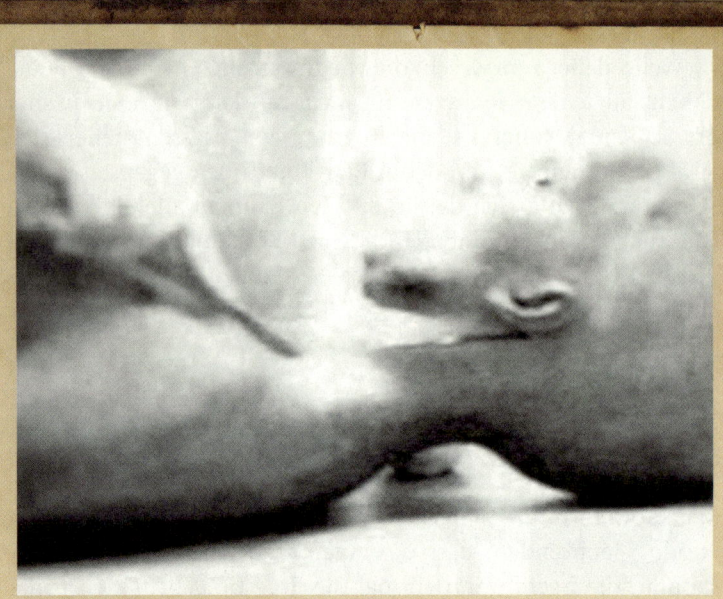

Teile des Blutes sickern mit der Schwerkraft ins Gewebe und bleiben dort stecken: Totenflecken. Die Frau lag auf dem Rücken – dort, wo die Matratze und Falten gegen den Körper drückten, gelangte kein Blut ins Gewebe (weiße Aussparungen).

rötlich gefärbte Bereiche des Körpers, in welche die Schwerkraft Teile des Leichenblutes gezogen hat. Nach einigen Stunden sitzen diese toten, roten Blutverfärbungen dauerhaft im Gewebe fest und lassen sich nicht mehr verschieben, beispielsweise durch einen Daumendruck auf die betreffende Stelle. Die Totenflecken fließen bald auch nicht mehr an andere Gewebestellen, wenn man die Leiche dreht. Warum also hat das Alien keine Totenflecken?

Möglich wäre, dass die blutartige Flüssigkeit des Aliens farblos ist. Sein Blut würde dann zwar ins Gewebe sinken und dort Flecken erzeugen – wir könnten sie wegen der fehlenden Eigenfarbe aber nicht sehen.

Farbloses Blut? Das hört sich verrückt an, ist aber auch auf der Erde weitverbreitet. Die meisten irdischen Lebewesen transportieren ihre Nähr- und Botenstoffe mit einer hellen, nicht wie bei Menschen rot gefärbten Flüssigkeit durch ihre Körper. Insekten verwenden dazu beispielsweise farblose Hämolymphe. Das Blut von Tintenschnecken, Krebsen, Spinnen und Muscheln enthält statt Eisen die Kupferverbindung Hämocyanin. Auch sie ist farblos. Es gibt also farbloses Blut auf der Erde, und vielleicht auch anderswo.

Während der Sektion des Aliens aus Roswell rinnt aber dunkles Blut aus seinem Halsschnitt. Da seine erkennbar dicke Haut mit Nährstoffen versorgt werden muss, muss die Nahrung dafür durch Blut ins Gewebe gebracht werden. Einfaches Sickern oder Diffusion genügen dafür nicht, weil damit nur kurze Strecken überbrückt werden können, beispielsweise bei Bakterien. Entweder ist das Blut des Aliens also hell (ist es aber nicht) oder es gelangt ins Gewebe und muss dann Totenflecken erzeugen (passiert auch nicht).

Vermutlich hat hier jemand eine irdische, richtige Beobachtung auf eine fremdplanetarisch erfundene Wirklichkeit gepropft. Immerhin – das ist eine Stoßrichtung, die sich durch Spuren und Beweise, auch ohne Glauben und Meinen, verfolgen lässt.

FÜSSE AUF ABWEGEN

Ungewöhnlich sind auch die Füße des Aliens. Warum sollte auf einem anderen Planeten dieselbe Fußform entstehen, wie wir sie auf der Erde von Menschen – und nur von Menschen – kennen? Selbst wenn der fremde Planet erdähnlich oder der Erde sogar bis ins Kleinste gleich aufgebaut wäre: Dort entstehende Körper wären, auch unter vollkommen gleichen Umweltbedingungen, anders aufgebaut.

Lebewesen entwickeln sich – sogar auf ähnlichen Planeten – stets stark unterschiedlich, weil die Entwicklung des Lebens als Einbahnstraße verläuft. Bereits »entwickelte«, also bei lebenden Wesen vorhandene Organe, Knochen und dergleichen können zwar in weiter entwickelten Lebewesen wiederverwendet und umfunktioniert werden. Eine Neuordnung der vielen verschachtelt arbeitenden Gewebeteile ist aber unmöglich.

Wenn ein solcher Neubau möglich wäre, dann hätte sich mit der Entwicklung des aufrechten Ganges von Affen und Menschen beispielsweise der Bau des Beckens und der Gelenke völlig verändert. Neugeborenenköpfe würden dann bei einer vaginalen Geburt nicht mehr stark zusammengequetscht, SportlerInnen würden die Bänder nicht reißen, und Bandscheibenvorfälle gäbe es auch nicht mehr. All diese Unvollkommenheiten kommen daher, dass Becken, Bänder und Bandscheiben Kompromisskonstruktionen sind. In der Evolution müssen die zum Überleben nötigen und sinnvollen Aufgaben stets mit den körperlich schon gegebenen Möglichkeiten in Einklang stehen. Da man aber weder auf Geburten noch auf Bewegung verzichten kann, muss das bereits vorhandene, beispielsweise für den vierbeinigen Gang gebaute Material, so angepasst werden, dass es funktioniert. Perfekt wäre etwas ganz anderes, nämlich ein Neubau von Grund auf. Es ist also sehr ungewöhnlich, dass in dieser Einbahnstraße aus irdischen Zufällen mit Vulkanausbrüchen, Kriegen und Klimaveränderungen über Jahrmillionen genau der gleiche Fuß bei Aliens und Menschen vorkommen soll.

Selbst auf einem sehr ähnlichen Planeten wäre daher der Aufbau der Lebewesen über die Jahrhunderttausende immer wieder an kleinen Abzweigungen, in kleinen Schritten, ein wenig anders verlaufen. Fluten, Sandstürme und Kälte löschen beispielsweise immer wieder einen Teil der Lebewesen zufällig aus, und eine etwas anders gebaute Form von Lebewesen überlebt ebenso zufällig. Die wunderschöne Vielfalt der Lebensformen auf der Erde zeugt von solchen Zufällen und kleinen Konstruktionsschritten. Nicht nur wird jede Nische der Welt – von einer heißen Quelle unter Wasser bis zum Schnee in den Bergen – von Lebendigem besiedelt. Die Besiedlung verläuft eben auch durch Verdrängungen, Zufälle, Katastrophen im Rahmen des genau dann und dort gegebenen genetischen Spielraumes.

Es gibt auf der Erde deshalb nicht nur sehr viele Fußformen (Pferde und Vögel gehen auf ihren Zehen, Enten haben Schwimmhäute), sondern auch verschiedene Augenarten. Tintenschnecken haben beispielsweise keinen blinden Fleck in der Netzhaut, eine schlitzförmige Pupille und eine andere Linsenfüllung. Ihr Auge ist anders als Menschenaugen aufgebaut, obwohl es ähnlich aussieht.

Wenn es nun schon auf der Erde Millionen getrennter Entwicklungen, darunter sogar Neuerfindungen der Sehorgane gab – warum sollte dann auf einem anderen Planeten ausgerechnet ein bis ins Detail gleicher Menschenfuß oder ein irdisch anmutendes Menschenauge entstehen?

BOX: ALIEN-AUGEN

Mein Kollege (und Vorbild) Prof. Dr. Benno Meyer-Rochow ist der produktivste Forscher, den ich kenne. Er gewann einen Ig-Nobelpreis für Strömungslehre in Harvard, nachdem er den Druck berechnete, mit dem Pinguine ihren Kot sternförmig ums Nest spritzen. Dabei durfte er die Tiere nicht anfassen, weil das in freier Natur streng verboten ist.

Meyer-Rochow, der mittlerweile in Japan lebt, hat Suizide unter Sehbeeinträchtigten erforscht, den Einfluss von Licht vor der Geburt auf das menschliche Leben danach geprüft und die Augen von Kerbtier- und Schnecken-Arten beschrieben, die noch nicht mal Google kennt. Jüngst hat er haarige Larven rasiert und festgestellt, dass sie danach im Wasser untergehen. Ich kenne keinen Forscher, der so viele jenseits des Tellerrands liegende biologische Arbeiten geschrieben hat wie er.

Da er sich seit Jahrzehnten mit dem Aufbau der Augen von Motten, Schnecken, Menschen, Krebsen und Krokodil-Eisfischen sowie der Wirkung von Licht auf Lebewesen beschäftigt, fragte ich ihn, wie viele Sorten von Augen er auf der Erde kennt.

MARK/FRAGE:

Welche irdischen Augentypen fallen Dir auf Anhieb ein?

Experte unter anderem
für Augen von Lebe-
wesen, selbst an sehr
entlegenen Orten:
Benno Meyer-Rochow.

BENNO MEYER-ROCHOW/ANTWORT:

Eine durchaus »markige« Frage: Soll sie sich nur auf
Menschen beschränken (auf Augenfarbe und Augenform)
oder die Tierwelt mit einbeziehen?

Beim für die Aufnahme des Lichts notwendigen Sehpig-
ments gibt es im Tierreich mindestens vier Typen, die
man als »retinal A1, A2, A3 und A4« unterscheidet.
A1 und A2 sind fast überall bei Wirbeltieren zu finden (A2 auch bei manchen Krebstieren), A3 bei Insekten und A4 (selten) bei Krebstieren. Da A1 auch bei
sogenannten Purpurbakterien auftritt, kann man wohl
davon ausgehen, dass es das ursprünglichste Sehpig-
ment ist.

Die vier Typen schließen allerdings nicht aus, dass
es auch eventuell noch weitere gibt. Im Auge des Tin-
tenfischs *Watasenia*, einem leuchtenden Kalmar, sind
sogar drei Sehpigmente (A1, A2 und A4) vorhanden.

MARK/FRAGE:

Eine große Vielfalt, schon bei den Bausteinen der Augen. Wie schaut es mit ganzen Augen aus?

BENNO MEYER-ROCHOW/ANTWORT:

Damit kommen wir zur Optik. Da sind zwei Haupttypen zu unterscheiden: einerseits Augen mit nur einer Hornhaut und Linse sowie andererseits die bekannten Facettenaugen mit oft vielen Hundert sogenannten Ommatidien, die alle selbst eine winzige Cornea und ein Linsengebilde, das man Kristallkegel nennt, besitzen.

Die Sache wird aber dann viel komplizierter, weil es nämlich von beiden Augentypen zahlreiche Unterabteilungen gibt. Ja, es gibt sogar Fische mit beidseitig in »Überwasser-« und »Unterwasseraugen« getrennte Augen, also vieräugige Fische.

Ähnliches gibt es auch bei manchen Insekten. Taumelkäfer, die auf der Wasseroberfläche entlangflitzen, aber auch manche Eintagsfliegen- und Leuchtkäfermännchen, bei denen das eine Facettenauge nach oben in den Himmel schaut und das andere Facettenauge zur Seite und nach unten schielt. Darüber hinaus haben viele Insekten noch sogenannte einlinsige Stirnaugen (das sind keine Facettenaugen, sondern Einzelaugen, die dem Insekt wohl Informationen über die Lichtintensität vermitteln und nicht zum Formsehen beitragen).

Larvenaugen, sogenannte Stemmata, kommen als eigener Augentyp noch hinzu, verschwinden aber bei der Umwandlung von der Larve zum erwachsenen Insekt und werden dabei durch die Facettenaugen ersetzt.

Unser Kollege Siegmund Exner-Ewarten hat schon 1891
zwischen sogenannten Appositions- und Superpositions-
augen bei Insekten und Krebstieren unterschieden.
Das sind zwei sehr wichtige Untertypen, aber von
denen gibt es dann auch wieder wenigstens fünf weitere Untertypen. Und würde man versuchen, die Augen
nach ultrastrukturellen, retinalen Gesichtspunkten
zu klassifizieren, dann käme man wohl auf mindestens
fünfzig retinal verschiedene Facettenaugen.

MARK/FRAGE:

Ich staune.

BENNO MEYER-ROCHOW/ANTWORT:

Bei einlinsigen, also Wirbeltieraugen, ist es auch
nicht viel anders: Alle - abgesehen von den oben
erwähnten vieräugigen Fischen - haben nur eine
Linse.

Aber sowohl die Pupille als auch die Iris können gewaltig unterschiedlich sein: die Pupille in Form und
Größe, die Iris in Farbe und Ausbreitung. Bei der
Retina fällt dann hauptsächlich die Unterscheidung
in Zäpfchen (»cones«) und Stäbchen (»rods«) auf.
Bei Tiefseefischen gibt es aber noch viele so genannte
»banked retinas«, das sind hintereinanderliegende,
gestaffelte Sehzellen.

Spinnentiere und Tintenfische haben keine Facettenaugen, sondern einlinsige Augen. Deren Entwicklungen verlaufen allerdings anders als die der Wirbel-
tier-Einlinsen-Augen. Während bei Wirbeltieren die
Retina ein Auswuchs des Gehirns ist, entstehen die
Retinas der Einlinsenaugen von Spinnen und Tintenfi-

23

schen, und auch einiger Quallen, durch Einsinken und Umgestaltung der Außenhaut nach innen hin.

Wirbeltieraugen hingegen sind »umgedrehte« Augen, das heißt, Licht hat eine Reihe von Zelllagen zu durchqueren, darunter verschiedene Arten von Nervenzellen, bis es die Sehzellen erreicht. Spinnen- und Tintenfischaugen sind »direkte« Augen, die Nervenzellen liegen also *hinter* den Sehzellen. Das Licht erreicht die Sehzellen, bevor die anderen Zellen erreicht werden.

MARK/FRAGE:

Schwer vorstellbar, dass diese Vielfalt auf einem anderen Planeten ebenso entstanden wäre und zu einem menschenähnlichen Auge geführt hätte.

BENNO MEYER-ROCHOW/ANTWORT:

Es wird sogar noch komplizierter. Wenn man die sogenannten Nadelloch-Kameras und Augengruben bei manchen Weichtieren und Plattwürmern noch als Augen bezeichnet, dann würden wir noch mehr Augentypen hinzuzurechnen haben, und ein Kontinuum von lichtempfindlichen Hautarealen bis hin zum komplizierten Menschenauge würde uns eine zumindest optisch und anatomisch große Zahl von Augentypen bescheren.

Wollte man ganz grob eine Einteilung nach anatomischen Gesichtspunkten vornehmen, so käme man vielleicht mit einem Dutzend Augentypen aus – aber es dürfte klar sein, dass die Sache kompliziert ist und wenigstens nur hinsichtlich der Sehpigmente einigermaßen Klarheit herrscht.

Ganz interessant vielleicht noch: Würfelquallen besitzen einlinsige Augen mit Retinas und so weiter, aber sie haben *kein* Gehirn! Was also kam zuerst: Gehirn oder Auge?

Und ebenfalls kompliziert: Die Zirbeldrüse ist ja bei niederen Wirbeltieren (Amphibien, manchen Reptilien und Fischen) noch ein richtiges drittes Auge im Gehirn, das bei Säugetieren zur Epiphyse und nach Descartes zum Sitz der Seele wurde.

Dieselbe Vielfalt wie bei den Augen gibt es wie gesagt auch bei irdischen Füßen. Allerdings brauchen wir hier keinen Fußspezialisten mehr als Fachmann, sondern können uns die Vielfalt einfach in der Natur, im Zoo oder im Internet ansehen.

Auch auf anderen Planeten würden Tausende von Fußformen entstehen. Warum das Alien auf dem Sektionstisch ausgerechnet Menschenfüße – wenngleich mit sechs Zehen – hat, ist daher unerklärlich und zu viel des Zufalls. Kurz gesagt: Unser Alien kommt von der Erde.

Die biologische Formenvielfalt ist wild, frei und von
Millionen von zufälligen Auswahlprozessen der Umwelt,
aber auch durch Katastrophen geprägt. Warum sollte auf
einem anderen Planeten ein menschenähnliches Lebewesen
entstehen, wenn schon auf der Erde der blanke Zufall re-
giert?
Im Uhrzeigersinn: Siebzehn Meter lang, achttausend Kilogramm schwer: der Riesen-Dino *Spinosaurus aegyptiacus*;
die verdammt intelligente Krake *Octopus vulgaris*; der
Kurzschnabel-Ameisen-Igel *Tachyglossus aculeatus*, ein
Eier legendes Säugetier aus Australien, sowie der bis zu
fünfzig Jahre alt werdende Zwergflamingo *Phoeniconaias
minor* – unterschiedlicher geht's nicht.

26

VERSÖHNLICHES ZUM SCHLUSS

Es gibt noch viele weitere biologische Details, die beweisen, dass das Film-Alien aus Roswell nicht echt sein kann. Wie Sie gesehen haben, hilft die biologische Betrachtung mehr als jede Verschwörungstheorie oder Grübelei dabei, das Unwahre auszuschließen und das Wahre darzustellen.

Zweierlei muss ich dem Alien-Sektionsfilm, nachdem ich ihn oft gesehen habe, ohnehin lassen. Erstens ist die Fälschung mit Liebe angefertigt – zumindest mehr, als es angesichts eines reflexhaften »Aliens gibt es eh' nicht« auf der einen und »Außerirdische *müssen* die Erde besucht haben« nötig gewesen wäre.

Zweitens habe ich aus der Untersuchung gelernt, dass sich sehr leicht falsche Grundannahmen in unsere Köpfe einschleichen. So herrschte beispielsweise lange die Überzeugung, dass es das Spiralkabel am Telefon im Hintergrund des Alien-Sektionsraumes (Abb. S. 12) im Jahr 1947 noch nicht gegeben habe. Nur weiß ich erstens nicht, ob das Militär nicht die ein oder andere Technik – auch Telefonspiralkabel – früher eingesetzt hat als der Rest der zivilen Welt. Und zweitens ergab sich bei sehr genauem Nachforschen, dass solche Kabel eben doch schon, auch für »Zivilisten«, damals verfügbar waren.

Der Fehler des Alienfilms ist nicht eine lieblose Ausstattung, sondern die mangelnde biologische Schlüssigkeit – sein Blut, die Augen und Füße und vieles mehr müssten einfach fantasievoller und anders aussehen, weil auch bei einer ähnlichen Umwelt verschiedene Lösungen entstehen.

Die Zelluloid-Schnipsel des angeblichen Kameramannes aus Roswell, die laut Produzentenmärchen fünfzig Jahre lang versteckt waren und dann beim Londoner Filmproduzenten Ray Santilli auf einmal auftauchten, sind durch ihre biologischen Widersprüche enttarnbar. Es ist keine Glaubensfrage, sondern eine Tatsache, dass in diesem Film eine Puppe zerteilt wird. Genau deshalb haben wir den schönen Fall bearbeitet: ein kriminalistisches Gehirntraining nach meinem Geschmack.

Beim nächsten Alien-Fund bin ich daher gerne wieder dabei.

KAPITEL 2

**Ein Leben in Blut
und Tränen**

Während selbst Ufo-Fans heutzutage oft mit Augenzwinkern auf ihre Beobachtungen schauen, ist das im Bereich althergebrachter Religionen (und in der Politik) anders. Politische und religiöse Einstellungen haben die unlogische Eigenart, dass sie von den jeweils Überzeugten stets für wahr gehalten werden. Das ist lustig, denn wie der Lauf der menschlichen Kulturen zeigt, hat noch niemand immer recht gehabt. Wenn es um nicht messbare Einheiten wie Gott oder die Seele – jenseits der messbaren Gehirnfunktionen – geht, dann ist die Chance für Irrtümer noch viel größer.

Über Religion und Politik streite ich mich daher nicht. Ihre Glaubensgrundlagen sind ja eh nicht messbar. Zudem bin ich mit der kölschen Einstellung, dass jeder glauben kann, was er oder sie will, solange er andere damit nicht einschränkt, aufgewachsen. Mit dieser entspannten Geisteshaltung habe ich gelernt, dass in den meisten Menschen ein sozialer und guter Kern steckt. Religion hat damit meist wenig zu tun. Wenden wir uns also lieber den beweisbaren Tatsachen zu. Denn das geht auch bei religiös auslegbaren Erscheinungen.

Therese Neumann arbeitete seit sechs Jahren auf einem Bauernhof, als sie im Alter von zwanzig Jahren zu kränkeln begann und zusammenbrach. Sie wurde blind und taub, litt an Lähmungen und wurde fortan gepflegt. Fünf Jahre lang hütete sie das Bett, bis sie am Tag der Seligsprechung der Karmeliter-Nonne Therese

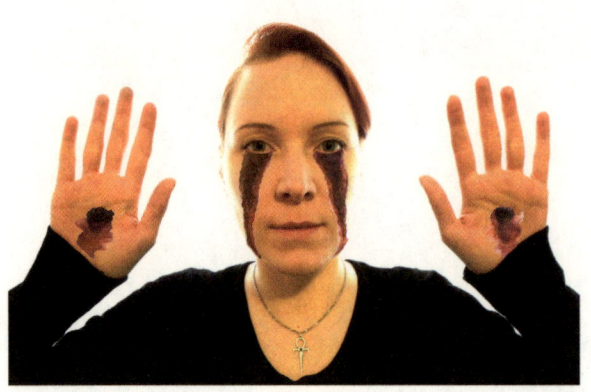

Therese Neumann mit »Wundmalen«. Das Blut stammt gemäß DNA-Test von ihr, allerdings ist die Verteilung der Spuren eigentümlich und passt weder theologisch noch blutspurenkundlich zu deren angeblicher Entstehung durch Einwirkung aus dem Jenseits (Spurenrekonstruktion nach Berichten, Fotos und Zeichnungen vom Fundort).

von Lisieux plötzlich wieder sehen konnte. Etwa zwei Jahre später, am 17. Mai 1925 – das war der Tag der Heiligsprechung ihrer Namenspatronin – bildeten sich auch Therese Neumanns Lähmungen zurück.

Psychologisch waren solche Ausfälle, besonders die der Sinnesorgane, schon seit 1895 beschrieben. Die Forschungen von Sigmund Freud und Josef Breuer zur damals noch so genannten »Hysterie« waren aber noch nicht in Therese Neumanns Dorf am oberpfälzischen Steinwald gelangt. Dort, zwischen Fichtelgebirge und Oberpfälzer Wald, war man damals weit von aktuellen Wissenschaftsberichten entfernt.

Zwar waren schon seit Jahrhunderten, auch vor den Berichten von Freud und Breuer, »hysterische« Störungen ohne körperliche Ursache bekannt, die verschiedene Erkrankungen erzeugten. Besonders dabei waren Gehstörungen, Lähmungen, Störungen der Berührungsempfindlichkeit und eben auch Taub- und Blindheit. Doch niemand konnte diese Auffälligkeiten einordnen.

Heute wissen wir, dass solche Störungen sich nur dann entfalten, wenn Publikum vorhanden ist. Dazu reicht eine aufmerksame Person, aber mehrere Menschen sind besser.

Maſſenbeſuch am freitag vor dem Pfarrhof.

Da sich der Begriff »Hysterie« heute abfällig anhört, nennt man die Auffälligkeiten lieber »Konversions- oder somatoforme Störung«. In milder Ausprägung kennt sie jeder – es sind die bekannten psychosomatischen Veränderungen oder körperliche Schwierigkeiten, die in Wahrheit auf Probleme mit der Umwelt und sich selbst zurückzuführen und in den Körper »umgeleitet« werden. Auf diese Weise hält sich der menschliche Geist unangenehme oder unerträgliche persönliche Schwierigkeiten eben nicht vom Leib, sondern von der Seele. Die Umleitung in den Körper geschieht also, weil der Geist die Probleme nicht abarbeiten kann. Solche Probleme können unterdrückte sexuelle Wünsche, Todesfälle, Katastrophen und Ähnliches sein. Wenn solche Probleme zu schwer oder zu weit ferngehalten werden, kann es statt der heute weitverbreiteten Rücken- oder Kopfschmerzen auch zu krassen Ausfällen wie Lähmungen, Krampfanfällen, Blindheit und – das wird gleich noch interessant – auch zu tagträumerischem Geschichtenerzählen kommen.

AUSBRUCH EINER HYSTERIE

Therese Neumann hatte im März 1918 einen schweren Brand in ihrem Dorf miterlebt, der sie körperlich und geistig mitgenommen hatte. Ob dieses gewaltige Scheunenfeuer der Grund für ihr späteres Verhalten war, werden wir nie erfahren. Therese ist aber eine derart typische »Hysterische« alter Schule, dass es schon fast gruselig ist, die wissenschaftliche Erstbeschreibung der Entdecker dieser Auffälligkeit zu lesen.

Man findet, so berichten Sigmund Freud und Josef Breuer, »unter den Hysterischen die geistig klarsten, willensstärksten, charaktervollsten und kritischsten Menschen. In ihren hypnoiden Zuständen sind sie alieniert [von sich entfremdet], wie wir es alle im Traume sind.

Der typische Verlauf einer schweren Hysterie ist der, dass zunächst in hypnoiden Zuständen ein Vorstellungsinhalt gebildet wird, der dann, genügend ausgewachsen, sich während einer Zeit von akuter Hysterie der Körperinnervation und der Existenz des Kranken bemächtigt. Anfall und normales Leben gehen nebeneinanderher, ohne einander zu beeinflussen.«

In einem berühmten Fallbericht der Patientin Anna O. schildert Breuer, dass »der Gegensatz zwischen der unzurechnungsfähigen, von Halluzinationen gehetzten Kranken und dem geistig völlig klaren Mädchen höchst merkwürdig« ist. Es ist also das Wesen der Hysterie oder der Konversionsstörungen, dass die Betroffenen nicht laufend »verrückt« wirken.

Religiöse Menschen haben hierbei eine andere Sicht. Wenn andere Menschen glauben, Gott oder seine Propheten zu sehen oder ihn durch sich sprechen zu lassen, so halten Gläubige das für wahr und möglich. Auch in Konnersreuth galten Thereses Leiden für gottgewollte Besonderheiten. Therese will ab 1926, abgesehen von winzigsten Stückchen »heiligen Brotes«, nichts gegessen haben. Außerdem blutete sie aus verschiedenen Wunden ihres Körpers. Und wo es Blut gibt, da können wir auch Spuren untersuchen.

Zu diesen Blutspuren kommen wir gleich. Zunächst noch ein Wort zum weiteren Werdegang von Therese.

Schon nach wenigen Wochen kamen Dutzende, dann Hunderte und zuletzt, beispielsweise an Karfreitagen, Tausende von BesucherInnen, um Thereses Blutwunder zu sehen.

Kurz darauf, im Juli 1927, führte das Bischöfliche Ordinariat aus Regensburg eine zweiwöchige »amtliche«, also kirchlich-offizielle Untersuchung und Beobachtung von Therese Neumann durch.

Einer der beteiligten Ärzte, Gottfried Ewald, war Sohn eines Theologieprofessors. Seit 1920, im Alter von etwas über dreißig Jahren, war er Oberarzt für Psychiatrie an der Universitätsnervenklinik Erlangen geworden.

Auch ein Biologe war bei Thereses Untersuchung zwei Tage lang vor Ort. Er hieß Sebastian Killermann und war nicht nur Biologe, sondern seit 1895 auch katholischer Priester. Wie sein Kollege Gottfried Ewald war er mit der christlichen Gedankenwelt vollkommen vertraut. Das erwähne ich, weil wir bei heutigen »Psi-Tests« der ›Gesellschaft zur wissenschaftlichen Untersuchung von Parawissenschaften‹ beim Test von beispielsweise Wünschelruten-GängerInnen oder Kristall-PendlerInnen häufig hören, dass skeptische Menschen im Raum die übersinnlichen Psi-Kräfte stören. Das war im Fall von Therese von Konnersreuth nicht so. Sie »lud« ihr bekannte Kritiker oder Zweifler persönlich aus, wenn sich diese als Besucher anmeldeten.

Biologe Killermann meldete in seinem Bericht aus dem Jahr 1928 »große Zweifel« an dem, was er bei Therese erlebte. Unter anderem kam ihm seltsam vor, dass er aus dem Raum gebeten wurde, in dem Therese lag, damit »durchgelüftet werden könne«.

Bei seiner Rückkehr in den Raum war das schon zuvor auf Thereses Wangen vorhandene, von ihr angeblich geweinte Blut aufgefrischt. Nach Killermanns Auffassung hatte Therese es »durch Aufweichung (vielleicht mit Speichel) flüssig gemacht«.

Killermanns jüngerer Kollege Ewald sah das anders. Er gab an, die Blutungen aus Thereses Augen selbst beobachtet zu haben. Auch andere Ärzte hätten den Blutungsbeginn sogar »zum Teil mit der Lupe beobachtet«, so Ewald.

Doch die katholische Kirche blieb skeptisch. Schon im Jahr 1927 hatte sie davon abgeraten, die Hungerkünste und Blutwunder von Therese Neumann als Anlass für Wallfahrten anzusehen. Als die Menge der wallfahrenden BesucherInnen trotzdem zunahm, schlugen die immer noch zweifelnden bayrischen Bischöfe fünf Jahre vor, Therese in einem katholischen Krankenhaus untersuchen zu lassen.

Das lehnte die immer noch hungernde und blutende Frau verblüffenderweise ab. Verblüffend war es vor allem deshalb, weil Therese durch einen medizinischen Beweis eines echten Wunders noch mehr Aufmerksamkeit für ihre christlichen Botschaften erhalten hätte. Warum sollte sie etwas gegen eine weitere Verbreitung der Worte von Jesus haben, die sie regelmäßig während ihrer Visionen vortrug?

Wusste Therese, dass sie nicht hungerte und wie jeder andere Mensch aß? Dass niemand, so wie Therese es tat, an Körperfülle zunehmen kann, der hungert? Wusste sie, dass ihre Blutwunder nicht nur durch übernatürliche Kräfte erklärbar waren? Oder war sie einfach zu schüchtern, um ihre Heimat zur ärztlichen Behandlung im Krankenhaus zu verlassen?

Therese hatte auch schon früher, noch vor ihren Visionen und Blutungen, öfter wundersam entstandene Verletzungen und Krankheiten erlitten. Sie hatte diese aber nur ein einziges Mal von einem Arzt versorgen lassen. Das war seltsam, denn 1918 und 1919 will Therese Neumann Magengeschwüre, Eiteransammlungen unterhalb des Zwerchfells, Halsgeschwüre, Mandelentzündungen, Furunkel in Achsel und Ohr, eine Blutvergiftung, Rheuma und Herzbeschwerden gehabt haben. Ebenfalls im Jahr 1919 will sie nach eigenen Angaben bei elf schweren Unfällen unter anderem einen Schädelbasisbruch erlitten haben. Es gab keinen einzigen Zeugen für die Unfälle – und, wie gesagt, sie ging nur ein einziges Mal zum Arzt.

Dieser einmalige Arztbesuch Thereses fand am 10. März 1918 statt. Das war bereits zu einer Zeit, in der sie nach eigenen Angaben kaum noch aß. Wegen einer angeblichen Blasen- und Darmlähmung hatte sie damals das Krankenhaus Waldsassen aufgesucht. Es ist nicht bekannt, was genau die Ärzte bei der Untersuchung feststellten. Bekannt ist aber, dass Therese im Krankenhaus viel aß und sich von der Familie sogar zusätzliche Speisen bringen ließ. Da sie trotz Zubrotes nicht satt wurde, und weil ihr das Essen im Krankenhaus absolut nicht schmeckte, entließ sie sich selbst mit den Worten, dass man sie offenbar verhungern lassen wolle.

Ohne Details zu kennen, wissen wir aber doch, dass die Untersuchung im Krankenhaus nichts Schwerwiegendes zutage brachte. Therese erhielt laut Pfarrer Hanauer weder eine Unfall- noch eine Invalidenrente, die sie mit ihren Beeinträchtigungen hätte einfordern können.

UNTERSCHIEDLICHE ANSICHTEN ZU THERESE NEUMANN

Die normale Bevölkerung in Konnersreuth wusste wie gesagt nichts von den Forschungen zur Hysterie. Ärzte und Journalisten – in Bayern oft abfällig »Studierte« genannt – hörten jedoch bald davon. In Thereses geradezu klassischem Fall stritten sie erbittert darum. Beispielhaft lagen sich Josef Deutsch, Facharzt für Chirurgie und Frauenkrankheiten (man glaubte früher, dass Hysterie vorwiegend Frauen treffe) und Chefarzt des Dreifaltigkeitskrankenhauses in Lippstadt, sowie sein Widersacher Fritz Gerlich in den Haaren, zum Zeitpunkt der Blutwunder ehemaliger Chefredakteur der ›Münchener Neuesten Nachrichten‹. Gerlich hatte 1929 ein zweibändiges Buch über Therese Neumann verfasst und glaubte zutiefst an das Wunder der Visionen und Blutungen. Obwohl er die Merkmale von Konversionsstörungen genau kannte, *wollte* er sie bei Therese nicht anerkennen. Gerlich schreibt:

»Wir müssen bei Hysterischen mit einer seelischen Veranlagung rechnen, die aus krankhaftem Geltungsdrang erfahrungsgemäß auch zu Lüge und Betrug greift. Ob dieses bewusst oder unbewusst geschieht, ist für unsere Frage gleichgültig.«

Aber, da war sich Gerlich sicher: Therese war nie beim Lügen erwischt worden. Das stimmte zwar so nicht, doch eine kleine Gruppe, der sogenannte »Konnersreuther Kreis«, wollte es gerne so sehen und verbreitete es demgemäß. Dass Konversionsgestörte, wie oben angedeutet, in ihren schlechten Momenten auch ganze Geschichtsstränge erfinden, klammerte Gerlich ebenfalls aus. Er bezog sich lieber auf den Alltag Thereses, in dem sie sich aufrecht und ehrlich verhielt. Doch dass sich die junge Frau in gesunden Momenten gesund verhielt, hieß nicht, dass es in ungesunden Momenten anders war.

Ungewöhnlich an Gerlichs festem Wunderglauben war, dass er eigentlich strenger Calvinist war. Als solcher lehnte er katholische Wunder entschieden ab. 1883 im heute nordöstlichen Polen, in Stettin, geboren, studierte er zudem ab 1902 Mathematik und Physik an der Universität Leipzig, zwei ausgesprochen sachliche Fächer.

Doch dann sattelte Gerlich um, wurde Geschichtskundler, promovierte im Fach Geschichte und ging ins Bayerische Staatsarchiv. Durch diesen Umzug kam er in das Einzugsfeld der an der Küste unbekannten Konnersreuther Wundererscheinungen.

1920 übernahm er die Hauptschriftleitung der ›Münchner Neuesten Nachrichten‹, dem Vorläufer der noch heute bekannten ›Süddeutschen Zeitung‹. Gerlich war Gegner der Nazis. Als Redakteur unterstützte Gerlich unter anderem Gustav von Kahr, den früheren bayerischen Ministerpräsidenten und Außenminister, durch den 1923 der Hitler-Ludendorff-Putsch niedergeschlagen wurde. Kahr war derjenige, der am 8. November 1923, am Abend des Putsches im Bürgerkeller in München, eigentlich sprechen wollte. Da kam Hitler herein, schoss in die Decke des Raums und unterbrach die Veranstaltung. Kahrs vorgesehene Rede stammte aus der Redaktion der ›Münchner Neuesten Nachrichten‹, also aus Fritz Gerlichs Umfeld oder sogar seiner Feder. Ich erwähne das, um zu zeigen, dass Gerlich ein vernunftbegabter und gut vernetzter Mann war.

Schon im Jahr 1934, fünf Jahre vor Beginn des Krieges, wurde Gerlich wegen seines Einsatzes gegen die Nazis – besonders auch gegen die SA –, im Konzentrationslager Dachau erschossen. Er war eines der frühen Opfer. Nachdem Hitler am 30. Januar 1933 die Macht ergriffen hatte, wurde Gerlich schon am 9. März 1933 verhaftet.

Gerlich hatte seit 1931 eine andere Zeitung mit dem Titel ›Der Gerade Weg‹ geleitet. Darin stemmte er sich mit aller Kraft gegen die Nationalsozialisten und steckte viel eigenes Geld in das Projekt. In vollem (Sendungs-)Bewusstsein der finanziellen Schieflage seiner Zeitung berief er sich gegenüber Gläubigern darauf, dass er »Schecks auf den Heiland ausstelle«. Sein Hauptberuf war und blieb seit dem 1. November 1929 allerdings die Arbeit im Bayerischen Staatsarchiv.

Gerlichs Zeitung blieb bis zuletzt unabhängig. In der Sonntagsausgabe vom 14. Februar 1932 warnte er vor der »geistigen Pest des Nationalsozialismus«, die »Massenmord und Blut« brächte. Die von Hitler aufgegriffene Rassenlehre verspottete er im Blatt ganz offen. Er nannte die Nazis »Hetzer, Verbrecher und Geistesverwirrte«. Das traute sich 1932 schon kaum noch jemand. (Zur Entwicklung von Hitlers unsinnigen Rassenideen siehe auch »Dem Täter auf der Spur: So arbeitet die moderne Kriminalbiologie«, Lübbe, 2006.) Gerlich führte seine Anklagen gegen die Nazis noch zwei Jahre fort. Dann wurde die Zeitung geschlossen und Gerlich, wie erwähnt, verhaftet.

Doch zurück ins Jahr 1927. Die über Bayerns Grenzen hinaus bekannten ›Münchner Neuesten Nachrichten‹, die Gerlich damals noch leitete, wollten vier Jahre nach dem Hitler-Putsch, in unruhigen Zeiten, mehr über Therese wissen. Das Wunderwirken Thereses hatte sich nicht nur in gläubigen Kreisen verbreitet. Seit 1926 strömten die Pilger nach Konnersreuth, und ab 1927 erschienen ein Dutzend Bücher über die Blut- und Hungerwunder in Konnersreuth.

»Seit März 1923«, schrieb der Schriftsteller Ludwig van Bunzen Ende 1927 über Therese, »hat sie keine feste Nahrung mehr zu sich genommen, lediglich Tee und Säfte. Jede gewaltsam zugeführte Nahrung oder feste Nahrung gibt sie wieder von sich. Die Aufnahme fester Nahrung fehlt ihr seit viereinhalb Jahren.

Etwa von April 1925 an nahm auch die Menge der flüssigen Nahrung, die sie noch aufzunehmen vermochte, stetig ab. Von Weihnachten 1926 an nimmt sie nur die tägliche Heilige Kommunion, und zwar einen Bruchteil einer Oblate mit einem Teelöffel Wasser. In den letzten acht bis neun Monaten hat sie also insgesamt nur einen halben Liter Wasser sowie täglich einmal die kleine Hostie zu sich genommen!

Trotz allem ist ihr Gewicht immer das gleiche geblieben, nämlich fünfundfünfzig Kilo.«

Diese Geschichte roch nach einer großartigen Zeitungsstory. Gerlich ging es aber gesundheitlich nicht gut. Darum schickte er seinen Ressortleiter für Innenpolitik, Erwein Freiherr von Aretin († 1952), zum blutenden Wunderkind in die Oberpfalz. Am 3. August 1927 schilderte Aretin in der Zeitungsbeilage ›Die Einkehr‹ Thereses Mirakel. Der aufgeklärte, protestantische Schriftleiter Gerlich glaubte nach diesem Bericht erst recht, was er schon geahnt hatte – dass Thereses Wunder und Visionen durch Einbildung und Hysterie entstanden waren.

Denn dass sich Menschen Dinge einbilden können, war schon immer bekannt, und auch, dass manche Menschen Inhalte aus ihrem Geist in den Körper schieben. Die so entstehenden körperlichen Erscheinungen sind fassbar und echt. Heute nennen wir sie psychosomatisch.

Wie mächtig diese Verschiebung ist, zeigt sich auch ganz ohne Hysterie. Erinnern wir uns beispielsweise an etwas Trauriges, so weinen wir, obwohl es »nur« eine Erinnerung oder ein vorgelesenes Märchen, ein Kinofilm oder Ähnliches ist. Es rinnen aber echte Tränen an uns herab. Beim Lachen ist es ebenso. Eine Erinnerung, ein Witz, ein Gedanke genügt, um eine messbare Reaktion des Körpers zu erzeugen. So weit nichts Schlimmes.

Anders sieht es bei, wie man damals sagte, »hysterischen Anfällen« aus. »Diese werden«, so der ehemalige Leiter der Berliner Rechtsmedizin, Otto Prokop, »theatralisch produziert, wobei das Wort ›produziert‹ kein streng abgewogenes willensmäßiges Produkt anzeigt. ›Es‹ treibt den Kranken; aber ›es‹ ist nicht das Unbewusste, aber auch nicht das streng berechenbare Etwas.

Die hysterische Darbietung kann als Appell an die Umwelt interpretiert werden.

Wie ein Schauspieler sich nicht vor einem leeren Zuschauerraum entfaltet, so bedarf es auch bei der theatralischen Darbietung des Hysterikers eines Zuschauers oder besser eines Zuschauerkreises. Die affektive [gefühlsmäßige] Beladung der hysterischen Äußerung kann dabei so enorm sein, dass Schmerzen nicht gefühlt werden.«

Kurz gesagt: Menschen mit Konversionsstörungen erzeugen eine Showvorstellung, können Schmerzen ausblenden und allerlei erfinden. Aber ohne diese Show würden sie sich elend fühlen. Es ist also eine anstrengende Art, Belastungen aus sich herauszuarbeiten, die sich anders nicht lösen lassen.

FRITZ GERLICH WANDELT SICH

Der eingebildete »Schwindel von Konnersreuth«, wie Fritz Gerlich Thereses Wunder zunächst noch nannte, ärgerte ihn als Protestanten und als wahrheitsliebenden Chefredakteur. »Es war meine Berufspflicht, die mich veranlasste, mich mit dem Fall Therese Neumann zu beschäftigen«, sagte er später. »Ich begann mit Aufmerksamkeit, die Veröffentlichungen über ihn [den Fall] zu verfolgen. Die genügten aber nicht, mir eine Gewissheit über die Art des Falles zu verschaffen. So entschloss ich mich denn, die Verhältnisse in Konnersreuth und seine Stigmatisierte aus eigenem Augenschein kennenzulernen.«

Am 15. September 1927 reiste Gerlich selbst nach Konnersreuth. »Ich garantiere Ihnen«, erinnerte sich sein Kollege Aretin an Gerlichs Versprechen bei der Abreise, »dem Schwindel komme ich schon auf die Spur!«

Doch was Gerlich in Konnersreuth erlebte, änderte seine Meinung und seinen Glauben im Vollschwenk. Aus dem harten Skeptiker wurde ein ebenso harter Verfechter der Glaubwürdigkeit Thereses.

DER SINNESWANDEL GERLICHS

Gerlich blieb anfangs dreimal in Konnersreuth, über die Wochenenden vom 15. bis 18. September, vom 22. bis 25. September und vom 14. bis 18. Oktober 1927. Schon wenige Wochen später, im November 1927 berichtete er in einem Artikel für die schon erwähnte Zeitungsbeilage ›Die Einkehr‹ über seine Erlebnisse. Die Weihnachtstage vom 24. Dezember 1927 bis zum 6. Januar 1928 verbrachte er dann erneut vor Ort.

Am 15. Februar 1928 kündigte Gerlich, durch seine Erlebnisse in Konnersreuth nun vollständig bekehrt, bei den ›Münchener Neueste Nachrichten‹. Er schrieb in der frei gewordenen Zeit ein zweibändiges Buch über Therese. Der erste Teil behandelt auf 324 Seiten »Die Lebensgeschichte der Therese Neumann«, der zweite Band auf 406 Seiten »Die Glaubwürdigkeit der Therese Neumann«. Gerlich wurde aber enttäuscht. Sein zweibändiges Werk fand, so sagte er selber, »nicht die erhoffte und vorausgesagte Verbreitung«. Das lag daran, dass seine ausführlichen, unbebilderten

Bücher den oft weniger gebildeten LeserInnen zu langatmig waren. Zudem waren, wie erwähnt, schon im Vorjahr 1927, Dutzende kurz gefasster, gut geschriebener und preiswerter Broschüren mit volksnahen Wunderdarstellungen aus Konnersreuth erschienen. Der Markt für Wunderberichte war damit gesättigt, und die Aufmerksamkeitsspanne der nicht sehr lesefreudigen und damals vor Ort auch des Lesens wenig kundigen Gläubigen begrenzt.

Was ging in Gerlich vor? »Meiner akademischen Vorbildung nach bin ich Historiker«, erklärte er. »Ich sah in Konnersreuth ein Geschehen vor mir, das mich in der sinnfälligsten Weise an jene Zeit und jene [historischen] Quellen zurückerinnerte. Da trotz aller politischen Tätigkeit und Tagesschriftstellerei die Neigung zur Forschung in mir nicht erloschen ist, empfand ich es als einen außerordentlichen Glücksfall für einen Historiker, an der lebendigen Gegebenheit Therese Neumanns mittelalterliche Quellen nachprüfen zu können.

So begann ich zu Weihnachten 1927 mit planmäßigen Aufzeichnungen und Untersuchungen über die Lebensschicksale von Therese Neumann. Ich bin seitdem noch oft in Konnersreuth gewesen, sodass eine Zusammenrechnung der Tage die Zeitspanne von rund fünf Monaten ergibt. Darunter war ich einmal über sechs Wochen ununterbrochen dort.

Ich habe von Anfang an bei allen Beteiligten das größte Entgegenkommen gefunden, obwohl meine kritische Einstellung und meine Absicht, so weit als möglich das dortige Geschehen aufzudecken, ebenso bekannt war wie meine damalige Nichtzugehörigkeit zum Katholizismus.

Dieses Entgegenkommen hat mir einen umso größeren Eindruck gemacht, als nach der peinlich genauen Art, in der ich zu untersuchen gewohnt bin, meine Arbeit für alle Beteiligten mit viel Belästigung und Zeitaufwand verbunden war. Herr Pfarrer Naber [der wie Gerlich strenger Gegner der Nazis war] machte es sich zu einer ganz besonderen Aufgabe, mir Aufenthalt und Arbeit in Konnersreuth so weit als möglich zu erleichtern. Er nahm mich beständig als Gast in seinem Hause auf.

Ich hatte so schon gleich zu Beginn meiner Untersuchungen die Gelegenheit, Therese Neumann, die damals wegen der Bauvornahmen an ihrem Elternhause im Pfarrhof wohnte, sehr eingehend zu beobachten. (…) Ich lernte einen Menschenkreis von ungewöhnlicher Wahrheitsliebe und einer Ehrlichkeit und Hingabe im religiösen Leben kennen, der mir steigende Anteilnahme abnötigte.

Selbstverständlich wäre die Entstehung dieses Freundschaftsverhältnisses nicht möglich gewesen, wenn ich auf bewusste oder unbewusste Täuschungen gestoßen wäre. Wenn man lange Jahre im öffentlichen Leben verbracht und auch die vielen Enttäuschungen an Menschen durchgemacht hat, die damit verbunden sind, wird man misstrauisch.

Es war also so, dass in Konnersreuth nicht nur von mir erst das Vertrauen der anderen, sondern von den anderen auch das meine zu erringen war. Dass ich heute dieses Vertrauen besitze, brauche ich nicht zu verhehlen.« In diesem Gottvertrauen wechselte Gerlich schließlich am 29. September 1931 in Konnersreuth offiziell vom protestantischen zum katholischen Glauben über.

Fast hundert Jahre später erleben wir vergleichbare Glaubenswechsel erneut. Wir stehen staunend davor und fragen uns, wie äußerlich normale, jedenfalls nie »verrückte« Menschen auf einmal ihre grundsätzlichen Überzeugungen wechseln und sich von keiner Macht der Welt mehr davon abbringen lassen wollen. Ein wichtiger Bestandteil dieser Lebensänderungen, das wissen wir immerhin, ist das Gefühl, endlich zu einer starken Gemeinschaft mit übergeordneten Zielen zu gehören.

So konnte sich auch Fritz Gerlich die unerklärlichen Ereignisse um Therese als geübter Journalist, ausgebildeter Naturwissenschaftler und akribischer Staatsarchivar wegerklären. Er konnte damit leben, dass Therese angeblich hungerte, während sie dabei an Gewicht zunahm. Er fand es nicht seltsam, dass ihre Ekstasen niemals montags bis mittwochs gesehen wurden, wenn keine Pilger vor Ort waren. Sein Vertrauens- und Freundschaftsverhältnis zum »Konnersreuther Kreis« war dabei das eine. Das andere, was ihn tief prägte, war ein unvergesslicher Schockmoment.

ÜBERALL BLUT

»In dem Bett sitzt aufrecht eine weibliche Gestalt in Weiß, ein blutbeflecktes weißes Kopftuch auf dem Haupte«, berichtet der katholische Journalist Friedrich Ritter von Lama (†1944) über den Anblick von Therese während einer Freitagsekstase von Therese Neumann, wie sie auch Fritz Gerlich erblickte. »Zwei dicke Striemen schwarzen, geronnenen Blutes ziehen sich aus den blutverklebten Augen über Wangen und Kinnbacken herab. Mit Blut befleckt die weiße Nachtjacke. Besonders an der linken Seite unter dem Herzen tritt ein großer gelblich roter Blutfleck hervor. Die Hände, in denen heute die Wundmale stark hervortreten, sind nach vorwärts einem uns Unsichtbaren entgegengehoben.

Wachsbleich ist dieses Gesicht; in angespannter Bewegung lassen die Gesichtszüge und besonders die scharf zusammengezogenen Augenbrauen das seelische Schauen und Erleben erkennen. Therese Neumann! Ich wusste es, hätte aber wahrhaftig in diesem fast geisterhaften Wesen diejenige sonst nicht wiedererkannt, mit der wir uns gestern so froh unterhalten hatten.

Die leisen schwankenden Bewegungen des Oberkörpers, die in machtlosem Schmerz verkrampft ringenden Hände, die dann wieder sich erheben, bald hier-, bald dorthin sich wendend, wie um zugreifend zu helfen, all das ist edel und schön im höchsten Grade. Ich lasse den Eindruck voll auf mich wirken und er führt mich von selbst dorthin, wo Therese jetzt weilt, auf den Kreuzweg nach Jerusalem.«

Gerade die Persönlichkeitsveränderung der sich »froh unterhaltenden«, normalen Frau zur geisterhaft Blutenden würde auch heute noch viele Menschen ins Staunen bringen.

Erst der Gegensatz zur blutigen Erscheinung, nämlich der friedliche Alltag Thereses, machte das Ganze wirksam. Hätte sie außerhalb ihrer Ekstasen sonderlich und normabweichend gewirkt, hätte man ihre Wunder nicht ernst genommen. Doch ihre bedingungslose Harmlosigkeit im Alltag tarnte Therese und machte ihre freitäglichen Leiden erst zu etwas Mächtigem. Dass sie eine sonst unauffällige Dorfbewohnerin aus einem bitterarmen Flecken mit damals genau 952 EinwohnerInnen war, machte ihre göttliche Überwältigung glaubhaft.

Alphons Dorsaz aus der damaligen Tschechoslowakei hat Therese Neumann in ihrem friedlichen Grundzustand erlebt. »Die oberpfälzische Stigmatisierte«, so berichtet er, »hat nicht die Züge einer Hysterischen, einer Nervenkranken, nicht einmal teilweise.

Wir hatten selbst unsere kleinen Vorurteile, als wir nach Konnersreuth gingen. Wir erwarteten die Begegnung mit ›einem Mädchen, nicht wie die andern‹.

Als wir sie dann an Ort und Stelle sahen, an der Treppe vor der Kirchtüre, im weißen Kopftuch und schwarzen Kleide, gerade auf den Füßen stehend, die schmalen Finger in den Halbhandschuhen, mit ihrem Pfarrer sprechend, den sie auf seinen Krankenbesuchen begleitet hatte, da fielen uns die Schuppen von den Augen. Und als wir sie dann noch reden und scherzen hörten, erschien sie uns so einfach, und als wir ihr Gesicht und ihre Haltung hatten nach Belieben betrachten können, erschien sie uns so natürlich, und als wir gar ihre Augen, den Spiegel der Seele, schauen durften, fanden wir sie so klar und so frei, dass wir uns für besiegt erklären mussten.

›Flüchtige Eindrücke, denen man denn doch keinen Wert beimessen sollte!‹, wird man entgegnen. Mag sein, aber wenn diese Eindrücke durch Hunderte und Tausende von Besuchern, gleich uns entschlossen, den Zauber zu beschwören, bestätigt werden, wenn sie sich stützen auf Aussagen reifer, ernster, kritisch urteilender Männer, die mit Vorurteilen nach Konnersreuth kamen, ganze Wochen dort verbrachten, die Visionärin aus unmittelbarer Nähe beobachteten, sie sozusagen Schritt für Schritt begleiteten, ihre ganze Welt kennenlernten, wird man da noch von zufälligen Eindrücken sprechen können?«

Wie stark der Eindruck wirkte, da Therese zwischendurch normal redete und scherzte, zeigt auch der Bericht eines anderen, schwer geschockten Besuchers. Es war der Arzt Wolfgang von Weisl, der seinen Bericht in der damals sehr bekannten und weitverbreiteten ›Vossischen Zeitung‹ aus Berlin unterbrachte.

»Ein Bauernmädchen schaut den Leidensweg Jesu«, nannte Weisl das ihm dargebotene Schauspiel. »Und schaut ihn so stark, mit solcher Inbrunst, dass Blut in langen Rinnen aus beiden Augen über das Gesicht läuft, dass Blut aus einer Herzwunde das Hemd, aus Kopfwunden das Kopftuch rötet.

Ich schaue und schaue. Vor mir sitzt im Bette aufrecht ein Jammerbild. Ein Greisengesicht starrt verzückt ins Leere, ohne sich um Menschen zu kümmern. Mund halb geöffnet. Hände greifen ins Leere, verschränken sich mit dem Ausdruck der Verzweiflung über der Brust.

Und die Augen, nie sah ich solche Augen, bei keiner Hysterischen, bei keiner Wahnsinnigen. Qualvoll, entsetzt, entsetzlich starren die von Blut verklebten, geschwollenen Lider ihrer Vision entgegen.«

Man war sich einig. Therese war eine völlig normale Frau. Die kraftvollen Visionen konnten nicht aus ihr selbst kommen. Sie war nicht hysterisch, sie schauspielerte nicht – es war der Geist Gottes, der hier wirkte. Der katholische Theologe Johannes Hollnsteiner († 1971) sah es ebenso. Er wurde in den Jahren 1937 und 1938, nach seinem Besuch in Konnersreuth, Leiter der katholisch-theologischen Fakultät der Universität Wien. Auch er beschrieb Therese Neumann als völlig unauffällig.

»Man ist sich auch bereits in weiten Kreisen darüber klar«, so Hollnsteiner, »[und] auch psychiatrische Sachverständige haben es erklärt, dass mit dem abgelegten Schlagwort ›Hysterie‹ sich hier wissenschaftlich nicht arbeiten lässt. Die Merkmale für Hysterie, wie überstarke Gefühlserregbarkeit, Ichbetonung, pathologische Lüge usw., fehlen hier vollständig. Ich habe nur in einem einzigen Punkt an Therese Neumann eine gewisse Ängstlichkeit feststellen können und das ist: eine Unwahrheit zu sagen.«

»Als Dorfkind«, ergänzt ein weiterer Arzt, Martin Mayr, das friedvolle und wahrheitsliebende Bild, »hat Therese wie der heilige Franziskus ganz besondere Freude an der Natur. Sie spielt mit ihrem Turteltäubchen, das auf ihr Kommando zu girren aufhört, freut sich ihrer zwei Kanarienvögel, an ihren Blumen und Fischlein in zwei kleinen Aquarien. Sie ist alles eher als hysterisch.

Wer dieses Bauernmädchen mit seinem klaren Verstand und klugen Urteil für hysterisch hält, kennt entweder die Merkmale der Hysterie nicht oder er kennt Therese nicht mit ihrem herzhaft fröhlichen Lachen.«

Ich zitiere dies so ausführlich, weil es wie bei der Alien-Autopsie leicht und billig wäre, das Ganze als Show zu verurteilen. Doch wie lässt sich beweisen, wie lässt sich ein- oder ausschließen, was hier messbar vorging? Was würden Sie tun, wenn Sie dergleichen Beobachtungen bei einer sonst völlig normal wirkenden Nachbarin erleben würden?

»Ein Bauernmädchen, das in seiner Führung, seiner Frömmigkeit, seinen Beziehungen zu den Angehörigen, zu den Ortsansässigen, zu den Fremden niemals die geringste nervöse Überreizung, die geringste Störung des seelischen Gleichgewichts, die leichteste Überschwänglichkeit ahnen ließ«, so fasst Alphons Dorsaz zusammen, »zuvielmehr im Gegenteile sanft, ruhig, still, stets heiter, froh, zufrieden, freundlich, demütig, bescheiden, geduldig, nachgiebig und schlicht wie ein Kind ist – so lautet das Urteil, das diejenigen über sie fällten, die sie seit 1926 aus der Nähe beobachtet haben.«

Es würde mich in heutigen Gerichtsverfahren nicht wundern, wenn ein Mensch nach derart positiven Schilderungen durch viele Zeugen – trotz blutigster sonstiger Umstände – auf einmal in reinstem Sternenlicht dastünde.

Dennoch, und das ist heute wie vor hundert Jahren: Es geht bei ungewöhnlichen Ereignissen nicht um die *Gefühle und Eindrücke* von ZeugInnen, sondern um *die tatsächlichen Spuren dessen, was den Kern des Geschehens ausmacht.* Messbare Spuren sind aber etwas anderes als Charakterdarstellungen von Menschen.

Hinzu kommt, dass ausgerechnet »HysterikerInnen« andere leicht blenden können. Denn ihnen kommt es ja überhaupt nur darauf an, das Gegenüber zu beeindrucken und die Aufmerksamkeit zu binden. Wenn »Hysteriker« bemerken, dass ein friedvolles Verhalten auf der einen und eine blutüberströmte Show in einem kleinen Zimmer auf der anderen Seite besonders eindrucksvoll sind, dann werden sie genau diese Darbietung ausbauen. Die einzige Methode der Wahrheitsfindung ist dann nicht mehr der Meinungsaustausch, sondern eine Fakten- und Spurenüberprüfung. Die Spurenprüfung ergab bei Therese nichts Gutes. So zeigte sich beispielsweise bei einem Test durch den Arzt Dr. Heermann, dass Thereses Pupillen auch während ihrer angeblich tiefsten Blindheit »jeden Einfall des Lichtes mit einer Verengung beantworteten, genauso wie es jedes gesunde Auge tut«.

THERESE NEUMANN WEHRT SICH GEGEN UNTERSUCHUNGEN

Wenige weitere fachliche Untersuchungen fanden an Therese Neumann statt. Sie waren aussagekräftig.

So legte Therese niemals ihr – gemäß ärztlichem Bericht von Dr. Heermann – »bis auf die Füße reichendes Faltenkleid« ab, auch nicht beim Wiegen. Das Einzige, was sie bei körperlichen Untersuchungen auszog, waren ihre Schuhe. Die Frage, ob sie unter der Bekleidung etwas verstecken konnte, ließ sich daher nie prüfen.

Immerhin hatten Therese und ihre Familie an vier Freitagen im Juli und August 1927 die Entnahme von Urin erlaubt. Danach verboten sie jede weitere Untersuchung, trotz ernster Aufforderungen der Kirche und mehrerer beobachtender Ärzte.

Therese behauptete, dass nur ihr Vater gegen weitere Untersuchungen war. Einem Priester berichtete sie higegen, dass sich die Geschichte des grummeligen Vaters bloß besser anhöre. Sie stimmte weiteren Urinuntersuchungen seitdem pro forma zu, ihr Vater spielte danach den »bad cop« und verbot es wieder. Dieses Spiel hielt Familie Neumann bis zuletzt durch. So kam es nie wieder zu Laboruntersuchungen.

URINPROBEN LASSEN VIELES ERKENNEN

Ab Weihnachten 1922 will Therese nichts mehr gegessen haben, und ab dem 30. September 1927 nur noch winzigste Stückchen heiliger Hostien. In ihrer Wahrnehmung blieb dies fortan fünfunddreißig Jahre lang so, bis zu ihrem Tod im Jahr 1962.

»Bei den Urinproben«, berichtet der Essener Arzt Heermann aus dem Labor über die vier einzigen untersuchten Körperflüssigkeitsspuren Thereses, »zeigt sich nun, dass die beiden ersten Proben ausgesprochener Hunger-Urin sind. Die dritte, zwei Tage nach der letzten Beobachtung entnommene, nähert sich dem gewöhnlichen, und die letzte, neun Tage nach der Beobachtung, ist ganz gewöhnlicher, ordnungsmäßiger Urin, wie bei jedem Menschen, der isst und trinkt.«

Hunger-Urin erkennt man daran, dass er erstens stark sauer ist und zweitens mehr Stickstoff und Azeton enthält. Damit war bewiesen, dass Therese zeitweise hungerte. Die letzte Urinprobe reagierte aber nicht mehr sauer und enthielt viel weniger Stickstoff, das Azeton fehlte, und der Urin war hell statt wie bei Hunger-Urin dunkel. Damit war bewiesen, dass Therese nur genauso lange hungerte, wie sie von PilgerInnen beobachtet wurde. Das war meist an Freitagen und Samstagen, an denen besonders viele PilgerInnen das Dorf stürmten. Sobald Therese nicht mehr ununterbrochen beobachtet wurde, trank und aß sie wieder ganz normal. Wie schon erwähnt, nahm sie sogar deutlich an Leibesfülle zu und hatte sich bei ihrem einzigen Krankenhausaufenthalt nicht nur bitter über das Essen beschwert, sondern sich auch noch reichlich mit zusätzlichen Speisen eindecken lassen.

Derartige Hungertricks kenn ich aus der ganzen Welt. Auch im deutschsprachigen Raum werden sie bei esoterischen Illusionstricks verwendet. Beispiele dafür sind Menschen, die sich angeblich nur von Licht ernähren etwa die AnhängerInnen von »Jasmuheen« (Ellen Greve), oder Fakire, die angeblich ebenfalls keine Nahrung, ja noch nicht einmal, wie »Jasmuheen«, Sonnenenergie benötigen.

Dabei handelt es sich nicht um harmlose Kuriositäten versponnener Menschen. Vor allem geistig und körperlich angeschlagene Menschen suchen die Nähe dieser WunderbringerInnen. Sie sind ohnehin innerlich schwach und sollten daher keinesfalls auch noch mit dem Essen hadern. Ausgerechnet erkrankten Menschen sollte man keine falsche Hoffnung durch bloßes Sonnenlicht, sondern wirksame Hilfe für ihre Leiden schenken.

Das Besondere am Fall von Therese ist, dass die naheliegenden Erklärungen wie »alles Quatsch« oder »irgendein Illusionstrick« nicht weiterhelfen. Wir brauchen Experimente, um den Gläubigen die Möglichkeit zu geben, ihre verschobenen Wünsche zu prüfen. Doch wussten Sie, dass es Hunger-Urin gibt, der leicht untersuchbar ist und der einen hungernden Menschen eindeutig von einem essenden unterscheidet? Ich hätte es ohne das Training an Fällen wie dem aus Konnersreuth vielleicht übersehen.

Darum untersuchen wir auch die abstruseste Täuschung gerne im Labor oder stellen sie vor Ort nach: um den Lebenden zu helfen. Nebenbei durchlüftet es unser Gehirn und sorgt dafür, dass wir keine naheliegenden Grundannahmen machen, die wir nicht überprüft haben.

UNTERSUCHUNGEN MÜSSEN MANCHMAL EXPERIMENTELL SEIN

Dass ungewöhnliche Aussagen experimentell belegt werden müssen, gilt in den Naturwissenschaften immer. »Die wissenschaftliche Gemeinschaft hat in letzter Zeit – ich bin da keine Ausnahme – eine ziemlich überhebliche Haltung zu Schwarzen Löchern eingenommen«, sagte beispielsweise Frans Pretorius, Professor für Physik an der Princeton University und Spezialist für die Nachstellung von Verschmelzungsereignissen schwarzer Löcher, nachdem die sehr ungewöhnlichen Schwerkraftwellen endlich experimentell gemessen wurden. »Wir nehmen sie als gegeben hin. Aber wenn man bedenkt, was das für eine außergewöhnliche Vorhersage ist, dann braucht man eben auch außergewöhnliche Beweise.« Der außergewöhnliche Beweis der Schwerkraftwellen ist erst im Februar 2016 erfolgt – obwohl niemand von uns an ihnen gezweifelt hatte.

Diesen Maßstab legen Wundergläubige nicht an. Weder bei den jährlichen Tests der ›Gesellschaft zur wissenschaftlichen Untersuchung von Parawissenschaften‹ noch bei dem bis 2016 neunzehn Jahre lang bestehenden Angebot des Illusionskünstlers und Skeptikers James Randi (*1928), der für jede paranormale Leistung eine Million Dollar bot, konnte jemals ein Mensch übersinnliche Fähigkeiten beweisen. Dabei würden sich alle ForscherInnen freuen, wenn durch einen solchen Test einmal ein »Wunder« bewiesen würde. Dadurch würde nämlich ein neuer Zweig der Naturwissenschaften entstehen – ähnlich der, der seit 2016 nach der Entdeckung von Schwerkraftwellen erblüht. Und ein paar Nobelpreise gäbe es obendrauf.

BIS HEUTE BESCHÄFTIGT DER FALL DIE WISSENSCHAFT

Die Wunder um Therese bewegten noch lange die Gemüter. Der katholische Priester und Religionslehrer Josef Hanauer († 2003) aus Regensburg veröffentlichte beispielsweise die eidesstattliche Erklärung des Dekans Hans-Josef Bösl. Er hatte im Jahr 1966 als Diakon den katholischen Konnersreuther Pfarrer Josef Plecher kennengelernt, der Therese von Konnersreuth live erlebt hatte.

»Sowohl Pfarrer Plecher als auch seine alte Haushälterin, Frl. Johanna«, so heißt es in der Erklärung, »hielten nichts von angeblich übernatürlichen Phänomenen um die Resl [Therese]. Da ist zu viel Menschliches im Spiel, meinten beide.«

Auch der Leiter des Ostberliner Institutes für Rechtsmedizin der Charité, Prof. Otto Prokop, schrieb 1999 in Hanauers Buch ›Wahrhaftigkeit und Glaubwürdigkeit in der katholischen Kirche‹:

»Im Fall Konnersreuth sind alle Fragen längst geklärt, die angeblichen ›Wunder‹ als ganz irdisches Blendwerk entlarvt. Mit Leuten, denen alle Voraussetzungen für das Beherrschen der naturwissenschaftlichen Methode abgehen, lässt sich jedoch nicht diskutieren – jeder solcher Versuche endet spätestens mit der naiven Forderung der Abergläubischen: ›Beweisen Sie, dass es das (den Weihnachtsmann, den Vogel Phönix etc.) nicht gibt!‹

So tat sich jahrzehntelang wenig. Doch gut vierzig Jahre nach ihrem Tod stellte sich heraus: Es gab doch noch Spuren aus Thereses Fall.

ES WIRD BLUTIG

Erst im Jahr 2005, fast achtzig Jahre nach Thereses Blutwundern und Visionen, gelang eine erste, vorsichtige Anerkennung der Gottgefälligkeit Therese Neumanns. Der damalige Bischof von Regensburg, Kardinal Gerhard Ludwig Müller – heute im Vatikan in der Glaubenskongregation tätig –, leitete ein Seligsprechungsverfahren für Therese Neumann ein. Niemand weiß jedoch, ob sie jemals seliggesprochen werden wird. Solche Verfahren sind langwierig und tückisch. Die für heutige Verhältnisse allzu schrägen Wunder und Biografiebrüche Thereses dürften eine zügige Bearbeitung behindern. Mangels Seligsprechung darf noch nicht einmal die örtliche Kirchengemeinde Therese von Konnersreuth öffentlich verehren.

Das ist schlecht für PilgerfahrerInnen, aber gut für uns. Denn je weniger öffentliches Interesse es an Tatortspuren gibt, desto größer ist die Chance, dass sie nicht berührt wurden, also weniger mit fremden Zellen oder Fasern in Berührung kamen. Das gilt natürlich nur, falls die Spuren überhaupt aufbewahrt wurden. Im Fall Therese von Konnersreuths wurden sie.

Vermittelt durch einen Fernsehsender und im Auftrag der Abteilung für Selig- und Heiligsprechungsprozesse des bischöflichen Konsistoriums in Regensburg, machte sich die DNA-Arbeitsgruppe des Münchener Instituts für Rechtsmedizin daher im Jahr 2003 an die Untersuchung einiger erhaltener biologischer Spuren der potenziell seligen Kandidatin. Sinnvoll untersuchbar waren eine mehrlagige durchblutete Verbandskompresse, eine Speichelprobe der noch lebenden Nichte von Therese von Konnersreuth und zwei von Therese geschriebene, frankierte und zugeklebte Briefe.

Die Kompresse war besonders brauchbar, weil die inneren Zwischenschichten des Verbandsstoffes nicht durch Anfassen oder Auflegen auf anderen Oberflächen verändert oder beschmutzt waren. Das Blut darin war also geschützt gelagert worden.

Eine ebenfalls noch vorhandene Haarprobe von Therese wurde nicht untersucht, weil sie teils aus ausgefallenen Haaren bestand. Auch die sind zwar gut untersuchbar, angeblich sollte es sich aber um »auf dem Sterbebett abgeschnittene Haare« handeln. Das konnte aber nicht stimmen, weil teils die Haarwurzeln erkennbar waren. Meine KollegInnen Burkhard Rolf, Birgit Bayer und Katja Anslinger waren sich daher nicht ganz sicher, ob hier vielleicht eine Verwechslung oder eine – bei katholischen Erinnerungsstücken häufige – unerklärliche Vermehrung der Reliquien nach dem Tod vorgekommen war. Man legte diese Probe daher zur Seite.

An der Kompresse führten meine KollegInnen zunächst einen Schnelltest auf rote Blutbestandteile durch. Der Schnelltest ist kein DNA-Test, sondern dient vorab der Klärung, ob sich weitere Arbeit lohnt oder es sich beispielsweise nur um rote Farbe oder Pflanzensäfte handelt.

Der Vortest war positiv: Im Verband klebte echtes Blut. Angesichts des Alters der in einem verschlossenen Schrank mindestens sechs Jahrzehnte aufbewahrten Probe war das ein erfreuliches Ergebnis. Es ließ den auch im Winzigsten guten Erhaltungszustand der Probe erahnen.

Bei trockener Lagerung von biologischen Spuren ist solch eine gute Erhaltung über Jahre oder Jahrzehnte oft zu beobachten. So erhielten sich die Spermien des ehemaligen US-Präsidenten Bill Clinton selbst am lose im Schrank gelagerten Kleid seiner Praktikantin Monica Lewinsky von 1997 bis zur erfolgreichen Untersuchung durch das DNA-Labor des FBI im folgenden Jahr. Und das zu einer Zeit, in der die Erbsubstanz-Untersuchung noch mit einem schwerfälligeren Test erfolgte, als ihn das Münchener Labor im Fall von Therese von Konnersreuth anwendete.

Als Nächstes wurde Thereses Blut einem Ouchterlony-Test unterzogen. Dazu vermischte man gegen typische Blutbestandteile gerichtete Antiseren von Rind, Schwein, Mensch und Huhn mit der Blutprobe aus der Kompresse. Menschliches Blut verklumpt nur mit dem Mensch-Antiserum. Man erkennt das an einer Linie zwischen den Löchern des Gels, in welche die Flüssigkeiten getropft wurden (Abb S. 56). In die Ausbreitungsrichtung der Löcher mit Anti-Schwein, Anti-Maus und so weiter gibt es keine Verklumpung und daher auch keine Linie.

Therese Neumanns Probe verklumpte im Münchner Labor nicht mit den Tier-Antiseren, sondern nur mit menschlichem Antiserum. Das bedeutete erstens, dass das Blut nicht von den genannten Tierarten, und zweitens, dass es stattdessen von einem Menschen stammte.

Der Ouchterlony-Test wird heute nicht mehr angewendet. Wir benötigen ihn wegen der sowieso durchgeführten, treffgenaueren genetischen Fingerabdrücke nicht mehr unbedingt. Ich mag den alten Test aber sehr, weil er eine einfache und auf andere Lebewesen bezogene Test-Vorstufe ist. Im kriminalbiologischen Labor in New York habe ich ihn in den 1990er-Jahren noch angewendet. Ich fand ihn als frischgebackener »DNA-Doktor« zwar etwas altmodisch, dafür aber sehr sicher. Den Tier-gegen-Menschblut-Test

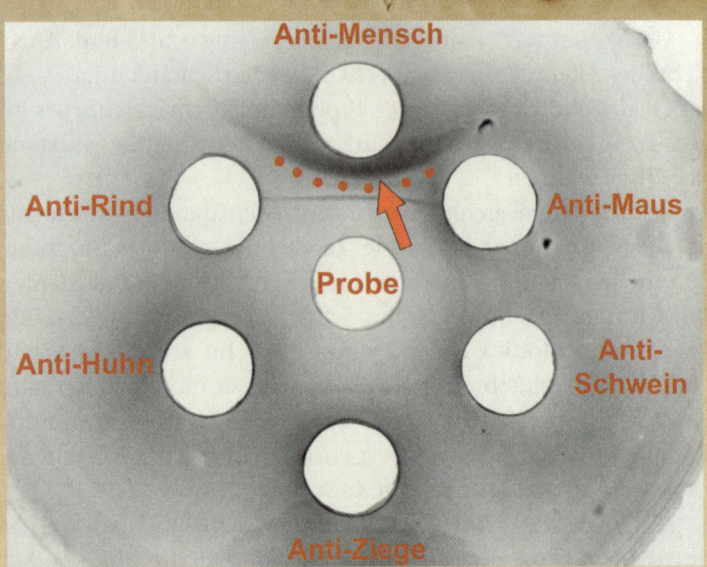

Es muss nicht immer Erbsubstanz sein. Der Ouchterlony-Test ist ein einfacher, aber robuster Test, der verrät, von wem beispielsweise eine Blutprobe stammt. Liegt die Linie zwischen Anti-Schwein und Blutprobe, so handelt es sich um Schweineblut. Liegt sie zwischen Anti-Mensch und Probe, so handelt es sich um Menschenblut.

hatte mein Kollege Örjan Ouchterlony im Jahr 1949 als Doktorarbeit am Karolinska-Institut in Solna bei Stockholm erfunden. In diesem Institut werden auch jährlich die NobelpreisträgerInnen festgelegt.

Weil Therese nun über Jahre hinweg blutete und auch größere Blutflecken auf ihrer Kleidung sowie sehr eigentümliche Abrinnspuren unter den Augen aufwies, und da sie gleichzeitig auf dem Land lebte, hätte der Verdacht nahegelegen, dass sie sich des Blutes von Tieren bediente.

Andererseits war es fraglich, wer es in ihr Zimmer transportiert haben könnte, und wie es (unter ihrem Kleid?) versteckt worden sein könnte. HelferInnen hätten in einer wuseligen Umgebung mit vielen BesucherInnen auffallen können – anders als bei einer

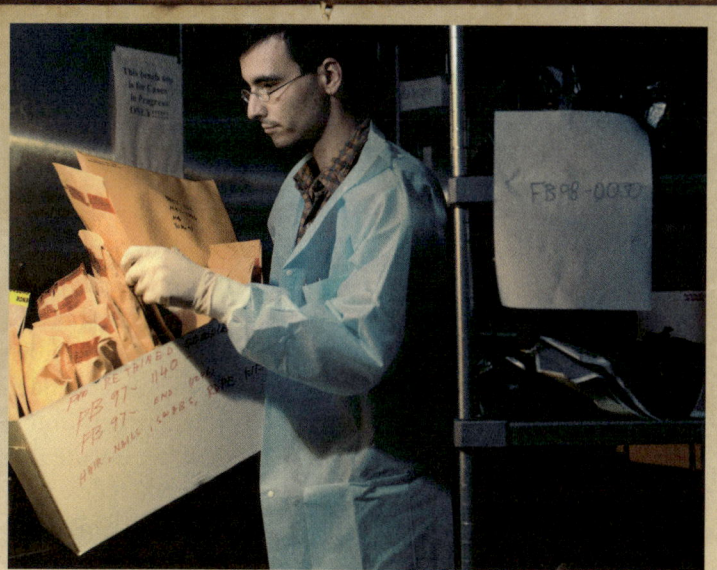

Der Autor als kriminalbiologischer Angestellter des
›Chief Medical Examiner's Office‹ in New York – der
Rechtsmedizin in Manhattan Ecke 2nd Ave/32nd St. Er war
dort in den 1990er-Jahren in der Abteilung für Kriminalbiologie erst Consultant und dann fester Mitarbeiter.

choreografierten Illusionsshow, bei denen alle ZuschauerInnen
auf ihren Plätzen sitzen. Keiner der Beobachter Thereses fand
Hinweise auf verstecktes Blut. Allerdings beobachtete mindestens einer die »Auffrischung« des schon vorhandenen Blutbaches
mit Speichel. Klar war nach dem Ouchterlony-Test jedenfalls,
dass es sich um menschliches Blut handelte. Die einfachste und
naheliegendste Erklärung war damit zum Erstaunen der meisten
SkeptikerInnen widerlegt.

KANN EINE SPEICHELPROBE LICHT INS DUNKEL BRINGEN?

Die Münchener Forensiker verglichen nun zwei Abschnitte der mitochondrialen DNA (mtDNA) aus der Speichelprobe der Nichte Therese Neumanns mit aus dem Blut am Verband gewonnener Erbsubstanz. Zudem verglich man diese Merkmale mit denen aus Schleimhautzellen am Briefumschlag, den Therese zugeklebt hatte. Beim früher üblichen Ablecken einer Briefmarke und von Briefgummierungen – bis ungefähr zum Jahr 2010 wurden Briefmarken in Deutschland fast nur mit einer anzufeuchtenden Gummierung auf ihrer Rückseite verkauft – heften sich immer Hautzellen aus dem Mund an die Klebeseiten. Dort erhalten sie sich sehr lange. Wie die oben schon erwähnten präsidialen Spermien bleibt mitochondriale Erbsubstanz, im Fall Therese aus Schleimhautzellen aus Speichel, bei trockener Lagerung durchaus Jahrzehnte auf der Gummierung erhalten.

Die mitochondriale DNA hat gegenüber der sonst verwendeten Zellkern-DNA einen hier günstigen Vorteil. Denn während sich die normalerweise in der Kriminalbiologie verwendeten Zellkernmerkmale der Erbsubstanz mit jeder Zeugung eines Nachkommen »verdünnen« und weniger werden, erhält sich die mitochondriale DNA vollständig. Sie wird über genetische Mütter unverändert und nicht »ausgedünnt« weitergegeben. Weil Spermien bei der Verschmelzung mit Eizellen keine väterlichen Mitochondrien übertragen, bleibt deren Erbsubstanz »draußen« und nur die mütterliche Mitochondrien-DNA erhält sich über Generationen. Alle Männer haben also nur die mitochondriale Erbsubstanz ihrer Mutter in ihren Zellen, nicht aber die ihres genetischen Vaters.

In Thereses Fall bedeutete das, dass sie und ihre Nichte aus mütterlicher Linie dieselbe mitochondriale DNA ihrer gemeinsamen Vorfahrin geerbt hatten. Therese und ihre Nichte hatten also in ihren Mitochondrien eine völlig gleiche Erbsubstanz. Zellkern-DNA mischt sich hingegen zu gleichen Teilen aus väterlicher und mütterlicher Erbsubstanz.

Die meist (und auch hier) untersuchten Abschnitte der mitochondrialen Erbsubstanz heißen HV1 und HV2. »HV« steht für »hypervariabel«, weil sich diese DNA-Bereiche etwas schneller ändern können als andere Erbsubstanzmerkmale.

In allen drei Spuren – in Thereses Blut, der Briefgummierung und der Nichte – lag dieselbe Erbsubstanz vor. Damit war bewiesen, dass das Blut aus der blutigen Kompresse von derselben Person stammte wie die Zellen auf dem von Therese beschrifteten Briefumschlag. Zudem bedeutete es, dass die blutende Briefschreiberin mit der Nichte von Therese auf mütterlicher Linie verwandt war. Kurz gesagt: Das Blut in der Wunderkompresse stammte eindeutig von Therese von Konnersreuth.

Um ganz sicherzugehen, verglichen die Münchner KollegInnen zusätzlich zur mitochondrialen auch noch die Zellkern-DNA aus dem Blut in den mittleren Lagen der Kompresse mit den Zellen auf der Klebeleiste des Briefumschlags. Beide stimmten ebenfalls voll überein. Auch der »normale« genetische Fingerabdruck zeigte also, dass Therese von Konnersreuth selbst geblutet und kein Tierblut für ihre Wunder verwendet hatte.

Aus naturwissenschaftlicher Sicht beweisen diese Laborbefunde aber nicht, dass Thereses Blutungen übernatürlich waren. Die ungewöhnliche Annahme des Übernatürlichen (vgl. S. 100) machen wir ungern. Denn in der Kriminalistik stimmt stets diejenige Lösung, die am *einfachsten* ist – egal, wie seltsam sie erscheint. Oder in den für mich wegweisenden Worten Sherlock Holmes', die er oft verwendet hat (hier im Abenteuer »Die Beryll-Krone«):

»Wenn man das Unmögliche ausgeschlossen hat, muss das, was übrig bleibt, die Wahrheit sein, so unwahrscheinlich sie auch klingen mag.«

Diese Sherlock-Holmes-Regel stimmt in meinem Bereich der naturwissenschaftlichen Kriminalistik immer. Sie ist auch als »Ausschlussverfahren«, Falsifizierungstechnik oder »Ockhams Rasiermesser« nach dem englischen Mönch und Philosophen Wilhelm von Ockham († 1347 in München) bekannt. Jede Zusatzannahme, so die Erfahrung der KriminalistInnen seit über hundert Jahren, bringt eine Störung in das klare Wasser der Wahrheit. Es ist dabei egal, wie unwahrscheinlich die Erklärung ist, die übrig bleibt. Sie muss nur einfach sein und ohne ungewöhnliche, unbeweisbare Annahmen auskommen. Sonst trübt sich unsere Sicht auf den Fall durch unbeweisbare Bestandteile wie klares Wasser durch hineingeschaufelten Schlamm.

BLUT UND TRÄNEN

Damit sind wir bei einer weiteren Untersuchungsmethode des Blutes, die nun bei mir auf dem Schreibtisch landete. Denn die großen Blutantragungen auf Thereses Bekleidung, vor allem aber unter ihren Augen, enthalten nicht nur Erbsubstanz, sondern sie haben auch eine Form. Recht bekannt ist bei der Form-Untersuchung von Blutspuren die Berechnung ihres Auftreffwinkels. Hier ging es aber nicht um den Auftreffwinkel, sondern um das Aussehen der Blutspuren insgesamt, das »Spurenbild«. Die Blutflecken und Abrinnungen wirkten wie drapiert – im Vergleich zu den vielen echten Blutungen, die wir sehen, sind diese ganz unnatürlich geformt.

Thereses Blut soll aus ihren unverletzten Augen über ihre Wangen gelaufen sein. Seltsam ist, dass sich dabei keine Zeichen von Bewegung im Blut widerspiegeln. Dazu müsste Therese vollständig erstarrt gewesen sein. Das ist zwar vorstellbar, aber das Blut müsste sich danach durch ihre Bewegungen verteilt haben. Mehrere Beobachter – einer davon ist auf S. 45 zitiert – sagten aber aus, dass sie das Blut aus Thereses Augen haben laufen sehen und sie dabei gestikuliert und gesprochen habe. Hinzu kommt, dass sich niemals Fingertupfer oder -wischer in ihrem Gesicht finden. Therese Neumann hat also scheinbar nicht in ihr Gesicht gefasst, obwohl sie in Strömen aus unverletzten Augen geblutet hat.

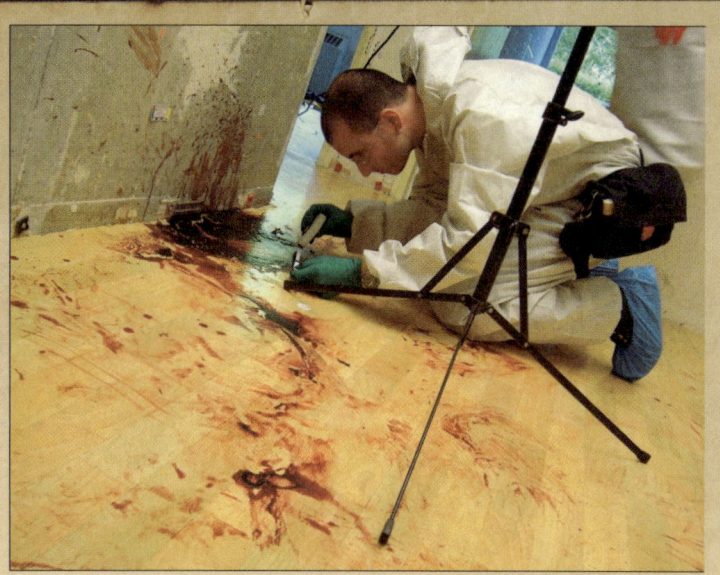

Blut verteilt sich durch lebende Personen am Tatort weder durch Zombiefilm-Fontänen noch wie auf Gemälden weinender Madonnen, sondern so wie hier an einem echten Tatort: dynamisch, mit Tupfern, Tropfen und Wischern.

BLUTSPUREN GIBT ES IN DEN UNTERSCHIED-LICHSTEN FORMEN

Ein Beispiel für Blutspuren, wie sie am Tatort, aber auch nach Unfällen auftreten, ist zu sehen: Man erkennt Schmierer, Tropfen, Spritzer und Wischer. So sieht ein von uns so genanntes »bewegtes« – gemeint ist ein durch Personen, die sich bewegt haben, entstandenes – Blutspurenbild aus. Im Vergleich dazu sind die Spuren bei Therese starr und unbewegt.

Besonders auffällig ist zudem der untere Rand der Blutabrinnungen in der Abbildung auf Seite 32. Blut läuft nicht wie dort in spitzen, wie mit einem Pinsel aufgemalt wirkenden Linien nach unten aus. Wenn Blut aus den Augen an einem Gesicht herabrinnt, dann entstehen gerade, relativ gleichmäßig breite,

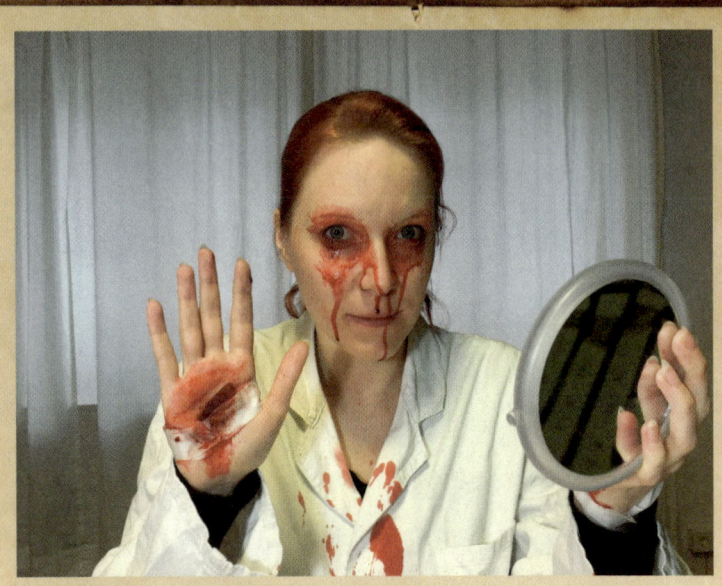

So sieht es aus, wenn man blutende Wunden einfach auf die Augen drückt. Beachte, dass die Rinnsale unten niemals spitz auslaufen und kein mittiger »Bach« entsteht.

nicht unten spitz auslaufende Linien. Das wussten schon Maler des Mittelalters. Sie hatten es vor dem Malen – wie wir im Labor – ausprobiert, indem sie Blut auf Haut aufgetragen und das Ergebnis betrachtet hatten. Therese von Konnersreuth hat solche Versuche nicht durchgeführt. Sonst hätte sie gewusst, dass ihre Blutbäche sofort als aufgemalt zu erkennen sind – nicht durch Denken oder Meinen, sondern durch vergleichende Experimente.

Blutrinnsale laufen nur dann nach unten hin spitz aus, wenn sie mit einem Pinsel oder einem Textilzipfel aufgebracht werden. Der Grund: Am Pinsel oder Stoff haftet während des Aufmalens immer weniger Blut. Am Ende klebt dann das Blut selbst die Pinselhaare oder das Tuch zusammen – die Linie wird immer schmaler.

Es gibt noch weitere experimentelle Hinweise. So konnte das

Blut trocknet als dünne Abrinnspur recht schnell. Wischt
man hindurch, entstehen typische »Auslöschungen«. Anhand
dieser kann man für den Tatort (rechts) experimentell
nachstellen (links), wie, wann und wie lange sich eine
Person blutend bewegt hat.

Blut in Thereses Gesicht nicht einige Millimeter unterhalb des
Auges zu einer Art verbreitertem »See« oder Fleck werden. Denn
dort beginnen die Wangen, und die Haut ist dort, wenn überhaupt, nach vorne gewölbt. Es entsteht eine Ausbuchtung nach
außen, auf der sich kein Blutsee bilden kann. Blut aus dem Auge
sammelt sich nie auf der oberen Wange, also dem »Hügel«, sondern rinnt von dort besonders schnell weiter. Der seltsame Fleck
unter ihren Augen verrät, was Therese wirklich tat: ihre blutig
aufgekratzten Handwunden vor die tatsächlich gesunden Augen
drücken. Von dort lief das Blut dann ein Stück weit hinab. Das
Rinnsal wurde, da es zu schnell vertrocknete und nicht mehr wei-
terlief, nach unten hin mit einem Pinsel oder einem Tuch »ver-
längert«.

Am »falschesten« an der Konnersreuther Blutdarbietung ist,

dass Thereses angebliches Augenblut nicht fließend über die Wange rann. Wenn es aus dem Auge getränt sein soll, muss es dabei flüssig gewesen sein. Solches Blut würde, das lässt sich experimentell leicht zeigen, anfangs zügig und mit gleichbleibender Breite nach unten gelangen. Jeder kennt das aus dem Alltag. Nach Verletzungen läuft Blut wie eine Farbnase beim Malern nach unten, nur meist schneller als Farbe.

Bei einer Tatortnachstellung hatte ich Gelegenheit, mir das näher anzusehen. Dabei zeigte sich eine interessante Eigenschaft echten Blutes. Fließt es an einer glatten Oberfläche (Kacheln, Haut) herunter, so lässt sich das Rinnsal anfangs noch gut wegwischen. »Die Abrinnspur lässt sich noch gut auslöschen«, heißt das auf Kriminalbiologendeutsch. Sie ist dann noch frisch.

Ziemlich schnell trocknet ein herabgeflossener und dünnschichtiger Blutstreifen dann von außen nach innen ein. Abhängig von Luftfeuchte und Blutschichtdicke dauert das nur Sekunden. Streichen wir dann durch das herabgeronnene Blut, entstehen am Rand *Vertrocknungskanten*. Der Blutrand bleibt ganz außen, links und rechts an den Außenseiten der Blutabrinnung, »stehen«. Diese Ränder sind nicht mehr leicht wegwischbar, während der innere, feuchtere Teil der Blutspur sich noch leicht ablöst und wegwischbar bleibt.

Nach einiger Zeit ist die Blutspur dann in voller Breite – also auch innen – eingetrocknet. Das Blut verbleibt dann über der gesamten Streifenbreite, wo es eben gerade haftet. Es ist nicht mehr ohne Kraft oder Putzmittel »auslöschbar«, also wegwischbar.

Dass das Blut unter Thereses Augen dicht und lavaartig auf ihrer Haut liegt, hat daher nicht den von ihr gewünschten Sinn. Denn ihre Bluttränen sehen erstens nicht aus wie aus den Augen geflossenes, sondern wie schichtweise aufgemaltes Blut, durch das sie zweitens niemals gewischt hat. Doch warum sollte ein Mensch, der Blut weint, nicht wenigstens gelegentlich dieses Blut berühren oder hindurchwischen? Diese experimentell untermauerten Befunde sind aussagekräftiger als jede Diskussion um göttliche Kräfte oder medizinische Mirakel. Wir brauchen beide nicht mehr anzunehmen, sondern können nach den Regeln der naturwissenschaftlichen Kriminalistik schlussfolgern, dass Therese weder Blut geweint hat noch dass es aus ihren Augen kam.

Auch die Blutspuren, die sich scheinbar von Wunden auf Thereses Kopf auf ihre Kissen und den textilen Kopfüberwurf geprägt haben, wirken unnatürlich. Sie haben alle recht ähnliche Größen. Wo Blutspuren aber ungefähr gleich groß sind, ist eine einfachere Erklärung als die von Therese angegebene naheliegend. Therese behauptete, dass ihre Wunden kranzförmig, wohl im Sinne eines Jungfernkranzes, auf ihrer Kopfhaut lägen. Gesehen hat das meines Wissens nur ein Besucher, der aber nicht beschrieben hat, ob er Wunden oder nur Blut gesehen hat. Es ist erfahrungsgemäß sehr schwer, das zu unterscheiden. Unter anderem werden darum bei Operationen am Kopf auch die Haare wegrasiert.

In der experimentellen Nachstellung zeigt sich hingegen, dass das Blut in Thereses Fall viel eher aus nur einer oder zwei (den Handinnenflächen) ähnlich großen Blutungsquellen stammt. Die einzigen Wunden, die dafür infrage kommen, sind abgesehen von Ritzern auf ihrer Haut, die vom angeblichen »Wiedererleben der Geißelungen von Jesus Christus« stammen sollen, die Verletzungen ihrer Hände. (Auf die Ritzer möchte ich nicht weiter eingehen, sie sind heute unter dem Schlagwort »selbstverletzendes Verhalten« oder SVV gut untersucht.)

Es handelt sich damit bei Thereses Blutspuren um eine klassische, absichtlich täuschende Spurenlegung. Die Wunden an den Händen konnte Therese unter der Bettdecke, tags wie nachts, problemlos immer wieder aufknibbeln. Alle größeren Blutflecken auf Decke, Kissen und Kopf passen zu diesen Handwunden.

Das Blut unter die Augen zu bringen war schwieriger. Es funktionierte aber ähnlich: durch Kontakt. Therese drückte ihre blutenden Handinnenflächen so auf die Augen, dass die wie kleine Seen aussehenden Blutantragungen unter ihren Augen entstanden. Danach zog sie daraus durch immer neuen Blutauftrag und Verdünnung mit Speichel Linien. Da ich ihr keine Illusionstricks noch größeren Stils unterstellen möchte, nehme ich an, dass sie die Ausziehungen mit einem zusammengedrehten Stoffzipfel durchgeführt hat.

Warum hat Therese das Blut nicht direkt aus den Handwunden *in* die Augen hineingedrückt? Das hätte ein Blutspuren kundlich überzeugenderes Bild bewirkt. (Allerdings wurde in diesem Fall zu Thereses Lebenszeit keine Spurenkunde betrieben.) Sie wird das Hineintropfen des Blutes ins Auge vielleicht anfangs versucht haben, bevor sie die rätselhafte Unverletztheit ihrer Augen behauptete, die übrigens auch die Geduld und den Glauben mehrerer Priester vor Ort überforderte.

Wir haben auch diese Frage im Labor nachgestellt. Es zeigte sich, dass in die Augen gebrachtes Blut schnell klebrig wird, weil es gerinnt – und das war Therese wohl zu unangenehm. In aller Regel »brennt« Blut zudem stark, wenn es in die Augen gelangt. Auf der Seite 32 sind Thereses merkwürdig zusammengekniffene Augen zu erkennen. Vermutlich war ihr im Laufe der Pilgertage doch ein wenig Blut in die Augen gelangt und brannte nun unangenehm. Herauswischen konnte sie es aber nicht. Denn dann hätte man sie gefragt, warum ausgerechnet bei diesem vergleichsweise harmlosen Wunder nennenswerte Schmerzen auftreten, wo sie zuvor jahrelang die grausamsten Anfechtungen, darunter einen Schädelbasisbruch, ohne Arzt still ertragen und selbst heilen konnte.

AUF DIE DETAILS KOMMT ES AN

Wie Sie bis hierhin schon bemerkt haben: Ich habe eine Liebe für scheinbar nebensächliche Details. Denn Details sind es, die SpurenlegerInnen und TäterInnen vergessen oder darauf zählen, dass sie zu langweilig sind, als dass sie jemand beachtet.

Als ich jünger war, war mir diese Hinwendung zum Kleinen und Krümeligen gar nicht bewusst. Mir ist es erst durch die Reaktion von PraktikantInnen und Studierenden aufgefallen, die in ihren Vorstellungen von abenteuerlichen Forensik-Stunts enttäuscht waren. Einer der berühmtesten Naturwissenschaftler, der Physiker und Chemiker Michael Faraday († 1867), hat sogar eine Vorlesungsreihe für Kinder und Jugendliche gehalten, die fast nur von brennenden Kerzen handelte. Er konnte niemals aufhören, auch im Kleinsten Wunderbares zu erkennen, es zu ergründen und andere dafür zu begeistern. »Was ist die Ursache? Wie geht das zu?«, gab er den neugierigen Kids mit, »das solltet ihr euch bei jedem Vorgang, besonders, wenn er euch neu ist, fragen. Im Laufe der Zeit werdet ihr [durch Experimente] den Grund finden.«

In diesem Sinn möchte ich auf eine letzte Besonderheit von Blut hinweisen, die Therese ebenfalls nicht kannte (oder sie hoffte, dass sie niemandem auffällt). In Textilien saugt sich Blut aus einer echten Wunde verschieden tief ein: Innen, nahe der Wunde, ist der Blutfleck im Stoff anfangs tiefrot, nach außen hin wird er heller. Diesen Effekt versuchte Therese vielleicht nachzubilden, indem sie die auf den Fotos erkennbaren Aufhellungen seitlich an den Blutbächen aus ihren Augen erzeugte.

Dass die Blutschicht auf ihrer Haut am Rand dünner ist, liegt aber nicht an den von Textilien bekannten Einsaugtiefen. Therese hat das Blut entlang der Abrinnung einfach hin und wieder mit Speichel aufgefrischt, damit sie nicht dauernd neues Blut »weinen« musste. So konnte sie über mehrere Tage – meist mindestens freitags und samstags, oft aber auch ab Mittwoch – die einmal gelegte Bluttränenspur als frisch geweint verkaufen. Immer wenn sie bei dieser Auffrischung mit dem angefeuchteten Tuchzipfel oder Finger über den Rand der Abrinnung geraten ist, hat sie die für Blutabrinnspuren auf menschlicher Haut ausgeschlossene Verdünnung am Rand erzeugt. Wie gesagt und im Experiment belegt: Blut hat auf glatten Flächen immer einen scharfen Rand und keinen auslaufenden Hof.

Noch nicht einmal, wenn Therese nach dem Blutweinen echte, wässrig-salzige Tränen in die Blutbäche über ihre Wangen gelaufen wären, ergäbe sich das auf ihren Fotos erkennbare Bild mit dünnen Rändern. Denn entweder entstünden spätestens dann, beim Wegwischen der normalen Tränen, Auslöschungen (Abb. S. 63), oder die Tränen trockneten einfach ein. In beiden Fällen liefe das Blut auf der Haut nicht verdünnt zu den Seiten aus.

Das zeit- und materialsparende Vorgehen Thereses bei der Spurenlegung zeigte sich übrigens nicht nur in ihrem »Schminken« mit Blut und der Auffrischung mit Speichel zu passenden Gelegenheiten. Der Ansturm von BittstellerInnen, PilgerInnen und frommen Menschen führte bei ihr auch sonst öfter zu abgeklärten Vorgehensweisen. Ich kenne dieses für Außenstehende unerwartete Verhalten von SchauspielerInnen, die einen schlechten Tag haben. Auf der Bühne schreien sie um das Leben ihrer Figur, als gäbe es kein Morgen. Nach dem Auftritt sind sie aber wieder völlig ruhig, und man meint, einen anderen Menschen vor sich zu haben.

»An einem Freitag, an dem keine Fremden anwesend waren«, berichtet Josef Hanauer dazu passend, »besucht [der katholische Priester und Benefiziat (Kaplan) Heinrich] Muth die Resl. Diese liegt im Bett und hat ›nur zwei kleine Blutstropfen unter den Augen‹. Muth setzt sich auf den Diwan. Die Stigmatisierte ist ›total munter und lebhaft im Sprechen‹; sie drängt den Benefiziaten, er solle rauchen. Da erscheint die Neumann-Mutter und erklärt, ein Priester sei angekommen und wünsche vorgelassen zu werden.

Die Stigmatisierte ist einverstanden. Sie fordert Muth auf, er solle sich im Erker hinter dem Vorhang verbergen und sich ganz still verhalten. Der Besucher kommt; die Resl spricht mit ihm; sie ›jammert‹ mit ›überaus leidender, dem Weinen naher Stimme‹ – es ist ja Freitagspassion –, der Priester entfernt sich, und Resl ruft den Benefiziaten aus seinem Versteck; sie ist ›quicklebendig wie zuvor‹.«

Obwohl wir nicht erfahren werden, wie sich die vielen einzelnen »Stunts« von Therese Neumann – Hungern, Blutwunder, Visionen – im Laufe der Jahre in ihrem Geist entwickelt haben, so wissen wir doch eins: Der Anblick der blutigen »Tränen« beziehungsweise der fast sturzbachartigen Linien in ihrem Gesicht, zusammen mit der blutigen Bettwäsche, war ein echter Schockeffekt. Er würde auch heute noch funktionieren. Dazu einige moderne Beispiele.

Die siebzehnjährige Marnie-Rae Harvey aus dem englischen Stoke-on-Trent hustete seit März 2013 Blut, bis es ab Juli 2015 auch aus ihren Augen und Ohren floss. Manchmal bluten auch ihre Finger, ihre Kopfhaut und ihr Mund. Wie bei Therese Neumann sind die blutenden Augen von Marnie-Rae aber stets unverletzt.

Bei Ärzten hat Marnie-Rae Harvey bisher nur die Zusammensetzung ihres Blutes untersuchen lassen – ergebnislos. Auch hier ist der Bluttest aber weniger interessant als die Blutspurenbilder, die wie bei Therese auf Selbstverletzungen hinweisen.

Zwei Jahre zuvor, im Jahr 2011, hatte Michael Spann aus der Stadt Antioch in Tennessee ebenfalls aus Augen, Nase und Mund geblutet. »Ich hatte urplötzlich so starke Kopfschmerzen, als ob mich ein Vorschlaghammer getroffen hätte«, berichtete er der örtlichen Zeitung. Sowohl bei Marnie-Rae Harvey als auch bei Michael Spann ist auf allen Fotos gut zu sehen, dass das Blut zwar von ihren Augen abwärtsfließt, die Abrinnspuren aber falsch gelegt sind. Trotzdem sind ihre Zeitungs- und Facebook-Fotos schockierend.

Marnie-Rae tropft oder gießt sich das Blut dabei teils so lange in das gesunde Auge, bis es komplett von einer Blutschicht geschwärzt ist. Jeder kennt Menschen (meist Männer), die schon beim Anblick von weniger aufdringlichen Blutauftritten, beispielsweise nach einem kleinen Fingerschnitt, ohnmächtig werden.

Damit noch einmal zurück zu Therese Neumann. Der Fall ist nun zwar experimentell geklärt. Es fragt sich aber, wie die BesucherInnen sich einige weitere, offensichtliche Absonderlichkeiten erklären konnten. Ich möchte das zum Schluss noch darlegen, weil ich vor Gericht immer wieder mit Grauen erlebe, dass der naturwissenschaftliche Beweis nicht ernst genommen wird, wenn das soziale Bild scheinbar perfekt passt.

Da Thereses Blutwunder immer freitags auftraten, musste sie den Anblick für möglichst viele der meist berufstätigen PilgerInnen ins Wochenende retten. Damals arbeiteten die meisten Menschen noch an den »Werktagen« Montag bis Samstag und ruhten sonntags. Viele PilgerInnen fuhren daher wochenends nach Konnersreuth.

Therese entfernte aus den genannten Gründen das Blut von ihren Wangen während der Pilgertage nicht. »Sanitätsrat Dr. Seidl«, erinnert sich Josef Hanauer, »hat, wenn er an einem Freitag in Konnersreuth weilte, wiederholt verlangt, man solle das Blut an Thereses Wangen abwaschen, dies mache man ja immer, wenn ein Mensch Blut vergossen habe.«

Weder Therese noch deren Eltern gingen darauf ein. Das Entfernen des Blutes, so meinten sie, *bereite allzu große Schmerzen*. Diese verrückteste aller Begründungen bestürzte sogar den friedlichen Sanitätsrat. »Nun kann ich nicht einsehen«, sagte er, »warum das Wegwaschen des Blutes von den Wangen, an denen ja keine Wundstelle sich befindet, schmerzhaft sein soll. Noch weniger aber einsehbar erscheint es mir, wie dies so schmerzhaft sein soll während einer echten Ekstase.«

Das blutige Gesicht machte aber einen zu großen Eindruck auf die BesucherInnen. Es war eine von Thereses wichtigsten Darbietungen, die sie mit offenkundig unsinnigen Ausreden über die Pilgertage retten musste.

Wie stark der Eindruck blutiger Tränen ist, erlebten wir sogar im Labor. Bei der Nachstellung wirkten sie sogar in steriler Umgebung und bei hellem Licht unerwartet gruselig – mehr als jede Zombie-Schminke oder hergerichtete Filmleichen.

Es ist daher verständlich, aber auch traurig, dass Therese, bestärkt von gläubigen Menschen, einen selbstverstärkenden Kreislauf in Gang setzte, der bis heute Jugendliche dazu anregt, ihr

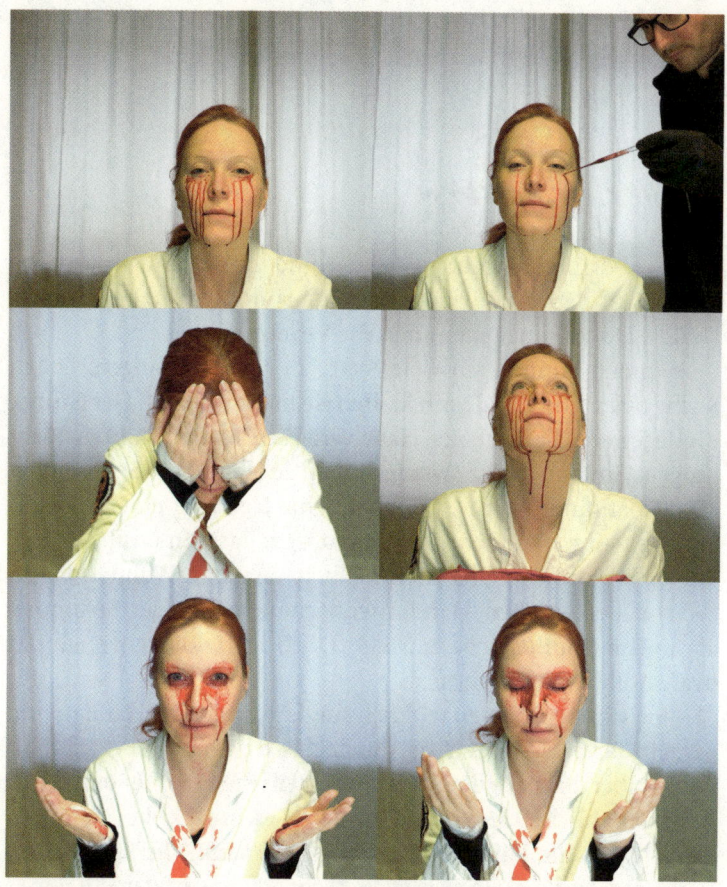

Der Labortest zeigt: Nur mit Übung und Zeit gelingt es, durch echtes Blut ein glaubwürdiges Wunder zu erzeugen. Therese Neumann sorgte dafür, dass die recht kunstvoll aufgebrachten Blutbäche in ihrem Gesicht nicht entfernt, sondern nur angefeuchtet wurden. Andernfalls wäre noch schneller aufgefallen, dass das Blutspurenmuster nicht zu ihrer angeblichen Entstehungsgeschichte passte.

Blutwunder auf Facebook und Instagram zu verbreiten. Wenn dadurch viele Menschenleben verändert werden, ist das weder harmlos noch gutmütig. Das gilt besonders, weil ihre Show damals wie heute mit Essstörungen und weiteren Selbstverletzungen verbunden ist. Wie weit diese Verletzungen gehen können, möchte ich daher im nächsten Abschnitt schildern.

LÖCHER IN HÄNDEN

Therese Neumanns blutige Tränen und kranzförmige Kontaktspuren auf den Textilien stammten aus den Verletzungen ihrer Hände. Doch woher stammten die Verletzungen?

Wunden können auf viele Arten an Hände gelangen: Durch Stiche beispielsweise. Dann klaffen sie meist oval auf. Der Grund: Bindegewebsfasern in der Haut verlaufen in bestimmten Richtungen. Entlang dieser Vorzugslinien, sogenannter »Spalt-« oder »Hautspannungslinien«, öffnet sich die Haut bei einem Stich – auch mit einem runden Gegenstand – so, dass ein Oval entsteht. Thereses Handwunden sehen nicht so aus. Ihre Wunden liegen zwar in der weichen Handinnenfläche, die weniger Spannung als andere Hautbereiche aufweist. Doch auch dort sehen wir das ovale Aufklaffen fast immer.

Nur selten entstehen wirklich runde Wunden an Händen und Armen. Bewirkt werden sie durch Aas fressende Käfer (Silphiden) – aber erst *nach* dem Tod eines Menschen. Vorher entspricht das menschliche Gewebe nicht dem Geschmack der Tiere. Zudem fressen die Käfer es auch nur dann, wenn die Haut schon leicht angetrocknet ist. Das ist bei Lebenden nicht der Fall.

Therese von Konnersreuth war weder tot noch vertrocknet. Wie sind ihre Handverletzungen entstanden, obwohl sie dauernd von BesucherInnen beobachtet wurde? Nagelfeilen, Nägel oder ähnlich spitze Gegenstände zur Selbstverletzung wurden bei ihr nicht entdeckt. Sie konnte solche Gegenstände zwar mühelos unter ihrer Kleidung verstecken (die sie ja nicht auszog), aber wir möchten hier mit der sparsamsten Annahme arbeiten.

Ihr geistiges Vorbild findet sich neben Therese an der Wand: Es ist der ans Kreuz genagelte Jesus. Vor allem katholische ChristInnen stellen den »Sohn Gottes« in Bildern und Skulptu-

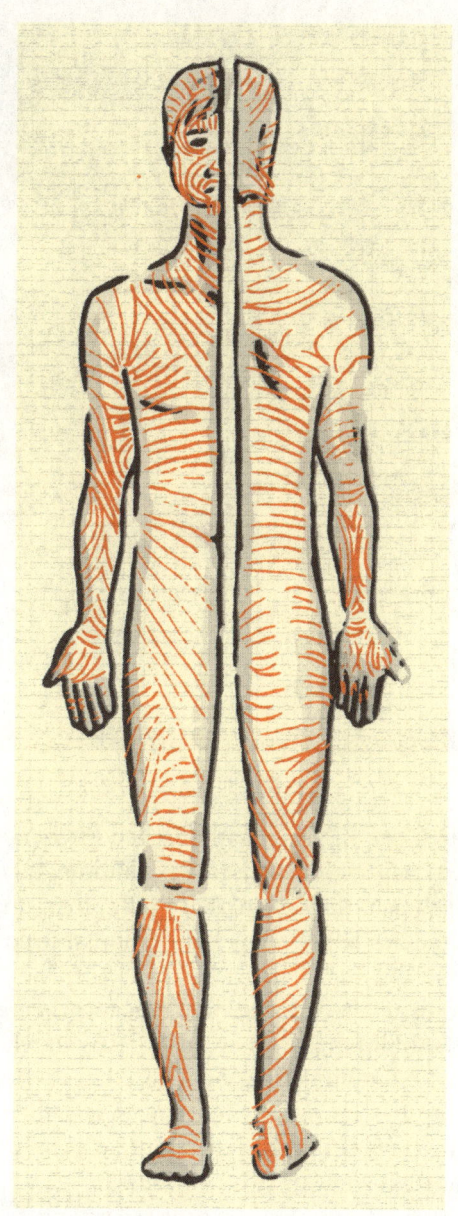

Hautspannungslinien erzwingen, wie die Haut sich bei
Verletzungen öffnet.

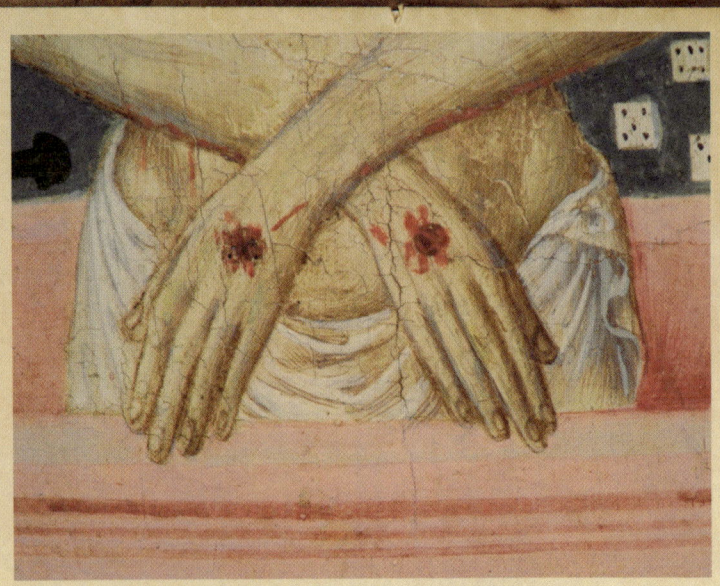

»Christus als Schmerzensmann«(15.Jh.): Im Detail korrekt dargestellt sind verschiedene Wundmerkmale nach der Kreuzigung – Hautdurchtrennung, Schmutz, abrinnendes Blut und Tupfer (Kontaktspuren). Der einzige Fehler: Eine Kreuzigung durch die Hände ist nicht möglich.

ren detailgetreu dar. In vielen katholischen Kirchen ist die Kreuzigung Christi sogar als lebensgroße Skulptur über dem Altar hängend angebracht. In Bayern, den Philippinen und anderswo wird die schmerzvolle Folterung bei Passionsspielen auch nachgespielt.

Therese musste also das glauben, was auch heute noch viele Christen auf Abbildungen sehen: dass Jesus durch die Hände genagelt wurde. Empfindet ein heutiger Mensch dessen Leiden nach, so kommt es immer wieder zu wundersamen, sozusagen psychosomatischen Öffnungen der Haut an den Stellen, an denen auch die Haut von Christus sich öffnete.

Das Problem daran: Jesus wurde nicht durch die Hände genagelt.

74

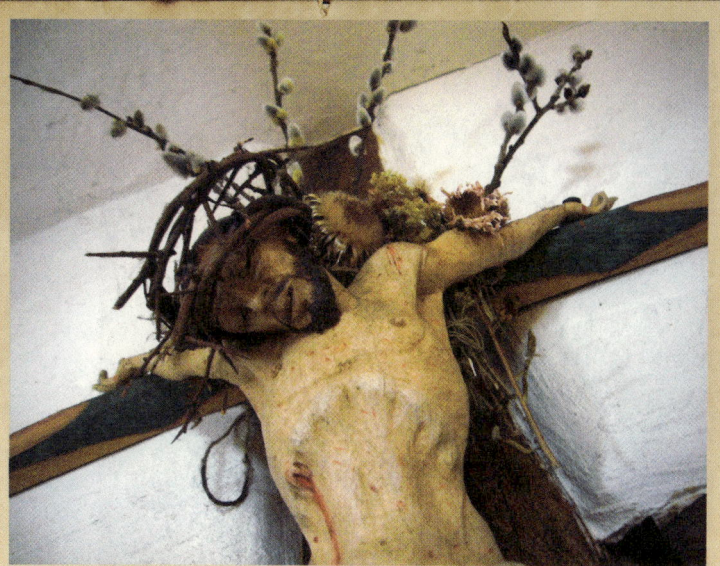

Detailgetreue Darstellung von Jesus am Kreuz, hier in einem Gasthof in Franken. Beachte die anders als übliche Nagelung von oben, die experimentell lebensnäher ist als sonst fast immer dargestellt (Nagelung von vorne).

Diese Feststellung hat nichts mit Glauben zu tun – denn glauben, ahnen und vermuten wollen wir im vorliegenden Buch ja sowieso nicht.

Stattdessen zeigen Experimente, dass bei einer von vorne durchnagelten Hand weder die Knochen noch das Bindegewebe das Gewicht eines Menschen halten können. Es spielt keine Rolle, ob Jesus am uns heute bekannten Kreuz oder, was ebenso möglich ist, an einem Pfahl oder einer T-förmigen Holzkonstruktion festgenagelt wurde. In der Bibel stehen die nicht genügend aussagekräftigen Worte »stauros« (σταυρός, Kreuz) und »xylon« (ξύλον, Holz, Pfahl).

Ich habe das Gewicht, das auf die Metallnägel in einer gekreuzigten Handinnenfläche wirken würde, ermittelt. Dazu

Hängt ein sechzig Kilogramm schwerer Mensch am Kreuz, so lasten auf jeder Hand sechzig Kilo. Nagelt man aber so, wie die Wunden von Therese von Konnersreuth (»Stigmata«) es vorgeben, dann reißen menschliche Hände schon bei achtzehn bis dreißig Kilogramm Last durch. Man muss es ausprobiert haben, um es wirklich zu verstehen … also probierten wir es aus.

Die Kräfte am Kreuz ver-
teilen sich anders als der
»gesunde Menschenverstand«
es meint: Es zieht das-
selbe Gewicht auf beiden
Seiten.

Mithilfe meiner Mitarbeiterin Lisa habe ich mich in einen mit Federwaagen ausgestatteten Metallrahmen gehängt. Die Waagen zeigen das Gewicht an, das am Gewebe der Hand zieht, wenn beide Arme mehr oder weniger weit ausgebreitet an ein Kreuz genagelt sind.

Erstaunlicherweise ergibt sich dabei, dass bei einem fünfundsechzig Kilogramm schweren Menschen, der an den Händen in die Apparatur gehängt wird, an *jeder Hand* fünfundsechzig Kilo Gewicht zerren. Experimente mit abgetrennten Händen (aus Operationen im Krankenhaus) und ganzen Leichen, die vorwiegend mein Kollege Frederick Zugibe durchgeführt hat, haben gezeigt, dass genagelte Hände schon bei einem Zuggewicht von achtzehn bis dreißig Kilo reißen.

Trotzdem kann Jesus ans Kreuz genagelt worden sein. Denn das in der Bibel verwendete griechische Wort »cheir« (xépi) muss nicht »Handinnenfläche« bedeuten, sondern kann auch als »Handwurzel« oder sogar als oberer Bereich des Unterarmes

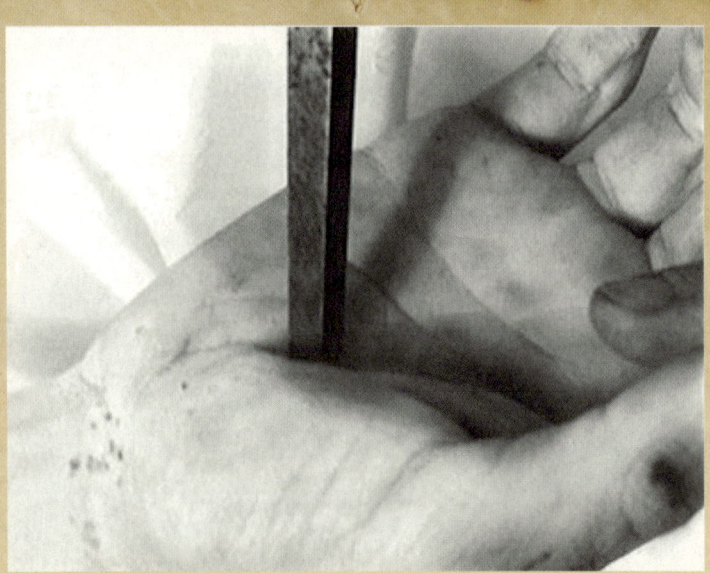

Ein Foto aus einer Experimente-Serie des Rechtsmediziners und Pathologen Frederick Zugibe (1928-2013). Er stellte fest: Wenn man sehr schief durch die Handwurzel nagelt, kann eine Wunde auf der Handinnenseite entstehen, die nah an der Handmitte liegt. So richtig passt es aber nicht … Ein Beispiel für »schräge« Grundannahmen, die trotz gegenteiliger Befunde durch Experimente passend gemacht werden sollen.

verstanden werden. Die Knochen und das Gewebe der Handwurzel könnten das Gewicht eines gekreuzigten Menschen halten. Allerdings fragt sich dann, warum eine blutende Wunde in der Handinnenfläche entsteht.

Falls Sie solche Nebensächlichkeiten für unbedeutend halten, denken Sie einfach an die Angehörigen vor Gericht, von durch verkniffene Vorstellungen zu Unrecht Weggesperrten oder die ebenso ungerecht freien Menschen. Es lohnt sich, für andere (und für die Wahrheit als solche) auch anstrengende und detailreiche Experimente durchzuführen.

ZUGIBES ERKLÄRUNGSVERSUCH

Dass eine Kreuzigung nur an der Handwurzel oder am Unterarm gelingt, bringt selbst religiöse Menschen ins Hadern. Denn warum sollte eine übernatürliche, religiöse, wohlmeinende Kraft *an der beweisbar falschen Stelle* von beispielsweise Therese Neumanns Händen Löcher erzeugen oder »sich offenbaren«?

Religiöse KollegInnen biegen sich diese unerklärliche Tatsache durch Zusatzannahmen zurecht. Selbst der kluge Pathologe und Rechtsmediziner Frederick Zugibe († 2013), der solche Experimente teils selbst durchführte, drehte sich das Problem der sogar religiös unerklärlichen, blutigen Öffnungen der Handinnenflächen zurecht. Er dachte dabei aber nicht an Therese Neumann, sondern an das Turiner Grabtuch. Dort ist ebenfalls eine Handflächenblutung einer zuvor gekreuzigten Person zu erahnen. Zugibe meinte daher, dass die Römer Jesus' Hände in einem schiefen Winkel, also steil durchs Gewebe, festgenagelt haben müssten. Das machte er sogar an einer Leiche vor.

Die Handwunde kann mit schiefer Nagelungstechnik zwar auf der Handinnenseite liegen, aber so richtig passt es noch immer nicht. Denn wer wollte von der Handinnenfläche aus schräg in die Handwurzel nageln, und vor allem warum? Zugibe wollte aber unbedingt eine Lösung erzeugen, die zum Grabtuch – und damit auch zu Therese Neumann und den übrigen christlichen Darstellungen – passt.

Gehen Sie mit mir noch einen weiteren Schritt auf die Gläubigen zu. Nehmen wir an, dass bei Kreuzigungen krumm und schief nagelnde Soldaten als Henker gearbeitet hätten: Warum blutet Therese von Konnersreuth dann nur innen, aber nicht auch *außen* an ihren Händen? Denn wenn sich die Nagelung oder Stigmatisierung durch jenseitige Kräfte an ihrem Körper zeigt, warum dann nicht auf beiden Seiten der Hände, so wie es auch am Kreuz passiert sein müsste?

Zur Erklärung könnte man neue Zusatzannahmen einführen: Der Körper der stigmatisierten Frau zeigt das Wunder eben nur unvollständig an oder Ähnliches. Wie man an der Forderung

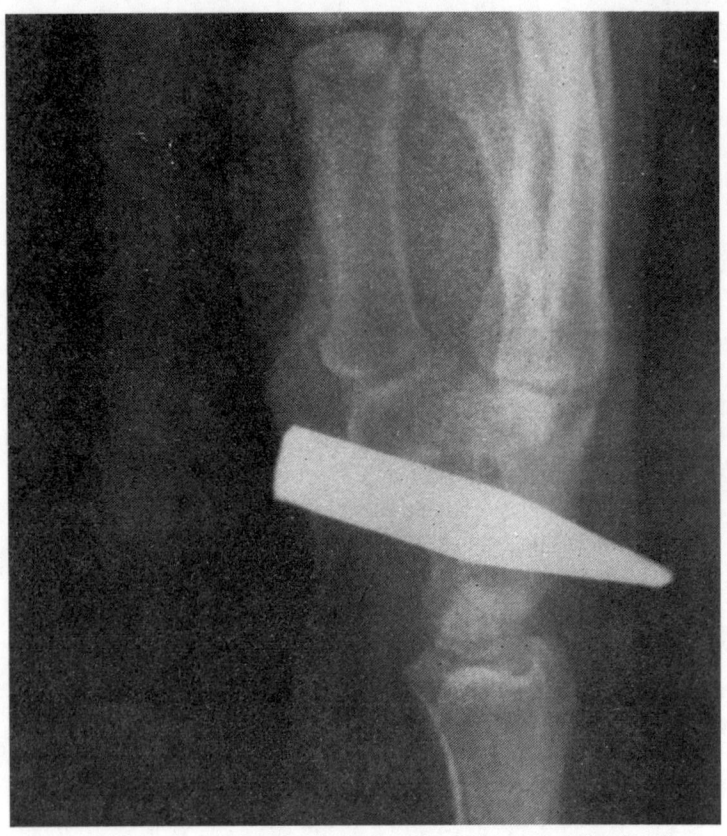

Röntgenbild einer von Barbet durchnagelten Leichenhand
(Abb. 6 aus der von der katholischen Kirche genehmigten,
zweiten Auflage von ›Cinq plaies du Christ‹, Paris, 1937).

nach windschiefen Nagelungen meines Kollegen Zugibe sieht,
führen solche Zusatzannahmen nur zu Wahrheitsverbiegungen,
nicht aber zur Wahrheit. Entweder passen die Spuren schlüssig
und vollständig zum Fall oder nicht.

Es gehört manchmal große Überwindung dazu, sich das ein-
zugestehen – besonders, wenn es gegen die eigenen, tief verwur-
zelten Überzeugungen läuft. Vor Gericht und in der Religion
schaffen die meisten Menschen dies nicht. Wir alle kennen es

aber auch aus unserem Alltag: »Ich streite nicht«, heißt es dann. »Ich erkläre meinem Gegenüber nur, warum ich recht habe!«

DIE LÖSUNG DES RÄTSELS

Die einzige Erklärung, die *alle* objektiv messbaren, also nicht von Meinen, Hoffen oder Glauben abhängigen Beobachtungen um Thereses blutiges Erscheinen vereint, ist, dass sie sich die Hände im Laufe der Jahre dauerhaft wund gekratzt hat. Das gelingt, wie gesagt, unter der Bettdecke, tags wie nachts, aber auch, wenn gerade »gelüftet« werden muss, Therese auf der Toilette war und zu vielen anderen Gelegenheiten. Die Wunde war dauerhaft entzündet, und so konnte Therese sie zu passender Gelegenheit – meist freitags – leicht aufknibbeln und wieder zum Bluten bringen. Woher ich das weiß? Weil einer der Gläubigen ungewollt die Beschreibung der chronisch entzündeten Wunde Thereses geliefert hat.

»Oder will man Zweifel hinsichtlich der Stigmata aussprechen?«, fragte empört Alphons Dorsaz, als jemand bezweifelte, dass Kräfte aus dem Jenseits Thereses Hände zum Bluten gebracht hätten. »Zahlreiche Ärzte haben sich schon über die Wundmale gebeugt, um sie mit der Lupe zu untersuchen, und alle, selbst die am wenigsten Gläubigen, haben anerkennen müssen, dass ihre Gestaltung nicht auf Menschenhand zurückzuführen ist.

Hierfür sprechen zwei Gründe. Einerseits ist für sie das Vorhandensein einer gelatineartigen Membran zwischen dem lebenden Fleisch und der äußeren Kruste charakteristisch, eine Eigentümlichkeit, wie sie gewöhnliche Wunden niemals aufweisen. Andererseits zeigen sie keine Neigung zu vernarben, sondern sie bleiben ohne jede Spur einer Eiterung offen.«

Ich überlasse es der Fantasie der LeserInnen, wie Therese über die Jahre vorgegangen ist, um die Wunde derart aussehen zu lassen. Nutzte sie keimtötende Mittel? Legte sie die Hände zusammen? Sicher ist, dass sie eine dauerhafte Wunde erzeugt hatte, deren »gelatineartige Membran« leicht zu öffnen war. Solange das alles nicht in Ruhe in einem Krankenhaus untersucht werden konnte (und das wurde es ja nie – die Familie Neumann verweigerte trotz mehrfacher ärztlicher und kirchlicher Aufforderung, wie erwähnt, bis zuletzt jede derartige Untersuchung), so lange konnte Therese ihre Wunden erzeugen oder auch abheilen lassen, wie sie wollte.

So blieb ihr Wunder im heimischen und kontrollierbaren Umfeld. Therese konnte stets zur richtigen Zeit die richtigen Blutungen oder Blutspuren erzeugen, Menschen empfangen oder auch nicht (sie ließ nicht nur Skeptiker, sondern sogar seit Wochen angemeldete Priester vor der Tür stehen, bis sie gehen mussten), »das Zimmer lüften« und dergleichen mehr, um die Umstände zu kontrollieren.

Wir kennen Ähnliches, wie angedeutet, aus Untersuchungen bei heutigen Fakiren, die ebenfalls oft Hungerkünstler sind. Niemals, selbst bei einer der seltenen Krankenhausuntersuchungen, lassen sich diese Personen rund um die Uhr überwachen. Sie sorgen stets für Zwischenfälle, Unruhe, Zigarettenpausen oder sonstige Störungen, um zu tun, was alle Menschen manchmal tun müssen: essen, trinken und Stoffe ausscheiden. Ein besonders eindrucksvolles Beispiel war dabei ein moderner Fakir, der angeblich schon seit Wochen nichts mehr trinken musste. Bei einer »Verschnaufpause« auf dem Balkon wurde er von Kollegen erwischt, als er mit zurückgelegtem Kopf den herabströmenden Regen trank.

OFFIZIELLE WUNDER

Die Energie, mit der Therese vorging, zeigt, dass sie vielleicht an das Wunder, mehr aber noch an die ihr zuteilwerdende Aufmerksamkeit, glaubte.

Sie zeigt aber vor allem, dass man Menschen, die unglücklich und krank sind, nicht ermuntern darf, ihr aufmerksamkeitsheischendes, schmerzhaftes Werk weiterzuführen. Denn die Ursache von Konversionsstörungen sind unverarbeitete, seelische Schmerzen und der Wunsch nach Zuwendung. Kein Wunder, dass Therese nach heutigen Standards in Europa in die Krankheitsgruppe »Dissoziative Störung« beziehungsweise in den USA in die vergleichbare Gruppe »Somatisierungsstörung« fallen würde – und damit eine psychotherapeutische Behandlung erhielte.

Das sieht übrigens mittlerweile auch der Vatikan so. Dem bekannten italienischen Mönch Pater Pio, der seit 1918 ebenfalls Handverletzungen (»Stigmatisationswunden«) aufwies, wurde kirchlich verboten, sich öffentlich zu zeigen. 1922 untersagte ihm sogar der streng konservative Kardinal Rafael Merry Del Val y Zulueta aus Rom ausdrücklich, die Wunden (genauer gesagt: die Blutanschmierungen) vorzuzeigen oder Briefe von Gläubigen zu beantworten.

Das Wunder seiner blutenden Hände hatte sich aber längst herumgesprochen. Im Mai 1923 stellt die vatikanische ›Kongregation für die Glaubenslehre‹ daher nach einer »Untersuchung der Phänomene bezüglich Pater Pio von Pietrelcina, Mitglied des Kapuzinerordens in San Giovanni Rotondo in der Diözese Foggia fest, dass nach Betrachtung des Falles jede Grundlage dafür fehlt, dieses Phänomen als übernatürlich anzusehen *(non constare de eorundem factorum supernaturalitate)* und ermahnt die Gläubigen, sich an diese Feststellungen zu halten«.

Pater Pio wurde dennoch im Jahr 2002 heiliggesprochen – aber nicht wegen der vatikanisch verbotenen Wunden oder Flecken, sondern weil er vorbildlich christlich gelebt, eine italienische Kranke geheilt und nach seinem Tod aus dem Jenseits weiterhin Gutes vollbracht hatte.

WISSENSCHAFT UND GLAUBE

Die Wunder um Therese von Konnesreuth zeigen wie die Alien-Sektion, dass jeder Fall, so leicht man ihn auch je nach Geschmack glauben oder verwerfen könnte, besser mit vielen unabhängigen Techniken und *immer mit Experimenten* sachlich geprüft werden muss.

Es gehört ein guter Schuss Wahnsinn dazu, das als Sachverständiger zu tun, denn viele auch meiner KollegInnen meinen, dass ihr Glaube an die Naturwissenschaft schon beweist, dass es weder Aliens noch Blutwunder gibt. Doch das ist auch nur ein Glaube, kein Beweis. Und da es vor Gericht um echte Leben geht, nämlich um die der Angehörigen aller »Prozess-Parteien«, ist eine extra Portion gründlicher Prüfung nicht nur fachlich, sondern auch menschlich sinnvoll.

Auch der angesehene Rechtsmediziner Otto Prokop, Leiter des Institutes für gerichtliche Medizin in Berlin († 2009), erklärte lebenslang, warum er Wissensverbiegungen entlang einer von Glauben vorgegebenen Richtung mit aufwändigen und manchmal auch schräg wirkenden Experimenten entgegentrat. »Von Zeit zu Zeit«, so sagte er, »sind solche [aufklärerischen] Bilanzen nicht unter der Würde eines Naturwissenschaftlers. Denn im Endeffekt hat er auch eine psychohygienische Aufgabe, die er je nach Charakter wahrnimmt. Für einen Universitätsprofessor, der die Jugend auszubilden hat, gibt es einen beruflichen und sittlichen Auftrag dazu.«

So sehe ich es auch. Wunder und Rätsel untersuche ich aus kindlicher Neugier und dem Wunsch nach fachlicher Aufklärung. Eine skeptische Ablehnung reicht mir nicht. Denn weinende Madonnen, Jahrzehnte nach dem Tode erwachende Mönche und sich pünktlich zum Namenstag verflüssigende, zuvor fest gewordene Blutproben gibt es wirklich. Nur eine unbefangene Prüfung mit den Augen mehrerer Wissenschaften hilft, die Ursache dahinter zu verstehen.

Nicht immer handelt es sich bei unglaublichen Ereignissen um Fälschungen, Sinnestäuschungen oder Selbstbetrug. Der

Besserwissen, glauben und meinen kann jeder. Zu einem
wahren Ergebnis führen aber nur Experimente und der
Blick in viele Richtungen. Das soll unser Logo darstellen.

Skeptiker Bernd Harder besuchte beispielsweise im Juni 2004
eine »weinende« Christus-Statue in Međugorje. Die Stadtver-
waltung beschreibt das in Bosnien und Herzegowina liegende
Međugorje als »Ort des Gebetes und der Versöhnung«.

»Jährlich pilgern mehr als eine Million Menschen in die Fran-
ziskaner-Pfarrei mitten im bosnischen Bergland«, berichtet Harder. Besonders zum Jahrestag der örtlichen Marienerscheinun-
gen, die immer am 25. Juli stattfinden, wird der kleine Ort wie in
Konnersreuth von Zehntausenden Gläubigen besucht. »Im Jahr
2004«, so der Skeptiker, »kurz nach dem Ende der Feierlichkei-
ten, als die meisten Pilger schon wieder abgereist waren, wurde
ich gegen vier Uhr morgens von einem Bekannten geweckt, der
die Nacht im Gebet auf dem sogenannten Erscheinungsberg
(›Podbrdo‹) verbracht hatte. Auf dem Rückweg zur Pension war

er an der Dorfkirche St. Jakob im Ortszentrum vorbeigekommen und auf eine Menschenmenge aufmerksam geworden, die sich um eine Christus-Statue im weiteren Umfeld des Gotteshauses versammelt hatte.«

Man hatte festgestellt, dass die fast sechs Meter hohe Bronzestatue, die seit 1998 dort steht und den auferstandenen Jesus darstellt, plötzlich »weinte« – allerdings nicht aus den Augen, sondern aus dem unbeschädigten rechten Bein. Ungefähr einmal pro Minute bildete sich ein Tropfen am Bein der Skulptur.

»Noch vor Morgengrauen fanden sich zwei Beamte der Dorfpolizei ein«, so Harder, »die das Ganze interessiert, aber unaufgeregt verfolgten – und sogar bereitwillig mit einer Taschenlampe assistierten, als ich mich daranmachte, einige der Tröpfchen zunächst in einem Glasgefäß und dann mit einem Taschentuch zu sammeln.

Die Gläubigen wischten mit den Fingern und Tüchern die angeblichen Tränen von der Statue ab. Im Laufe der darauffolgenden Tage war der ›Auferstandene Christus‹ beständig von Pilgern und Neugierigen umlagert, die mit den Fingern, Tüchern oder auch mit ihren Rosenkränzen die Tröpfchen von der Jesus-Statue wischten.«

Weder die örtlichen Franziskanermönche noch Andrej Ajdič, der die Statue hergestellt hatte, wollten aber von einem Wunder sprechen. Harder hakte nach und fragte gemäß der Regel, dass durch andere Augen oft mehr Licht fällt als durch die eigenen, Dieter Paesold aus der Abteilung Forschung und Entwicklung der Firma ›voestalpine Stahl‹, woher die Tränen stammen könnten.

Paesold stellte anhand des betränten Tuches von Harder fest, dass sich dort außer Bronze, Kupfer, Zinn und Bestandteilen des in der Statue verbauten Betons nichts, vor allem keine tränentypischen Bestandteile, fanden. Die Flüssigkeit konnte also Regenwasser in dünner Schicht sein, das sich an genau diesem Knick der Statue (dem Knie) sammelte. Es könnte sich aber auch um Kondenswasser handeln. Weder Regen noch Leitungswasser enthalten das in menschlichen Tränen enthaltene Kochsalz; so sind sie leicht zu unterscheiden.

Die Christus-Statue, aus deren Bein Tränen rinnen.

Wenn Sie einmal nach Međugorje fahren, prüfen Sie selbst, welche der beiden Möglichkeiten (Regen oder Kondenswasser) mit den dortigen Umweltbedingungen in Einklang stehen und bringen Sie mir ein kleines Fläschchen mit einer Probe mit.

Denn je mehr Spuren vom Ereignisort wir haben, desto besser können wir ein- oder ausschließen, was wirklich passiert ist. Dass im Ergebnis stets die einfachste Erklärung stimmt – zumindest in der naturwissenschaftlichen Kriminalistik –, hatte ich schon angedeutet. Ein gutes Beispiel dafür ist das Öl, das aus der Leiche der heiligen Walburga (Walpurga, Walpurgis) läuft und das ich untersuchen durfte.

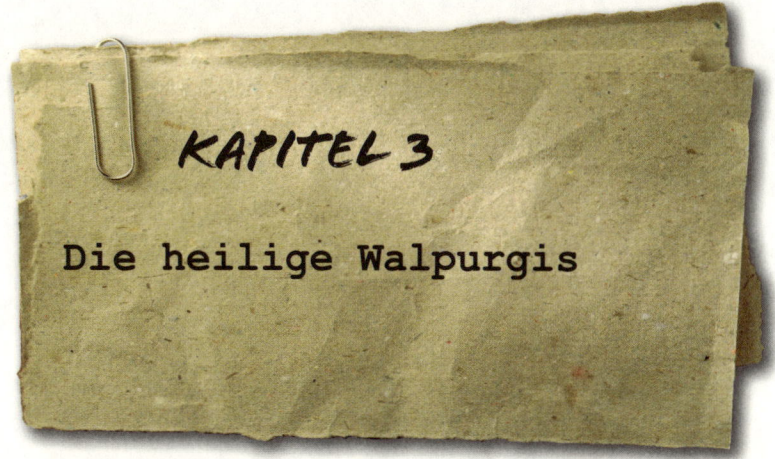

KAPITEL 3

Die heilige Walpurgis

Die heilige Walpurga wurde um das Jahr 710 n. Chr. in England geboren und starb etwa 780 n. Chr. als Benediktiner-Äbtissin im mittelfränkischen Heidenheim. Im Kloster Tauberbischofsheim soll sie mithilfe dreier Ähren ein Kind vor dem Verhungern gerettet haben. Wütende Hunde vertrieb sie durch den Ausruf, sie stehe unter dem Schutz Christi und könne nicht angegriffen werden.

Als Teile von Walpurgas Gebeinen im Jahr 893 als Reliquien transportiert wurden, kam es auf der Wegstrecke zu mehreren Wundern. Welche das waren, das konnte ich trotz Stöbern in Heiligenlexika nicht ermitteln. Es sollen aber »zahlreiche« gewesen sein.

Walpurga ist eine Heilige der ganz alten Schule. Sie ist Schutzpatronin der Wöchnerinnen und Seeleute, der Bauern und Haustiere und hilft beim Gedeihen der Feldfrüchte, gegen Hungersnot und Missernten. Wie oben beschrieben, hat sie Macht gegen Hundebisse und, wohl daraus abgeleitet, auch gegen Tollwut, Pest, Seuchen, Husten, Augenleiden und Sturm. Walpurga war als Heilige bis ins Mittelalter sehr bekannt. Es gibt einige Bauernregeln zu ihrem Gedenktag. Eine besagt: »Wenn sich Sankt Walpurgis zeigt, der Birkensaft nach oben steigt.« Heute hört und liest man Walpurga-Erzählungen fast nur noch in der Umgebung ihrer letzten Ruhestätte.

In einem anderen Zusammenhang ist sie viel bekannter. Die

Walpurgisnacht vom 30. April auf den 1. Mai geht direkt auf Walpurgas Leben zurück. Denn diese Nacht gilt in England als – allerdings historisch unprüfbares – Datum der Überführung ihrer Gebeine (oder wahlweise als Tag ihrer Heiligsprechung, die vermutlich im Jahr 870 stattfand). Dass wir die Walpurgisnacht heute noch so gut kennen, liegt vor allem an Goethes Werk ›Faust I.‹. Durch Goethes Dichtwerk aus dem Jahr 1808 wurde der Zusammenhang zwischen Walpurga, Hexenfeuern und -feiern durchschlagend bekannt.

Unabhängig von diesen hexischen Umtrieben besteht an ihrem Ruheort in Eichstätt eine Tradition, die ich sogar im Vergleich zu Kreuzigungs- und Blutwundern ungewöhnlich fand. Nachdem im Jahr 1035 in Eichstätt nämlich die Abtei St. Walburg gegründet worden war, grub man sieben Jahre später, im Jahr 1042, die Knochen der Toten aus und legte sie in einen steinernen Sarg unter dem Hochaltar der neuen Abtei-Kirche.

Das ›Handwörterbuch des deutschen Aberglaubens‹ berichtet dazu, dass mittlerweile »von den Körperteilen der Heiligen in Eichstätt nur noch das Brustbein vorhanden ist. Die Kalksteinplatte, auf der es im Altar der Gruftkapelle ruht, soll sich zu Anfang Oktober bläulich färben und bis zum Februar mit einem dunstigen, zu Perlen gerinnenden Stoffe überlaufen, der tropfenweise in eine Goldschale geleitet wird.

Dieses ›Walpurgisöl‹ wird an die Gläubigen verkauft »[als Mittel] gegen alle Gefahren des Leibes und der Seele«. Es ist schon [seit] 893 bezeugt.«

Doch das Walpurgis-Öl hilft nicht nur gegen Gefahren des Alltags, sondern auch gegen massive Katastrophen. Fast eintausend Jahre später, im Jahr 1853, berichtete der Münchener Schriftsteller Alexander Schöppner im dritten Band seiner »Bayrischen Sagen«, dass »hinter dem Kloster der heiligen Walpurga zu Eichstätt ein weit vorspringender Fels den nördlichen Teil der um die Stadt sich ziehenden Mauer durchbricht, die sich hier am Abhang des Berges hinzieht, dessen dem Kloster zugekehrte Seite eine senkrechte, etwa achtzig Schuh [fünfundzwanzig Meter] hohe und zwanzig Schuh breite Wand bildet. In der Mitte dieser Wand, in einer Höhe von ungefähr dreißig Schuh, befindet sich eine Öffnung von ungefähr zehn Schuh Höhe und drei Schuh Breite.

Durch diesen Riss drängen, wenn es einige Zeit geregnet hat oder wenn die auf der nördlichen Bergebene gelegenen Schneemassen im Frühling schmelzen, gewaltige Wassermassen heraus, die sich oft so sehr vergrößern, dass man befürchten möchte, sie zersprengen den Fels. Der Wasserstrom stürzt in die Tiefe, läuft unter dem Kloster in einen künstlichen Kanal ab und fließt in die Altmühl. Das Getöse des stürzenden Wassers wird weithin gehört. Es ist ein großartiges Schauspiel, das auch stets viele Zuschauer herbeizieht.

Dieser Wasserfall heißt der Ordelbach. Von ihm geht nun in der Stadt die Sage, dass er einst sein Becken und sein Tor sprengen und in solcher Wucht herausströmen werde, dass er Kloster und Stadt vernichten würde.

Diese Katastrophe kann nur dadurch verzögert (nach einer anderen Überlieferung für immer verhindert) werden, dass an einem bestimmten Tag des Jahres von den Klosterfrauen heiliges Öl, das aus den Gebeinen der heiligen Walpurga fließt, in die Öffnung der Felswand gegossen wird.«

Ich zitiere den Bericht so ausführlich, weil auch aufgeklärte Menschen noch heute Angst vor Unbekanntem haben – seien es fremde Speisen, fremde Menschen oder fremde Gebräuche. Wie beängstigend muss da erst tösendes Sturzwasser gewesen sein. Zumindest ist es das auch heute noch bei Tsunamis, Fluten, Überschwemmungen und tropischen Regenstürmen!

Nun werden Sie erneut sagen, dass das doch alles Unsinn sei. Doch wir haben in den vorigen Kapiteln gesehen, dass der Glaube daran, dass es nichts Übersinnliches gibt, auch nur ein Glaube ist. Sachbeweise und Experimente helfen, den Grund eines Wunders zuverlässig zu verstehen. Vielleicht kommt ja sogar etwas für andere Menschen Nützliches dabei heraus.

Denn ist es nicht beispielsweise so, dass Öl tatsächlich Wasserwellen glättet? So beobachtete es zumindest Benjamin Franklin († 1790), der unter anderem den Blitzableiter, die Lesebrille, Schwimmflossen und den biegsamen Harnkatheter erfunden

Ein Fläschchen mit dem Öl aus der Leiche der heiligen Walpurgis.

hat. Auch der Naturforscher Plinius der Ältere († 79), der beim Ausbruch des Vesuv starb, beschrieb die Erscheinung. Angeblich soll schon ein Esslöffel Öl ein Fischerboot vor Wellengang schützen. Seemannslatein oder erprobtes Wissen? Es lohnt sich sicher, nach dem wahren Kern der Geschichte zu forschen, so grotesk sie auch klingen mag. Kindliche Neugier, Wahrheitswille und ein bisschen Gelassenheit sind dazu notwendig.

WALPURGAS GRAB

Schauen wir uns die Sache daher näher an. Schon im elften Jahrhundert kannte man das »Walpurgisöl«. Das Grab mit den darin gelagerten wenigen Überresten Walburgas sah damals schon so aus wie heute. Man konnte dort von Anfang an eine wasserklare Flüssigkeit gewinnen, die vom Grab abrinnt beziehungsweise ausgeleitet wird – das Walpurgis-Öl. Bald entstand ein Walpurga-Hype, der unter anderem vom berühmten Kölner Erzbischof Anno II. gefördert wurde. Wer wundersame Kräfte auf seiner Seite hat, mit dem stellt man sich gut.

»Das sogenannte Oele«, berichtet ›Stadlers vollständiges Heiligenlexikon‹, »– die wasserähnliche Feuchtigkeit führt diesen Namen seit unvordenklichen Zeiten –, welches aus ihrem Brustbeine fließt, ist eine Wundererscheinung, die nicht erst im Jahre 1040 eintrat, sondern schon im 9. Jahrhundert durch den Bericht des ersten und ältesten Biographen bezeugt wird.« Bischof Philipp von Rathsamhausen (1306–1322) sei »durch den Gebrauch des Leichenöles von einer tödtlichen Krankheit *(ad excidium vitae devenimus)* befreit« worden.

Das ›Handlexikon des Aberglaubens‹ meldet überdies, dass das Walburga-Öl unter allen Heilölen das berühmteste sei – berühmter als das Olivenöl vom Ölberg, an dessen Fuß Jesus Christus vor seiner Kreuzigung gefangen genommen wurde, und auch wirkkräftiger als das mächtige »Öl einer Lampe, das neben einem Verstorbenen gebrannt hat«.

Auch Wikipedia kennt das Leichenöl. »Seit 1042 soll unter Walpurgas Reliquienschrein alljährlich von Oktober bis Ende Februar eine Flüssigkeit, das sogenannte Walpurgisöl, austreten«, steht dort. »Es kann in Fläschchen abgefüllt erworben werden. Vor allem am 25. Februar, Walpurgas katholischem Gedenktag, strömen zahlreiche Pilger zu dem wundertätigen Schrein in Eichstätt.

Was wirklich unter diesem als Kondensat hervorquillt, bleibt vage und das Geheimnis der Benediktinerinnen. Seit dem fünfzehnten Jahrhundert wurde Walpurga auch auf Gemälden stets mit dem Fläschchen abgebildet.«

WORAUS BESTEHT DIESES ÖL?

Ein Pilger, der selber neugierig war, besorgte mir bei einem Ausflug zum Grab ein aktuelles Fläschlein des Öles. Was uns sofort auffiel: Es war wundersam wässrig, nicht ölig.

Ich schickte die Probe an ein unabhängiges und ahnungsloses Labor in der Schweiz. So waren keine Vorannahmen im Spiel. Das Labor zerlegte das »Öl« und leitete es zur Atomemissions-Messung durch ein ICP-Spektrometer. Die Abkürzung »ICP« steht für die Art der Erzeugung der Energie, hier des Plasmas durch schwankende Magnetfelder. Sie werden durch elektromagnetische Induktion erzeugt, abgeleitet vom englischen »inductively coupled plasma«, also »induktiv gekoppeltem Plasma«.

Unsere Probe wurde zunächst in eine »Atomisierungseinheit« geleitet, die das Untersuchungsmaterial durch Hitze in seine kleinsten Bestandteile, Atome, zerlegt. Ein Messgerät zeigt dann an, wie viel hineingesandtes Licht von der entstandenen Atomwolke aufgenommen wird. Aus der Menge verschluckten Lichtes errechnete ein Programm, aus welchen Bestandteilen die nun zerlegte Probe bestand.

Für das Walpurgis-Öl ergab sich folgende Zusammensetzung:

Aluminium	36,7 µg/l
Chrom	4,43 µg/l
Kupfer	31,5 µg/l
Mangan	18,5 µg/l
Nickel	< 1,00 µg/l
Blei	< 1,00 µg/l
Zinn	2,32 µg/l
Kalzium	73 300 µg/l
Magnesium	40 700 µg/l
Natrium	28 600 µg/l
Kalium	3 740 µg/l
Phosphor	< 6,0 µg/l
Eisen	13,8 µg/l

Zink	733 μg/l
Nitrat	862 μg/l
Nitrit	< 10,0 μg/l

Auffällig sind die hohen Kalzium- und Magnesiumwerte. Im Alltag kenne ich sie in glasklaren Flüssigkeiten, vor allem von Leitungswasser. Wer in Regionen mit »hartem« Wasser wohnt, bekämpft vielleicht wie ich täglich »Kalkflecken«. Das sind Rückstände von Kalzium- und Magnesiumsalzen im Leitungswasser, meist Karbonate und Sulfate. Wir kennen sie als weiße Flecken an der Duschabtrennung und auf allen anderen Oberflächen, auf denen »hartes« Wasser verdunstet ist.

Anders als das Wasser von der Christus-Statue aus Međugorje handelt es sich hier also nicht um Kondens- oder Regenwasser, in denen Kalzium und Magnesium nicht vorhanden sind. Es muss sich beim »Leichenöl« um *von außen angelagertes*, also kondensiertes, nicht aus der Leiche stammendes Wasser handeln.

Sollte ein winziger Riss im Schrein vorhanden sein, durch den das »Öl« nachtropft, dann müsste, wenn es aus der Leiche stammt, *irgendeine* Abweichung der Laborwerten gegenüber Leitungswasser auftreten. Das ist aber nicht der Fall. Selbst die Wasserhärte des »Öles« liegt mit 19,8 Grad deutscher Härte ganz unauffällig im unteren Bereich von härterem Wasser. Der pH-Wert liegt mit 7,0 ebenso unauffällig im neutralen Mittelwert zwischen Säure und Lauge – ganz wie Leitungswasser.

Man könnte nun behaupten, dass das Kalzium aus den Knochenresten der Walpurgis-Leiche stammt. Menschliche Knochen enthalten reichlich Hydroxylapatit, das aus Kalziumphosphat zusammengesetzt ist. Wie lässt sich diese vielleicht sehr abwegige Annahme trotzdem prüfen? Eigentlich müsste das Kalzium über die Jahrhunderte ja längst aus dem Skelett ausgeschwemmt sein. Doch wir wollen nicht meinen, sondern messen.

TATSÄCHLICH LEICHENFLÜSSIGKEIT?

Da die Leichenflüssigkeit nach früheren Angaben durch eine Kupferrinne aus dem Grab geleitet wird, müssten wir nennenswerte Kupferwerte von dieser Leitung in unserem Öl wiederfinden. Doch die Kupfermenge ist niedrig, sogar im Vergleich zu den von den Verordnungen für Leitungswasser erlaubten Werten. Das Wasser in den Walpurgis-»Öl«-Fläschchen ist also nicht über die Kupferrinne gelaufen und stammt damit auch nicht aus dem Grab. Denn außer der Kupferrinne gibt es keinen Zugang zur Leiche der heiligen Walpurga.

Wen diese indirekte Beweisführung nicht überzeugt, der kann nun prüfen, ob nach so langer Leichen-Liegezeit überhaupt noch Kalzium aus den Knochen ausgespült werden kann. Ein Versuch mit feucht gelagerten Skeletten würde dies problemlos klären. Mir reicht allerdings das fehlende Kupfer als Hinweis darauf, dass das Wasser nicht aus Walburgas Grab stammt. Denn nicht nur ein Einschluss, sondern auch ein sicherer Ausschluss von Möglichkeiten führt zum Ziel.

Übrigens habe ich in der Abtei ruhig und höflich nachgefragt, was man zum Walpurgis-Öl meint. Ich erhielt keine Antwort, und auch auf den früheren Webseiten der örtlichen Benediktinerinnen fand das Mirakel keine Erwähnung mehr, auch nicht, als im Jahr 2011 das 1300-jährige Walpurga-Jubiläum begangen wurde.

Um sicherzugehen, dass ich nicht nur sehe, was ich sehen möchte, fragte ich daher im Wasserlabor des großen Wasserversorgers ›RheinEnergie‹ nach, was die Trinkwasser-Fachleute dort aus den ermittelten Werten im »Öl« ableiten würden.

Den Zinkanteil erklärte man dort als »vielleicht biogen«, also aus der Umwelt ins Wasser gelangt. Oft stammt Zink in Leitungswasser aus alten Wasserleitungsrohren. Diese bestanden früher manchmal aus Zink.

Mehr als alle anderen Werte erzeugte aber beim Trinkwasser-Laborleiter die im Leichenöl gemessene Wasserhärte ein Stirnrunzeln. »Kondenswasser ist das nicht«, sagte er, »denn das enthält ja niemals so viele Ionen, welche die ›Härte‹ bewirken. Ein Kondensat ähnelt destilliertem Wasser, das wenig oder keine Salze mehr enthält.« Nach Abgleich aller Daten waren wir uns einig, dass es sich im heilsamen Fläschchen gemäß der in den deutschen Trinkwasserregelungen TVO und TrinkwV sowie den Richtlinien der Weltgesundheitsorganisation erlaubten Rahmenwerten nicht um Leichenöl, sondern um recht gutes, wenig belastetes Leitungswasser handelt.

Der Aufwand hat sich gelohnt. Denn wie gesagt – tränende Statuen, weinende Marien und wundersame Erscheinungen aller Art gibt es in vielen Religionen, und nicht immer sind sie so erfunden, wie es sich anhört. Meist stimmt die Beobachtung, nur die Auslegung ist falsch. Eine gute Übung für alle KriminalbiologInnen. Denn skeptische Menschen unterstellen bei unglaublichen Berichten gerne, dass das »Wunder« nie passiert sei. Das stimmt aber nicht. Es ist sogar etwas sehr Ungewöhnliches passiert: Ein Alien taucht auf, eine Leiche sondert Öl ab, Blut findet sich in einem geschlossenen Raum. Das Besteck, mit dem wir prüfen können, ob es sich um übersinnliche Kräfte handelt oder nicht, ist die naturwissenschaftliche Spurenkunde und nicht der Glaube daran, dass wir sowieso alles besser wissen.

Ich habe bereits angedeutet, dass skeptische Menschen eine Regel befolgen, die ungefähr so lautet: »Derjenige, der etwas Ungewöhnliches behauptet, muss es beweisen, und nicht umgekehrt.«

Mein Kollege Martin Mahner, ebenfalls Skeptiker, ist Biologe und Philosoph. Er konnte schon manche für mich theoretisch kniffelige Frage – von Tierschutz bis Nekrophilie – geisteswissenschaftlich beleuchten. Ich habe ihn gefragt (siehe S. 7 – »durch Fragen lernen«), woher dieser bewährte Grundsatz stammt.

Er schreibt:

»Hallo Mark,

das Prinzip stammt nicht von uns Skeptikern, sondern ist ein altes logisch-erkenntnistheoretisches und von da aus auch in die Rechtswissenschaften eingegangenes Prinzip der Beweislast. Der traditionelle lateinische Spruch lautet:

›onus probandi incumbit ei qui dicit non ei qui negat‹

Freie Übersetzung: ›Die Beweislast trägt der, der etwas behauptet, nicht der, der etwas verneint.‹

Es geht also gar nicht um ungewöhnliche Behauptungen, sondern um alle Tatsachenbehauptungen beziehungsweise Existenzbehauptungen.«

Sobald Menschen aber auf übernatürliches Glück oder Hilfe von höheren Mächten hoffen, vergessen sie schnell, was ein gültiger Beweis ist. Die häufigste Aufweichung der Beweisregeln ist es, einen Einzelfall als Bestätigung zu sehen: »Mir hat es aber geholfen!«, »Ich habe es aber einmal erlebt!«

Selbst der Vatikan ist mittlerweile bei Einzelfällen, etwa bei plötzlichen Heilungen von Krebs, vorsichtig geworden und erkennt sie nicht mehr als Wunder an. Manchmal gibt es eben Spontanheilungen. Wenn es um Gesundheit, Geld und persönliches Glück geht, lohnt sich die Mühe, statt einem Einzelfall lieber einem Experiment zu vertrauen.

Das ist der Grund, warum manche Skeptiker – auch ich – Menschen unterstützen, die ungewöhnliche Dinge behaupten und Spuren vorweisen. Je schräger solch eine Spur ist, umso besser für mich: So kann ich üben, ohne Vorannahmen ein aussagekräftiges Experiment zu ertüfteln. Das ist anstrengend bis nervtötend, aber es funktioniert, auch in Kriminalfällen. Mein Team und ich erhalten fast nur noch Anfragen von Menschen, deren Fall angeblich sonnenklar ist. Schauen wir uns dann aber die Spuren an, lässt sich öfters etwas völlig anderes beweisen als das, was bisher bombenfest angenommen wurde. In den USA gibt es eine große Organisation, das ›Innocence Project‹, die es genauso macht. Jedes Jahr werden seit Beginn des Programmes ungefähr zehn Menschen aus den Todeszellen oder lebenslanger Haft entlassen, die durch Tatortspuren beweisbar zu Unrecht im Gefängnis oder in der Todeszelle saßen. Man darf sich eben nie zu sicher sein.

Es gibt neben der naturwissenschaftlichen natürlich auch noch eine gläubige Sicht auf Wunder. Selbst die ist oft entspannter, als ich gedacht hätte. Denn es ist manchmal einfach egal, woraus ein Wundermittel wie das Walpurga-Öl besteht, solange nur jemand daran glaubt. Mein katholischer Kollege, Dr. Joachim Oepen, Historiker und Archivar am Historischen Archiv des Erzbistums Köln und Leiter der Untersuchungen am Schrein des heiligen Severin, aus dem ich vor einigen Jahren Käferflügel erhalten hatte, nennt als Beispiel moderne Reliquien: »Büstenhalter von Madonna oder Schuhe von Maradona erzielen bei Ebay enorme Preise. Ob sie echt sind oder nicht, ist zweitrangig.«

Auch der hochrangige Buddhist Pandido Khambo-Lama Damba Ayushev, der die angeblich unzersetzte Leiche seines Vorgängers verwaltet, meint, dass solche Erscheinungen bloß »gläubige Buddhisten ermutigen und Zweifler aufhören lassen zu zweifeln«. Sogar das Handbuch für Grundfragen des katholischen Glaubens, der Katechismus der katholischen Kirche, schweigt zu volkstümlichen Wundern.

Sie denken vielleicht trotzdem, dass der Aufwand, den ich bei Wunderprüfungen anhand von Gesprächen, Nachforschungen, Experimenten und Analysen betreibe, zu groß ist. Aus über fünfundzwanzigjähriger kriminalistischer Erfahrung möchte ich entgegenhalten, was auch mein Kollege, der Lehrer und Illusionskünstler Wolfgang Hund, seit Jahrzehnten beobachtet: Menschen vergessen eine naturwissenschaftlich bewiesene Lösung (beispielsweise: »Es ist eindeutig Leitungswasser«) schneller als die viel spannendere Geschichte vom wundersamen Leichenöl. Denn Leitungswasser hilft nicht gegen Krankheiten und Fluten.

Deshalb kochen auch schon längst widerlegte Geschichten regelmäßig und über Jahrhunderte immer wieder hoch. Im nächsten Kapitel schildere ich so einen Fall, der unausrottbar die Erde umkreist: Die »Plötzliche Selbstentzündung von Menschen«. Ich durfte als erster naturwissenschaftlicher Kriminalist eine Überlebende des sonst immer tödlichen Vorganges untersuchen. Dabei erkannten wir mehr angeblich nebensächliche Details, als es irgendjemand geahnt hatte.

Ach, übrigens: Sollten erneut Nachfragen nach dem Leichenöl aus Eichstätt aufkommen, empfehle ich eine andere Flüssigkeit, die genauso heilkräftig wie das Wunderwasser sein dürfte: Den Eichstätter Klosterlikör (vierzig Prozent Alkoholgehalt). Er wird in derselben Abtei wie das Leichenöl nach einem »altbewährten Klosterrezept« produziert und im Klostershop in drei Flaschengrößen verkauft.

KAPITEL 4

Plötzliche Selbstentzündung von Menschen

DIE TODESART DES PHÖNIX

Am 8. April 1809 erschien im ›Politischen Journal nebst Anzeige von gelehrten und anderen Sachen‹ eine Meldung aus Paris. »Das Übermaß von Branntwein«, stand da, »wissen die Damen an der Seine mit einem noch glimpflicheren Titel zu bezeichnen als die Damen an der Elbe. Was diese ein ›Schlückchen‹ nennen, heißen jene ganz zärtlich nur ein ›Tröpfchen‹.

Eine ganz neue, vielleicht nur in Paris vorhandene Todesart scheint hier der Branntwein zu bewirken, es ist die Todesart des Phönix. Man behauptet, dass solche Branntweingurgeln bisweilen tot gefunden werden, vollkommen zu Asche oder wenigstens zu Kohle verbrannt durch das weingeistige Feuer, das in ihren Adern verborgen glimme und durch unvorsichtige Annäherung an ein Feuer oder Licht angefacht wurde. Freilich sind diese Phönixe selten, aber sie sind dann auch noch nach ihrem Tode Bilder der Unsterblichkeit.

Das Quartier, in dem sie gewohnt haben, spricht unaufhörlich von ihrem Höllentode. Unsere Ärzte haben sich bisher vergeblich bemüht zu erklären, wie es möglich sei, dass ein so nasser Lebenslauf ein so trockenes Ende nehme.«

Das ›Politische Journal‹ war kein Spinnerblatt. Gegründet im Jahr 1781 in Altona (daher die Erwähnung der Elbe), war es eine der ersten Zeitschriften überhaupt, die in Europa verkauft wurden. Man konnte es sogar in Postämtern abonnieren. So wurde das Journal eine der auflagenstärksten deutschen Zeitschriften.

Das klassische Experiment zur plötzlichen Selbstentzündung: Wenn Menschen sich von innen entzündeten, dann
müssten sie im Inneren auch Brandspuren zeigen. Diese
finden sich aber immer nur von außen kommend.

Zwischenzeitlich galt sie sogar als »beste und bedeutendste Zeitschrift in Nord- und Mitteldeutschland«. Auch Goethe las das
Journal gerne.

Zwar wurden schon mit Erfindung des Buchdruckes auch
Klatsch, Tratsch und bunte Boulevardmeldungen gedruckt. Dass
ein Mensch sich durch Saufen und darauf folgendes Entflammen
entzünden könnte, gehört wohl in den Bereich des Boulevards –
es ist aber trotzdem unverständlich. Denn egal, wie viel man
trinkt, der Alkohol wird keine genügend hohe Konzentration im
Körper aufweisen. Man kann sogar mit einem Flammenwerfer
auf ein Glas Bier mit im Schnitt fünf Prozent Alkohol zielen – es
wird sich nichts entzünden, zumindest nicht das Bier. Der Min-
destgehalt von Alkohol liegt einfach nicht vor, um einen Brand
zu unterhalten.

Die Meldung von der plötzlichen Selbstentzündung wäre für mich daher bloß ein schrulliges Lehrstück der Quatschgeschichtenschreiberei geworden, wenn sich nicht im Jahr 2002 auf dem Nachhauseweg vom Strand Adela Waldack wie von selbst entzündet hätte. Und nein – Alkohol hatte sie nicht getrunken.

Während Frau Waldack an diesem zugigen Neujahrstag mit ihren Kindern auf dem Heimweg von der Küste im Auto saß, begannen ihr linker Oberschenkel, ihre Jacke und ihre Hose ohne erkennbare Zündquelle zu brennen. Und zwar so richtig. »Das Feuer«, erzählte mir ihr Sohn einige Jahre später, »war nicht zu löschen. Nur das schnelle Eingreifen eines rettungskundigen Mannes von der anderen Straßenseite und die Arbeit der Ärzte haben meine Mutter gerettet.«

Nach einiger Zeit erlosch das Feuer doch. Frau Waldacks Wunde erzählt nach mehreren Hauttransplantationen noch heute die Geschichte: Ihr Phönix-Feuer muss erstens wirklich heiß gewesen sein und zweitens auch lange genug gebrannt haben, um solch tiefe Hautzerstörungen zu bewirken.

Nun gibt es durchaus Feuer, das sich »nicht löschen« lässt. Deshalb werden Feuerlöscher mit verschiedenen Löschmitteln angeboten. Löschschaum sorgt beispielsweise dafür, dass der Brand durch eine dicke Schaumschicht vom Sauerstoff getrennt wird. In Handfeuerlöschern befindet sich hingegen Pulver (kein Schaum), beispielsweise das aus der Küche bekannte Speisesoda, auch Natron genannt, oder Ammoniumsulfat, das sonst als Dünger eingesetzt wird. Diese Pulver arbeiten anders als der Schaum in der Verbrennung und lassen den Brand chemisch absterben. Ich fand es seltsam, dass das Feuer aus oder auf Frau Waldack so schwierig zu löschen war. Eine Jacke oder eine Hose kann man schnell löschen – notfalls, indem man den beginnenden Brand durch Zuhalten oder Draufschlagen erstickt.

Bei meinem Gespräch mit Frau Waldacks Sohn erwähnte er etwas vielleicht noch Merkwürdigeres. »Ich habe das noch nie jemandem erzählt«, sagte er mir, »aber als wir meine brennende

Mutter löschen wollten, sprang das Feuer durch die Luft – auf meine Hand.« Tatsächlich – auf seiner Handoberseite waren helle Stellen im Gewebe zu sehen. Solche Aufhellungen können nach Hautverletzungen auftreten, wenn die Pigmenteinlagerung durch die Wunde gestört wird. Ich merkte mir diese Besonderheiten, wendete aber meine Grundregel an, keine Annahmen zu machen, auch nicht, ob das Gehörte lebensnah oder wahrscheinlich ist. Der Fall war schon rätselhaft genug. Zusätzliche Annahmen bringen nur zusätzliche Verwirrung.

NACHSTELLUNG IM NICHTS

Wir beschlossen aus diesem Grund, den Fall nachzustellen. Frau Waldack hatte nie versucht, aus ihrer Geschichte Profit zu schlagen oder damit Aufmerksamkeit zu erregen. Sie wollte aber wissen, was genau ihr widerfahren war und warum sie gebrannt hatte. Das war mehr als verständlich – wer möchte schon an einem ruhigen Tag beim friedlichen Sitzen im Auto in Flammen aufgehen? Falls es etwas körperlich Bedingtes war – und um was sonst sollte es sich bei der Entzündung handeln? –, so konnte es ja jederzeit wieder passieren.

Wir fuhren also zur möglichst gleichen Jahreszeit unter möglichst ähnlichen Bedingungen zum Strand, an dem das Unglück begonnen hatte. Frau Waldack hatte das Auto damals mit ihrer Tochter, ihrem Sohn und ihrem Hund an eine Stelle hinter dem Deich geparkt. Dort gibt es einen Überweg mit Stufen, an dem auch der Familienhund abgeleint wird. Er kennt den täglichen Laufweg im Schlaf und flitzte sofort in Richtung eines hübschen Leuchtturmes. Von dort aus ging der Weg für Familie Waldack und den Hund zurück zu uns, und das war auch schon der Spaziergang. Obwohl alle Spuren vor unseren Augen lagen, erkannten wir nichts.

Zum Glück fotografiere ich aber – zur Qual meiner FreundInnen – den ganzen Tag, weil ich weiß, dass ich das Entscheidende

Nachstellung der Selbstentzündung unter Original-
bedingungen am klirrend kalten Strand mit Frau Waldack.

oft erst hinterher, eben auf einem Foto, erkenne. Jeder kennt
das: Ein Schreiner achtet vielleicht auf Holz in einem Gebäude,
eine Fliesenlegerin mehr auf die Kacheln und Fliesen. Oder man
schaut einfach in verschiedene Richtungen und sieht verschiedene Dinge. Oder – man versteht einfach nicht, was man gerade
sieht. So war es hier.

Entlang des Spülsaumes spazierten die Waldacks also tapfer – und ihrer Meinung nach vielleicht auch etwas sinnleer –
zurück in unsere Richtung. Wie immer sammelten Tochter und
Mutter Dinge aus dem Sand auf. Nun schlug meine kindliche
Neugier durch. Was sammelten sie da ein?

Viele Menschen entdecken am Meer schön geformte oder far-
bige Muscheln – solche lagen an diesem Strandstück aber nicht.
Hier, an der Grenze zwischen den Niederlanden und Belgien, fin-

Kaum Muscheln, dafür Seeigel, Knochen und Krimskram in Frau Waldacks Schatzkiste – wie sollte sich solches Material entzünden?

det man mit geübten Augen am ehesten fossile, Millionen Jahre alte Haizähne. Da die alten Erdschichten in dieser Region nahe an der Oberfläche liegen (und die Niederlande damals unter Wasser), spülen die Zähne in den Sand. Doch auch Haizähne waren nicht das Ziel der Waldackschen Sammellust, sondern – angeblich – »mosselen«, also Muscheln. Bloß sah das, was Frau Waldack da in der Hand hatte, ganz anders aus als tropische Muscheln. Es waren weiße Brocken.

Frau Waldack erinnerte sich an eins noch ganz genau: dass sie am Tag des Brandes die Fundstücke in ein vom Meerwasser *feuchtes* Taschentuch gewickelt und in ihre Jackentasche gesteckt hatte. Auf dieser Seite der Jacke brannte kurz darauf ihr Bein.

Das warf mehrere Probleme auf. Denn wenn Frau Waldack etwas Brennbares aufgesammelt hatte, warum brannte es dann in einem feuchten Tuch, das doch eher Feuer löscht? Und warum brannte es erst auf der Rückfahrt im Auto?

Was aber noch viel kniffeliger war – keine der anderen Frauen, die über Jahrhunderte am Phönixfeuer gestorben waren, war vorher am Strand gewesen oder hatte überhaupt etwas eingesammelt. Ich fasste unser bisheriges Wissen zusammen und stellte dabei fest, dass die Sache mit den plötzlichen Selbstentzündungen noch rätselhafter war, als es schien:

Erstens fängt das Feuer fast immer im Sitzen an. Zweitens trifft es praktisch nur ältere Frauen. Drittens ist es echtes Feuer, nicht etwa eine starke Säure, wie mir Feuerwehrleute bestätigten, die echte »SHC«-Flammen gelöscht oder die Spuren der Brände untersucht hatten. Und viertens breitete sich das Feuer sehr seltsam aus – fast immer blieben nur die Unterschenkel und Füße der Leichen übrig. Der Oberkörper war verkohlt.

Was für eine Flamme, und welche Art der Verbrennung könnte solch ein Muster erzeugen? Denn *dass* es sich um ein Muster, um eine stets ähnliche Verbrennungsweise handelte, ergab sich schon aus den ältesten uns vorliegenden Berichten zur Selbstentzündung. Die Schnapsgurglerin aus Paris, so stellte sich beim Wühlen in alten Büchern heraus, war nämlich schon vom Dänen Thomas Bartholin († 1680) in seiner Zeitschrift ›Acta Medica et Philosophica Hafniensia‹ aufgetaucht. »Eine arme Frau aus Paris«, heißt es dort, »nahm nichts als Wein zu sich, um ihren Körper zu nähren. Als sie im Stuhl einschlief, verbrannte die Hitze der Flamme sie zu Rauch und Asche. Nur Kopf und Fingerspitzen blieben übrig. Ein Küchenfeuer kann dies nicht gewesen sein, da ein solches die Knochen nicht zu verbrennen vermag.«

Bartholin hatte wenig Platz in seinem medizinischen Sammelsurium – Papier und Druck waren teuer –, und er überlegte sich daher gut, was er niederschrieb. Er kam aus Kopenhagen, wo er ab 1634 Medizin studiert hatte. Danach lebte und arbeitete er in Paris, Padua, Rom, Neapel und Basel. 1649 wurde er Professor für Anatomie in Kopenhagen und 1670 Leibarzt von König Christian V. Im Jahr 1671 wurde er Kopenhagener Universitätsbibliothekar. Das muss ihn gewaltig gefreut haben, denn ein Großteil seiner eigenen Bücher war im Jahr zuvor auf Gut Hagestedgaard verbrannt. Zu ebendieser Zeit erschien in seiner wissenschaftlichen Zeitschrift – die ›Acta‹ war die erste dänische Veröffentlichung dieser Art – der Bericht über die Selbstentzündung aus Paris.

Bartholin kannte den menschlichen Körper nicht nur, weil er der einflussreichste Anatom seiner Zeit war. So hatte er 1653 als einer der beiden ersten Menschen das Lymphsystem entdeckt und als eigenständige Organeinheit beschrieben (der andere, Olof Rudbeck der Ältere [† 1702], entdeckte das Lymphsystem zeitgleich und unabhängig von Bartholin).

Er war auch ein neugieriger Mensch, den beispielsweise Einhörner und das erst vierzig Jahre zuvor von William Harvey entdeckte Kreislaufsystem des Menschen beschäftigten. Er war daher nicht geneigt, unsinnige Meldungen der bloßen Kuriosität willen abzudrucken. Und wirklich – seine Beschreibung der Selbstentzündung trifft denselben Kern des Wundersamen, den auch heutige Feuerwehrleute, StaatsanwältInnen, PolizistInnen und Brandsachverständige für rätselhaft halten: Was für ein Feuer verbrennt Knochen, aber nicht Arme, Finger, Schädel oder Beine? Denn die langen Knochen im menschlichen Körper sind durch eine Schicht aus feuchtem Gewebe umhüllt und geschützt. Und, so möchte ich hinzufügen, warum verbrennen nur die feuchtesten, am wenigsten leicht brennbaren Teile des Körpers, nicht aber die Stühle, auf denen die Leichen sitzen?

BRENNENDE MENSCHEN

Um die Entzündung von Frau Waldack besser zu verstehen, schauten wir uns weitere Opfer des Phönixfeuers an. Ein Fallvergleich liefert oft den Schlüssel zu dem, was zwischen Fällen wirklich ähnlich ist und was nur so scheint.

Zwar wurden viele der Selbstverbrennungsfälle nur in Zeitungen veröffentlicht, aber der Kern des Berichteten kann auch dort erkennbar bleiben. Außerdem hatte Larry Arnold, der von übersinnlichen Dingen fest überzeugt ist, viele Fälle zusammengetragen. Ich hatte das Vergnügen, mich mit ihm zu treffen und einige Biere zu trinken – in der Brasserie »À la Mort Subite« – der Kneipe »Zum plötzlichen Tod«.

Wir schauten uns seine Sammlung an. Aus einer Zusammenstellung der Mysterienjäger Jenny Randles and Peter Hough aus dem Jahr 1992 kannte ich bereits einhundertelf Fälle von plötzlicher Selbstentzündung, die sie aus Berichten der Jahre 1613 bis 1990 zusammengestellt hatten. Larrys Sammlung war

Mein esoterischer Mitstreiter Larry Arnold aus den USA und ich während der Untersuchung des Falles von Frau Waldacks Selbstentzündung – in der Kneipe »Zum Plötzlichen Tod« mit gleichnamigem Bier.

Selbstentzündungsforscher Larry Arnold hier in der Brüs-
seler Bar »Zum Plötzlichen Tod«.

nicht weniger eindrucksvoll. Auf 478 eng bedruckten Seiten hatte
er sich einmal quer durch die Geschichte der Erscheinungen gearbeitet und dabei auch die allerseltensten Erwähnungen der
plötzlichen Selbstentzündung aufgetan. Beispielsweise hatte er
in Kapitel 48 der im deutschsprachigen Raum recht unbekannten Geschichte ›Redburn‹ aus dem Jahr 1851, verfasst vom Autor
von ›Moby Dick‹, Herman Melville († 1891), die folgende Perle
gefunden:

»Man vermutete, dass [ein merkwürdiger Geruch] wahrscheinlich von einer nach einer Ausräucherung gestorbenen Ratte, die
nun zwischen den Hohlräumen der Seitenplanken lag, stammte.
Das Logis war einige Tage zuvor der Ausräucherung unterzogen
worden, weil man das überhandnehmende Ungeziefer zu vernichten gedachte.

114

Um Mitternacht rückte die Backbordwache, der ich angehörte, zum Dienst aus. Wir waren kaum aus dem Schlaf gefahren, als auch schon einer wie der andere über den inzwischen unerträglich gewordenen Geruch klagte.

›Die Ratten soll der Teufel holen!‹, rief unser Grönländer. ›Hat er längst besorgt!‹, sagte Jackson, der in Unterhose an Miguels Koje vorgetreten war. ›Tatsächlich, Kameraden, eine Wasserratte, 'ne krepierte – da liegt sie.‹ Damit zerrte er den Arm des Matrosen Miguel aus der Koje vor und rief: ›Tot wie'n Stück Holz!‹

Bei diesen Worten liefen die Männer zu der Koje vor, der Holländermax mit einem Licht, das er dem Fremden vors Gesicht hielt. ›Nein, der ist nicht tot‹, rief er. Die gelbe Flamme schwankte einen Augenblick lang vor dem regungslosen Mund des fremden Matrosen. Er hatte es aber kaum gesagt, als zu unser aller stillem Entsetzen zwei Fäden aus grünlichem Feuer wie eine gespaltene Zunge aus den Lippen herausfuhren. Im nächsten Augenblick schon war das leichenhafte Antlitz überzüngelt von einem Schwarm würmerartig wabernder Flammen.

Die Lampe fiel dem Holländermax aus der Hand und ging aus, und nun sahen wir es ganz deutlich, wie unter leisem Knistern die unbedeckten Teile des vor uns liegenden Körpers, von Flämmchen und Fünkchen überzuckt, förmlich abbrannten. Es sah aus, wie wenn ein Haifisch phosphoreszierend in der mitternächtlichen See steht.

Die Augen [der Leiche] standen offen und waren unverwandt nach oben gewandt. Der Mund war stark geschwungen, die hageren Gesichtszüge schienen fest wie bei einem Lebendigen. In der gespenstischen Beleuchtung durch die sanft darüber hinzuckenden blauen Flämmchen trug das Antlitz einen Ausdruck wilden Trotzes und ewiger Todesverdammnis. Man musste an einen Prometheus denken, der auf seinem Felsen vom Feuer verzehrt wird.

Der eine Arm, an dem der rote Hemdsärmel aufgekrempelt war, zeigte den Namen des Fremden innen am Ellbogengelenk in rötlicher Tätowierung, und nun hatte man fast den Eindruck, in den verfärbten Stellen des Fleisches müsse ein besonderer

Stoff enthalten sein, denn jeder einzelne Buchstabe der tätowierten Inschrift brannte derart weiß, dass man vor dem zuckenden blauen Lichthintergrund den Namen wie in Flammenschrift lesen konnte.«

In diese Schauergeschichte hat Melville die elektrostatische Aufladung mit Fünkchenschlag, die spontane Selbstentzündung – beide damals noch rätselhaft – und die Leuchterscheinungen von Meereseinzellern in schönstes Seemannslatein gegossen.

Etwas später stieß ich noch auf die präziser geschriebene Geschichte ›Docteur Pascal‹ des französischen Schriftstellers Émile Zola († 1902). Dort geht der Alkoholiker Eduard Macquart in Flammen auf.

Dem ohnmächtigen Mann fällt eine Tabakspfeife aus der Hand und entzündet seine Kleidung. Weil Zola auch ein guter Journalist war, fragte er beim Nachforschen wohl bei Polizisten oder Feuerwehrleuten herum und erfuhr so, dass »kochendes«, also durch Hitze verflüssigtes Körperfettgewebe die Verbrennung am Laufen halten könne. So schrieb er es auch in seinen Roman. Nicht immer sind seltsame Schilderungen in Romanen also so abwegig, wie sie scheinen. Die LeserInnen können (und wollen) sie aber ohnehin nicht prüfen. Bis heute sind märchenhafte Erzählungen der zeitweise Rückzugsort für den Glauben an die Selbstverbrennung.

»Historische Fälle und Berichte«, so erinnerte ich mich an die Worte meines forensischen Kollegen John de Haan, »kannst du nicht als Quellen heranziehen. Das wäre ein wissenschaftlicher Fehler, denn darin stecken zu wenige Informationen.«

Das sehe ich nicht ganz so. Viele der alten Quellen besitze ich und kann sie daher anders als John leicht durcharbeiten. Zudem sind mein Team und ich an schwierige und verrückte Fälle gewöhnt. Wir gehören daher, wie schon erwähnt, zu den wenigen, die neugierig und kindlich genug sind, um unmöglich klingende Schilderungen zu prüfen.

Trotzdem hat John natürlich recht. In einer Welt, in der die Menschen sich an Widerlegungen erinnern und Naturwissenschaften lieben würden, und in einer Welt, in der eine fantasievolle Geschichte nicht mehr Aufmerksamkeit erhielte als ein Fachbericht – in einer solchen Welt könnte man auf die Kraft des Sachbeweises hoffen.

Doch leider ist die Welt nicht so, und die Menschen darin erst recht nicht. Mein Kollege Brendan Nyhan sowie Kollegen vom Dartmouth College konnten das sogar experimentell belegen. Im Jahr 2013 führten sie einen Versuch durch, bei dem sie zufällig ausgewählten Familien mit Kindern Informationen über Impfungen überreichten. Einige dieser Eltern erhielten beispielsweise die gruselige Schilderung einer schweren Masernerkrankung eines ungeimpften Kindes. Andere erhielten emotionsfreie Fachinformationen über die geringen Gefahren und den vergleichsweise großen Nutzen von Impfungen.

Obwohl diese Eltern nun erkennbar alles verstanden hatten, stieg ihr Wille, die eigenen Kinder impfen zu lassen, danach kein bisschen. Denn fachliche Aufklärung ist, anders, als es sich selbst erfahrenste Experimentatoren wie John DeHaan oder Otto Prokop wünschen würden, nicht der schnellste Weg zur Vernunft. Im Fall der Impfungen blieb bei den Eltern ein »Gschmäckle«, also der Aberglaube, dass so eine Aufklärungsaktion doch einen Hintergedanken haben könnte. Nur welchen?

Ich halte mich daher lieber an das Vorgehen des Chemikers Justus von Liebig, der auch schräge Fälle oder allzu lebensnah erscheinende Fragen ausführlich experimentell untersucht und dann geduldig erklärt hat. Manchmal rückt solch eine Aufklärung in die Nähe von Romanfantasien. Dann bleibt leichter etwas vom ansonsten trocken Aufklärerischen hängen.

Ein weiterer Grund für unsere immer neuen Untersuchungen merkwürdiger Fälle ist, dass ausgerechnet die Geschichte vom Phönixfeuer nicht nur seit Jahrhunderten in der westlichen Welt umherwandert, sondern sich zuletzt sogar schon in Indien ausgebreitet hat. Es lohnt sich daher auch mit ans Übersinnliche glaubenden Menschen zu sprechen. Sonst fallen sie im Ernstfall auf eine kniffelig zu untersuchende Geschichte herein, die schon erfahrenen Feuerwehrleuten den Schlaf geraubt hat. Opfer sind, wie der folgende Abschnitt zeigt, dann die nächsten Brennenden.

DIE HÜBSCHE HAUSGEHILFIN

Ich glaube nicht, dass die von John DeHaan etwas schmallippig als »historisch« bezeichneten Fallbeschreibungen immer so schlecht sind, wie es scheint. Um sie einzuschätzen, muss man aber alte französische, belgische und deutsche Berichte lesen – doch wer hat dazu schon Zeit, Lust und vor allem Zugang?

So kennen die meisten Untersucher aus der neuen Welt nicht den Bericht eines der bekanntesten Chemiker, die je lebten. Er stammt von Justus von Liebig, der unter anderem den Silberspiegel, Kunstdünger, Chloroform, Backpulver und Babynahrung erfunden hat. In seinem vierundzwanzigsten ›Chemischen Brief‹ und – ausführlich übersetzt und zitiert – in den belgischen ›Annales d'hygiene publique et de medecine‹ beschäftigte er sich mit der plötzlichen Selbstentzündung von Menschen.

»Es gibt kaum ein augenfälligeres Beispiel für den Unterschied unserer jetzigen und früheren Methode der Untersuchung und Beweisführung auf dem Gebiet der Naturerscheinungen als die sogenannte Selbstverbrennung des menschlichen Körpers«, schreibt Liebig dort schon vor fast zweihundert Jahren, »welche als Tatsache in der Medizin anerkannt und als würdige Aufgabe für die Erklärung wissenschaftlicher Ärzte angesehen worden ist.

Vor mehr als einhundert Jahren (1725) fand man die Überreste der Frau eines Einwohners von Rheims [Reims], namens Millet, verbrannt in der Küche, anderthalb Fuß [dreißig Zentimeter] von dem offenen Kamin entfernt. Von dem Körper war nichts übrig als einige Teile des Kopfes, der Beine und der Wirbelbeine [Wirbelsäule]. Millet hatte eine hübsche Magd, es erhob sich der Verdacht gegen ihn, er sei der Mörder seiner Frau, und es wurde eine Kriminaluntersuchung gegen ihn eingeleitet. Aber unterrichtete Experten erkannten eine menschliche Selbstverbrennung und Millet wurde als unschuldig freigesprochen.

Dies ist der erste oder einer der ersten Fälle dieser sogenannten Selbstverbrennung. Wie man leicht bemerkt, entstand die Idee der Selbstverbrennung zu einer Zeit, wo man über das Wesen und die Ursache der Verbrennung eine ganz falsche Vorstellung hatte. Was bei einer Verbrennung überhaupt vorgeht, ist erst seit achtzig Jahren (seit Lavoisier), und welche Bedingungen sich vereinigen müssen, damit ein Körper fortbrenne, dies ist erst seit vierzig Jahren (Davy) ermittelt [Antoine Laurent de Lavoisier, † 1794 in Paris, und Sir Humphry Davy, † 1829 in Genf, waren Wegbereiter der modernen Chemie].

Seit diesem Falle sind, bis zu unserer Zeit, 45 bis 48 Fälle vorgekommen, die sich in der großen Mehrzahl in Folgendem gleichen: 1) sie ereigneten sich im Winter; 2) an Branntweinsäufern im Zustand der Trunkenheit; 3) in Ländern, wo die Zimmer durch offene Kamine und Kohlepfannen geheizt werden, in England, Frankreich und Italien. In Russland und Deutschland, wo das Heizen mittelst Öfen geschieht, sind Todesfälle, die man zu den Selbstverbrennungen rechnet, außerordentlich selten; 4) es ist zuständlich niemals jemand während der Verbrennung zugegen gewesen; 5) keiner von den Ärzten, welche die Fälle gesammelt und eine Erklärung derselben versucht haben, hat den Vorgang und was der Verbrennung vorausging beobachtet; 6) wie viel Brennmaterial vorhanden war, ist ebenfalls unbekannt geblieben; 7) ebenso wie viel Zeit verflossen war, wo die Verbrennung begann bis zu dem Augenblick, wo man den verbrannten Körper fand.

Die Beschreibungen der Todesfälle durch Selbstverbrennung, welche in das vorige Jahrhundert zurückreichen, sind nicht durch gebildete Ärzte verbürgt, sie gehen von ununterrichteten, in der Beobachtung nicht geübten Personen aus und tragen den Stempel der Unglaubwürdigkeit in sich selbst; in der Regel wird darin angegeben, dass der Körper bis auf einen Fettfleck im Zimmer und einige Knochenreste ganz verschwindet. Dass dies unmöglich ist, weiß jedermann, das kleinste Knochenstückchen wird im

Ausführliche
Darstellung und Untersuchung
der
Selbstverbrennungen
des
menschlichen Körpers,
in
gerichtlich - medizinischer und pathologischer Hinsicht.

Von

Johann Heinrich Kopp,

der Arzneikunst und Wundarzneikunst Doktor, praktischem
Arzte und Professor der Chemie, Physik und Naturgeschichte
zu Hanau, ständigem Sekretär der wetteranischen Gesellschaft
für die gesammte Naturkunde, auswärtigem Mitgliede der
Gesellschaft naturforschender Freunde zu Berlin, Ehrenmit-
gliede der Gesellschaft korrespondirender Aerzte und Wund-
ärzte zu Zürich, der botanischen Gesellschaft zu Regensburg,
der Gesellschaft korrespondirender Pharmazeuten und des
Museums zu Frankfurt am Main, der Société médicale
d'émulation zu Paris, der physisch - medizinischen
Gesellschaft zu Erlangen und der mineralogischen
Sozietät zu Jena Korrespondenten.

Frankfurt am Main, 1811.
Bei Johann Christian Hermann.

Die Frage der plötzlichen Selbstentzündungen
beschäftigt Feuerwehrleute, Ärzte und PolizistInnen
seit Jahrhunderten.

120

Feuer weiß und nimmt an Umfang etwas ab, aber es bleiben nach der Verbrennung 60 bis 64 Prozent davon, gewöhnlich mit Beibehaltung der ursprünglichen Gestalt, zurück.«

Wie gut für die Datensammlung, dass sich auch heutige Kollegen mit dem Phönixfeuer herumschlagen. Manchmal trifft es sogar Männer, wie der folgende Fall zeigt.

»Der Bürgermeister einer kleinen zentralfranzösischen Stadt hatte im Jahr 2009 seit zwei Tagen nichts mehr von einem seiner Dorfbewohner gehört«, erinnern sich die rechtsmedizinischen Kollegen Thierry Levi-Faict und Gérald Quatrehomme. »Der 57-Jahre alte Mann war geschieden, alkohol- und tabakabhängig, neigte zu Gewaltausbrüchen und zeigte kaum soziales Verhalten. Als Polizei und Rechtsmediziner eintrafen, waren Türen und Fenster geschlossen. [Dieses Detail wird noch wichtig – M. B.]«

»Die Polizei fand nichts Verdächtiges«, so die französischen Kollegen. »Es war nichts gestohlen worden, und Hinweise auf krumme Sachen gab es auch nicht. Der Brandsachverständige fand keine Spuren von Brandbeschleunigern, der Ofen war nicht in Betrieb, und die Holzscheite darin waren nicht entzündet worden. Aus der Leiche war etwas Fett gelaufen.

Besonders verblüffend fand der Brandexperte, dass nahe der Leiche liegende Gegenstände wie Papier, Zeitungen, Holz, Stroh und gefüllte Alkoholflaschen weder verbrannt noch sonstwie beschädigt waren.«

Et voilà – da ging es den Experten in diesem Fall wie zuvor mir am Strand mit Frau Waldack: Das Entscheidende war offen erkennbar – aber sie sahen es nicht. In diesem Fall war es das Fett, das aus der Leiche gelaufen war.

LEICHENFETT

Dass menschliches Fett wirklich die Verbrennung antreibt, entzieht sich der normalen Vorstellungskraft. Kann im Unterhautfettgewebe und im Fett um unsere Organe bei normal gebauten oder sogar schlanken Menschen wirklich genügend Energie stecken, um solch eine Verbrennung mit kleinen Flammen anzutreiben? Sie kann, wie die Berichte von vier jüdischen »Sonderkommando«-Häftlingen aus dem Konzentrationslager Auschwitz-Birkenau beweisen.

Die Häftlinge mussten in koksbefeuerten Öfen mit Temperaturen zwischen 800 und 1200 Grad Celsius Tausende Leichen in allerhöchstens einer dreiviertel Stunde verbrennen – und zwar nicht wie bei der plötzlichen Selbstentzündung nur teils, sondern vollständig. Die Nazis wollten keine Spuren hinterlassen. Selbst die Asche der verbrannten Menschen wurde mit Lastwagen in die umliegenden Wälder abtransportiert und nicht in Gruben im Lager gefüllt.

Eine derart schnell getaktete Menschenverbrennung, wie sie die Nazis wollten, war kaum zu bewältigen. Allerdings bemerkten die Gefangenen im Sonderkommando, dass Leichen Fett enthalten, besonders die der neu angekommenen und daher noch nicht extrem ausgezehrten Menschen sowie die der teils geringfügig besser genährten Frauen aus dem Lager.

»Es stehen dort oben beim Aufzug vier Menschen«, erinnert sich Sonderkommando-Häftling Salmen Gradowski in seinen Aufzeichnungen, die er in Auschwitz in einer vergrabenen Flasche hinterließ. »Zwei an beiden Seiten, und schleppen die Körper ins Reservenzimmer. Sie sammeln sie, immer zu zweit für jedes einzelne Maul der Öfen. Dann öffnet sich das Höllenmaul, und man schiebt das Brett hinein.

Das höllische Feuer breitet seine Zungen wie geöffnete Arme aus und zieht die Körper wie einen Schatz schnell herein. Die ersten Zungen ergreifen die Haare. Die Haut verwandelt sich in Blasen, die bald wieder zusammenschrumpfen. Die Hände und Füße beginnen sich [durch Beuge-Kontraktur] zu bewegen.

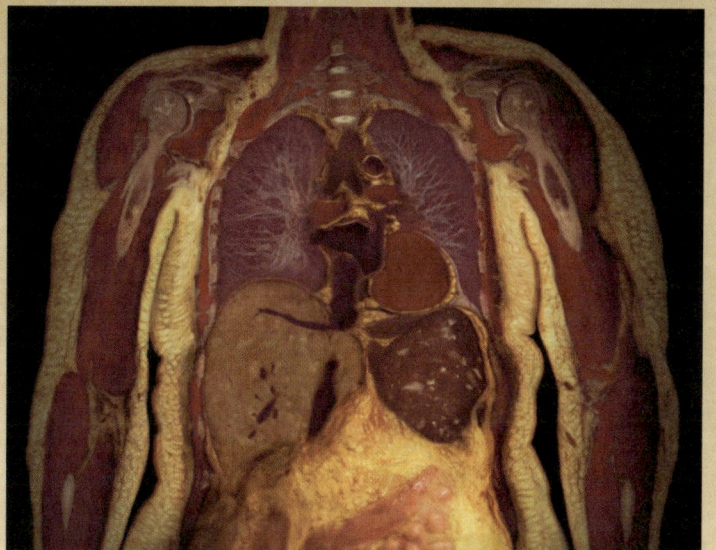

Im menschlichen Körper befindet sich mehr Fett, als es scheint. Hier dargestellt das Unterhautfettgewebe sowie das Fett um die Organe. Gelangt es aus durch Hitze zerstörten Zellen, so durchtränkt es dicht daran liegende Textilien, und es entsteht eine Art flächiger Kerzendocht.

Der ganze Körper bläst sich stark auf, die Haut schrumpft zusammen, und das Fett fließt aus. Du hörst das Zischen des brennenden Feuers.

Bald schrumpft der Bauch zusammen. Die Eingeweide und die Därme fließen aus ihm heraus, nach einer Weile bleibt nichts von ihnen übrig. Der Kopf brennt am längsten. Aus den Augen flammt eine blaue Flamme – es brennen gerade die Augen tief bis zum Gehirn. Zwanzig Minuten – und der Körper verwandelt sich in Asche.

Und du stehst verblüfft und schaust darauf. Man legt immer zwei Leichen auf einmal hinein. Zwei Menschen, zwei Welten, sie hatten in der Menschheit ihren Platz, sie lebten und existierten, sie arbeiteten und schafften etwas. Sie leisteten etwas für die Welt und für sich, sie legten einen Ziegel zu dem großen Gebäude, sie woben einen Faden für die Welt und für die Zukunft – und bald, in zwanzig Minuten, bleibt kein Andenken an sie.«

Gradowski beschreibt hier die Wirkung des aus den Leichen austretenden Fettes im Zusammenspiel mit der Hitze eines befeuerten Ofens. Im Phönixfeuer gibt es aber außer dem Körperfett keine andere Hitze- und Energiequelle. So kommt es, dass die plötzliche Selbstentzündung viel langsamer und räumlich begrenzter brennt. Denn es gibt keine äußere Flamme, die zusätzlich heizt. Bei Kremationen wie hier geschildert, verbrennen die Leichen wirklich rasch. Bei 680 Grad Celsius sind nach zehn Minuten die Arme und nach vierzehn Minuten auch die Beine schon stark verkohlt und die Gesichts- und Armknochen werden frei. Steigt die Temperatur über tausend Grad Celsius hinaus, werden nach nur zwanzig Minuten schon Rippen und Schädeldach sichtbar, und nach etwas über einer halben Stunde sind die Oberschenkelknochen von der Hitze freigelegt. Die von den Nazis vorgegebene Zeit war aber eine dreiviertel Stunde bis zur vollständigen Veraschung.

Als die Zahl der Getöteten nach Massenentsiedlungen rasch stieg, mussten die Mitglieder des Sonderkommandos – die jederzeit selbst getötet werden konnten und spätestens nach sechs Monaten auch wurden – eine noch schnellere Verbrennungsart ersinnen, um ihr eigenes Leben vielleicht zu retten. Das gelang, indem sie sich das Körperfett der Leichen zunutze machten. Nun konnten sogar drei Leichen pro Ofen verbrannt werden.

»Die Leichen wurden auf der Metallbahre, die auf Räder montiert war, angeordnet und so in den Ofen geschoben«, berichten Abraham und Shlomo Dragon über fünf Jahrzehnte später über die von ihnen durchgeführten Verbrennungen. »Die Körper mussten in Dreiergruppen angeordnet werden: zwei lagen parallel, die Köpfe nebeneinander, der dritte Körper lag mit den Füßen bei den Köpfen der anderen zwei.

Wenn man den dritten Körper auf die Bahre legte, dann hatten die anderen zwei, die schon halb im Ofen waren, oft bereits angefangen zu brennen. Vor Hitze waren die Hände und Füße oft zusammengezogen. Wir mussten uns beeilen, da sich die Gliedmaßen rasch aufbäumten und zusammenzogen, sodass es schwierig wurde, den dritten Körper auf die Bahre zu legen. Die Verbrennung dauerte fünfzehn bis zwanzig Minuten. Dann öffnete man die Tür und schob weitere Leichen ein.«

»Man nahm«, so ergänzt Sonderkommando-Mitglied Jaacov Gabai, »zwei oder drei Frauen und einen Mann in der Mitte, denn Frauen haben mehr Fett im Körper. Am Ende des Krematoriums gab es eine Tür, vor die man die Kinder warf. Jedes Mal verbrannte man sieben oder acht Kinder. Das war eine riesige Fabrik.«

Wie man aus diesen Schilderungen erkennt, kann das Körperfett von Menschen also tatsächlich deren Verbrennung beschleunigen – auch ohne Kleidung und Dochteffekt.

Dennoch fragte ich mich, wie das Fett von Menschen, die wie Frau Waldack in einem beheizten Auto, meist aber alleine zu Hause auf einem Stuhl gesessen hatten, sich derart verflüssigen kann. Denn die Zündquellen waren keine Krematoriumsflammen, sondern eine Kerze oder Zigarette, die dem oder der Ohnmächtigen auf die Kleidung fällt, oder ein aufgetauchtes Stückchen Phosphor vom Strand, das aus einer alten Brandbombe stammt und sich erst nach dem Trocknen, aber nicht im Feuchten entzündet.

Wenn, anders als bei Frau Waldack, die Personen alt und in ihrem Zimmer alleine sind, gelingt es ihnen in der Ohnmacht oder nach dem Herzstillstand natürlich nicht mehr, das anfangs noch sehr kleine Feuer auszuschlagen oder sonst wie zu löschen. Sie sind ja bewusstlos oder bereits tot. Doch dass die Temperatur dieses kleinen Anfangsfeuers ausreicht, um das Körperfett zu schmelzen, wollte ich lieber selbst prüfen. Denn nichts ist schlimmer als ein richtiges Gutachten, das aber nichts mit dem Fall zu tun hat. Daher prüfe ich *alle* Annahmen, wann immer es geht, im Labor nach. Das ist eine kindliche Eigenschaft – doch Kinder sind gute Naturforscher. Sie probieren alles aus, ohne den

Nicht lebensnah, nicht logisch, nicht naheliegend, aber trotzdem so: Gelangt das Fett erst einmal aus den Zellen, dann bleibt es auch bei Raumtemperatur sämig.

Erwachsenen zu glauben (siehe ›Das knallt dem Frosch die Locken weg‹, Oetinger, 2016).

Ich besorgte mir beim Metzger Unterhautfettgewebe, schmolz es vorsichtig und ließ es wieder abkühlen. Zu meiner Verblüffung blieb das Fett, einmal aus dem Gewebe ausgetreten, sämig. Damit hatte ich wirklich nicht gerechnet – denn die zum Braten und Backen verwendeten Fette, wie beispielsweise Kokosfett, werden ja wieder genauso fest wie vorher, wenn sie nach dem Erwärmen unverarbeitet abgekühlt werden.

Das ist bei Gewebefett anders. Die Fettkügelchen in Menschen und Tieren sind in ein lebendes Zellnetzwerk eingebaut. Sie lagern in eigenen Abteilungen der Zellen, wo sie vor dem Auslaufen geschützt sind. Hitze zerstört diesen Schutz, und das Fett gelangt ins Freie. Erst dann zeigen sich die für uns hier interessanten Eigenschaften des Fettes – unter anderem dessen auffallende Geschmeidigkeit oder Sämigkeit bei Raumtemperatur. Durch den fehlenden Schutz der zerstörten Zellen und durch den niedrigen Schmelzpunkt kann sich das Fett bei plötzlichen Selbstentzündungen schnell und leicht in die darüberliegenden Textilien einsaugen.

Ich habe verflüssigtes Leichenfett auch schon außerhalb des Labors gesehen. Nach einem Doppelmord an einem beleibten Paar, das bei sommerlicher Hitze tot im Bett lag, war das Fett durch die Zersetzung des Gewebes aus deren Zellen gelangt. Während Knochen und Gewebe noch oben auf dem Bett lagen, war das Fett aus den durch Fäulnis zerstörten Zellen durch die Matratze gesickert. Unter dem Bett war auf dem glatten Boden eine riesige Fettlache entstanden. Den Schmeißfliegen, die sich an die Oberfläche des Fettsees gewagt hatten, wurden durch das Fett Beinchen und Flügel verklebt. So waren im Laufe der Tage Dutzende schwarz schimmernder Fliegen in das Leichenfett unter dem Bett geraten und dort gestorben. Die als Erste eingetroffenen SchutzpolizistInnen waren froh, als ich sie fragte, ob sie eine Flasche Brennspiritus zum Einsammeln der Tiere besorgen würden. Denn mehr als der Anblick der beiden verfaulten Leichen gruselte sie das von sterbenden Schmeißfliegen durchsetzte, halbflüssige Fett unter dem Bett der toten Liebenden.

SONDERFALL AM STRAND

Damit zurück zur den Eigenheiten der Selbstentzündung. Alle Opfer des Phönixfeuers hatten Zündquellen in ihrer Nähe: Kerzen, Zigaretten oder Kamine, aus denen Funken und glühende Stückchen platzen und springen konnten. Manchmal waren die Zündquellen auch verbrannt, aber meist sah man zumindest Aschenbecher, Zigarettenkippen oder geschmolzene Kerzen, also Reste möglicher Zündquellen. Frau Waldack aber war ein Son-

Frau Waldack schildert ihre Selbstentzündung.

derfall. Sie wurde von einem Stück Phosphor in Brand gesetzt, das sie in einer »Muschel« gesammelt hatte.

Dieser Phosphor, der aus aufgetauchten Brandbomben des Zweiten Weltkrieges stammt, brennt nicht, solange er feucht ist. Das sonst gewiss nebensächliche Detail, dass Frau Waldack ein *feuchtes* Taschentuch zum Einwickeln der Fundstücke verwendet hatte, wurde auf einmal sehr wichtig. Denn andernfalls hätte das Stückchen schon viel früher gebrannt. Bei Kindern, die solche scheinbaren »Bernstein«-Stückchen trocken in die Hose stecken, beginnt der Brand daher meist schon am Strand.

Das Phosphorstückchen in Frau Waldacks Jacke trocknete aber erst im geheizten Auto. Nun begann eine sehr heiße Entzündung, die schneller und bösartiger wirkt als eine Zigarette, die einer sterbenden Frau aus der Hand und auf den Rock fällt. Der

Fortgang ist zwar bei Zigarette, Kerze, Kohlenstück und Phosphor derselbe, aber es gibt einen entscheidenden Unterschied. Würden die alten Menschen, die sich durch eine Zigarette selbst entzünden, zu diesem Zeitpunkt noch leben, so könnten sie das winzige Feuer sofort ausschlagen. Bei Phosphor klappt das aber nicht. Denn das Feuer erreicht, sobald der weiße Phosphor erst einmal im Trockenen auf etwa dreißig Grad erwärmt wurde, sofort eine Krematoriumsofen-Temperatur von 1300 Grad Celsius. Das ist heißer als brennendes Napalm, wie es zum Beispiel im Vietnamkrieg von den US-Amerikanern verwendet wurde. Bei derart hohen Temperaturen verflüssigt sich Unterhautfett blitzschnell.

Die Hitze alleine würde aber noch nicht genügen, um das Feuer unlöschbar zu machen. In Frau Waldacks Fall waren die Flammen nicht zu löschen, weil der Phosphorbrand beim Begießen mit Wasser nur kurz endet. Da Phosphor sehr heiß ist, verdunstet das Löschwasser sofort wieder, und es geht von vorne los. Selbst Löschdecken brennen wegen der Hitze durch. Daher hilft zunächst – am Strand – nur eine dicke Schicht Sand, um die Flamme zu ersticken.

Der Phosphorbrand erklärt auch, warum das Feuer auf die Hand von Frau Waldacks Sohn gesprungen war: Es hatte sich Textil-, Gewebe- und brennende Phosphorklebemasse durch das Ausschlagen des Feuers von ihrem Oberschenkel gelöst und war so durch die Luft auf seine Hand gelangt. Dort brannte sie weiter.

Es gibt aber noch einen zweiten Grund, warum die Flammen der plötzlichen Selbstentzündung als unlöschbar gelten. Versucht man, das Feuer mit einer Decke oder einem Tuch zu ersticken, so kann sich mit etwas Pech das verflüssigte Körperfett in diesen neuen Docht saugen, an der schon bestehenden Flamme entzünden und das Feuer so eher weiter verbreiten, anstatt es zu ersticken.

WEISSER PHOSPHOR

Besonders häufig wird weißer Phosphor in Karlshagen auf Usedom und in Laboe an der Kieler Außenbörde angeschwemmt. Er stammt aus Munition, die sowohl in der Ostsee als auch in der Nordsee während und nach dem Zweiten Weltkrieg massenhaft versenkt wurde. Es handelt sich um Restmunition; teils sind es mit ganzen Schiffen beabsichtigt versenkte Bestände, teils von Flugzeugen abgeworfene Last. »Derzeit lagern noch mindestens 400000 Tonnen und bei einer ›worst-case‹-Betrachtung im Maximum sogar 1,3 Millionen Tonnen Munition entlang unserer gesamten Nordseeküste«, sagt beispielsweise der Meeresbiologe Stefan Nehring. »Durch Sedimentumlagerungen wird immer wieder Munition freigelegt und in jüngster Zeit auch vermehrt an die Küste gespült.

Seit 1970 sind Verbrennungen durch sich selbst entzündenden weißen Phosphor an Ostseestränden aktenkundig. Im Sommer 1979 sind bei einem einzigen Unfall rund hundert Badeurlauber, darunter viele Kinder, durch angespülten Phosphor auf Usedom schwer verletzt worden; in einer offiziellen Quelle wird sogar von hundertfünfzig Verletzten gesprochen.«

In Usedom sind es aber nicht nur versenkte »Kampfmittel« (wieder Behördendeutsch), sondern auch Reste der Bombardierung der deutschen Heeresversuchsanstalt für Raketenforschung am 18. August 1943. Die Deutschen hatten England mit Raketen beschossen, was natürlich Gegenreaktionen auslöste. Da die Pfadfinderflugzeuge, die Zielmarkierungen abwerfen sollten, sich teils verflogen, gelangten die phosphorhaltigen Markierungsbomben ins Wasser. Weil der Aufschlag auf die Wasseroberfläche nicht hart genug war, um die

für das Aufschlagen an Land gebauten Bomben zum Ex-
plodieren zu bringen, gelangte der Phosphor beim
Aufplatzen der Behälter oder spätestens, als die
Metallhülle zu rosten begann, ins Wasser. Dort hält
sich Phosphor allerdings Jahrzehnte und zersetzt
sich nicht.

Sammeln StrandgängerInnen also »Phosphor« ein, so
ist es meist ein Gemisch aus Kautschuk, Benzin und
Phosphor, das nicht nur heißer brennt als Napalm,
sobald es an die Luft kommt, sondern auch noch besonders klebrig ist.

Frau Waldacks Fall bleibt ein Sonderfall. Denn erstens wurde die
Anfangsentzündung von Phosphor anstatt einer Zigarette oder
Kerze ausgelöst. Zweitens war sie nicht allein in einem Zimmer,
sondern mit ihrer Familie nebst Hund im Auto. Drittens lag die
Zündquelle, hier der Phosphor, an einer unüblichen Stelle, weit-
ab von Usedom oder der Kieler Förde. Und viertens hatte Frau
Waldack keine Kittelschürze an. Was es damit auf sich hat, wollen
wir zum Abschluss im folgenden Abschnitt klären.

WARUM SICH FRÜHER NUR FRAUEN SELBST ENTZÜNDETEN

Durch das ganze Buch zieht sich der Hinweis, dass in schrägen
Fällen (ehrlich gesagt, finde ich allerdings alle meine Fälle schräg)
nur ein aussagekräftiges Experiment weiterführt – Glauben und
Denken aber nicht.

»Angenommen, es sei ein Mann plötzlich gestorben«, erklärt
Justus von Liebig das an einem anderen, tödlichen Beispiel. »Eine

Ein typisches Zwischenstadium bei der plötzlichen
Selbstentzündung von Menschen: Leiche einer achtzig
Jahre alt gewordenen Rentnerin. Sie wurde drei Stunden
vor dem Brand noch sicher gesehen. Pflegebedürftig,
starke Raucherin. Fensterscheiben durch die Hitze zer-
sprungen, Teppich hingegen nicht verbrannt (!), Sessel
noch tragfähig.

Menge Umstände wiesen darauf hin, dass er vergiftet worden sei;
eine Expertise, Leichenöffnung, chemische Untersuchung werde
angeordnet, aber es finde sich kein Zeichen von Vergiftung vor.
Das Gift könne nicht nachgewiesen werden.

Wenn nun die Experten die Erklärung gäben, dass die Abwesenheit aller Zeichen der Ursache des Todes darauf hinweise,
dass der Tod durch das italienische Gift ›Aqua Tofana‹ [ein ge-
ruchs- und geschmackloses »Thronfolgepulver« aus Arsenik,
Antimon und Bleioxid] herbeigeführt worden sei, was würde in
diesem Fall ein verständiger Mann zu einem solchen Ausspruch
sagen?

Was dazu, wenn auf die Frage, was denn das ›Aqua Tofana‹

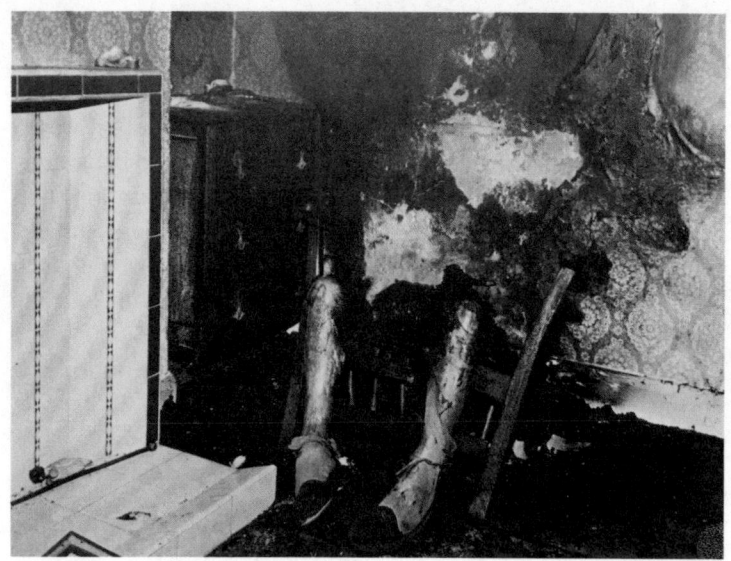

wäre, die Antwort fiele, dies wisse man nicht, wie es noch vieles gebe, was man nicht wisse, ohne dass deshalb das ›Aqua Tofana‹ zu bezweifeln sei.

Ganz in die Lage dieser Experten versetzen sich die Personen, welche die Todesart der Selbstverbrennung annehmen:

Man findet in einem Zimmer eine Frau [oder] einen Mann tot und verbrannt. Die Experten werden aufgefordert, ihr Gutachten über den Vorgang abzugeben, sind aber nicht imstande nachzuweisen, auf welche Weise der Brand entstanden, wie er sich auf den Körper fortgepflanzt habe. Auch können sie sich über den Grad der Verbrennung oder der Zerstörung des Körpers keine Rechenschaft geben.

Da seit mehr als einhundert Jahren Fälle ganz ähnlicher Art vorgekommen sind, bei denen als wahr angenommen worden ist, die Verbrennung sei von selbst entstanden oder der Körper sei durch eine äußere Ursache entzündet worden und habe dann von selbst fortgebrannt, so zählen sie den vorliegenden Fall unter die anderen bekannten Fälle und erklären ihn, wie man diese erklärt hat.

Um ein Ereignis zu erklären, welches man nicht versteht, wird demnach eine Ursache zu Hilfe genommen, die man selbst nicht versteht.

Anstatt also einfach zu sagen, der vorliegende Fall sei wegen *Mangel an genügenden Anhaltspunkten* nicht erklärbar, behaupten sie, dieser Mangel sei ein Beweis, dass Selbstverbrennung stattgefunden habe, die sie aus Mangel an genügenden Anhaltspunkten nicht zu erklären vermöchten, welche aber dennoch wahr sei, weil seit einhundert und mehr Jahren ähnliche Fälle auf gleiche Weise erklärt worden seien.«

Nun wissen wir schon, dass es neue und sozusagen moderne Formen der Selbstentflammung gibt. Sie stimmen im Kern weiter mit der bekannten Abfolge überein, die lautet:

(Tod oder tiefe Ohnmacht) > Entzündung durch eine Zigarette, Flamme oder Chemikalie > Verflüssigung des Körperfettes > Docht aus Kleidung > Verbrennung und Schwärzung des Gewebes.

Allerdings brennen heute auch Babys, Kinder und Männer – Gruppen, von denen man in der alten Literatur über die Phönixflamme nichts hört. Das kommt daher, dass die ursprüngliche Überlieferung vom Schockmoment lebte, bei dem vor allem die bleichen Beine noch vor dem Sessel standen, der Rest des Körpers aber »verbrannt«, also geschwärzt war. Zwei typische Beispiele dafür sind auf den Seiten 132/133 zu sehen.

Bei einem in seinem Bettchen durch eine Kerze entzündeten Baby brennt aber die gesamte Wohnung ab – und damit »gilt« der Fall als normaler Brand, nicht als rätselhafte Selbstentzündung. Erwachsene Männer trugen früher, anders als Frauen, lange Hosen. Daher bildete sich aus ihren Unterschenkeln ein Docht und damit eine Schwärzung. Keine bleichen Leichenbeine bedeutete aber erneut: keine plötzliche Selbstentflammung.

Nur Kittelschürzen- oder Rockträgerinnen hatten alle Voraussetzungen, um hinterher so verblüffend verbrannt auszusehen, dass die Beine »übrig blieben« oder sogar vor dem Sessel stehen blieben. Der Docht lag in Form des Rockes oder der Kittelschürze auf ihren Oberschenkeln und endete spätestens an den Knien.

Hier breitete sich das Feuer mangels Docht nicht weiter aus, und die Beine blieben unverrußt übrig. Dieser, und nur dieser Anblick, prägte sich als unerklärliches Brandbild ein, wurde weitererzählt und lieferte die Grundlage für die übersinnliche Geschichte der Selbstentflammung.

Dass dabei der Wille zur Fantasie den zur sachlichen Aufklärung überlagert, sehe ich immer wieder. Auf dem Foto auf S. 133 mit einer typischen Selbstentzündung fehlt der entscheidende Teil: Der Oberkörper wurde bereits von den Rettungskräften abtransportiert. Zwar ist er stark verkohlt, aber ganz so rätselhaft, wie das Bild angesichts der einsamen Beine vor dem Sessel aussieht, ist der Brand eben doch nicht gewesen.

INTERVIEW MIT DEM BRANDEXPERTEN JOHN DEHAAN

John DeHaan ist Brandsachverständiger in den USA. Er hat als einer unter ganz wenigen Kollegen Brandexperimente mit menschlichen Leichen durchgeführt und dabei die heute entscheidenden Messdaten zur Beschreibung der »plötzlichen Selbstentzündung« geliefert. Er ist außerdem der einzige lebende Forscher, der Freude an der Aufklärung der meiner Meinung nach brandgefährlichen Fehldeutungen der Entflammungsunfälle hat. Da er über solche Fehldeutung normalerweise nicht groß und öffentlich spricht, danke ich ihm besonders, dass er mit mir sprach.

Mark:

John, Du meidest den Begriff »Plötzliche Selbstentzündung von Menschen«. Möchtest du damit trotz deiner bekanntermaßen wissenschaftlich-experimentellen Ausrichtung einen Sicherheitsabstand zu übersinnlichen Auslegungen halten?

John DeHaan:

Mir genügt es, wenn ich die wissenschaftlichen Grundlagen und Vorgänge von »Mysterien« mit guter Wissenschaft – das heißt mit guten Daten – beschreiben kann. Rückgriffe auf Okkultes oder Sagenhaftes sind dazu nicht nötig.

Mark:

Wie bist du eigentlich zum Experten für Brand und Feuer geworden? War das ein Kindheitstraum? Oder ist dir etwas Unangenehmes mit Feuer passiert, was ich natürlich nicht hoffe?

John DeHaan:

Ich wollte Kernphysiker werden. Im Gymnasium habe ich Van-De-Graaff-Generatoren [Bandgeneratoren; am bekanntesten als Hochspannungskugel, die einem bei Berührung die Haare zu Berge stehen lässt] und Elektronenbeschleuniger gebaut.
An der Universität habe ich dann vor dem Bachelor zwei Jahre lang in der Funkenkammer des Teilchenbeschleunigers im Argonne National Lab der Universität Chicago gearbeitet. Das war mir aber zu langweilig, vor allem, weil man dazu mehr Mathematik braucht, als ich verdauen konnte. An der Universität bin ich dann durch einen Kriminalistik-Kurs ins Fach gestolpert. Da konnte ich ein echter Wissenschaftler sein, der Physik auf Probleme der fassbaren Welt anwendet.

Mark:

Wie kommst du an die Leichen für deine Experimente? In Deutschland gibt es ja leider keine Spendenprogramme für forensische Zwecke.

John DeHaan:

Das San Luis Obispo County Fire Investigation Strike Team wird vom örtlichen Coroner [Leichenbeschauer] unterstützt. Er darf Leichen für unsere Zwecke herausgeben. Die Familien der Verstorbenen müssen der

Verwendung ausdrücklich zustimmen. Es handelt sich also nicht etwa um unbekannte, nicht identifizierte Personen oder Menschen ohne uns bekannte Angehörige. Die Leichen werden nach den Versuchen vollständig eingeäschert und die Asche den Familien zur Bestattung zurückgegeben. Wir benötigen Körper, die nicht [durch Formalin] künstlich haltbar gemacht wurden, sondern nur solche, die eingefroren waren. Oft sind das Leichen, die schon zu Übungszwecken für Wirbensäulen-, Knie- oder Hüftoperationen in der chirurgischen Abteilung eingesetzt wurden.

Mark

Weil ich für Verbrennungsexperimente bis jetzt nur tote Schweine, die bei der Zucht verstorben waren, einsetzen konnte: Wäre es nicht besser, immer menschliche Leichen zu verwenden?

John DeHaan:

Ja, Schweine sind kleiner und haben viel dickere Läufe. Die verhalten sich im Feuer anders als menschliche Arme und Beine. So kann man beispielsweise nur anhand von Menschenleichen zeigen, wie stark sich Arme und Beine im Feuer verlagern (»pugilistic posturing«). Das widerlegt manches Märchen darüber, in welcher Position sich ein Mensch vor dem Feuer befunden haben soll.
Die im Vergleich zum Menschen dickere Schweinehaut reagiert auch viel langsamer auf Hitze. Das ist ganz schlecht, wenn du die Eindringtiefe und den Hitzefluss berechnen möchtest.

Mark:

Die Sonderkommando-Häftlinge im Konzentrationslager
Auschwitz-Birkenau mussten Tausende von Leichen verbrennen. Sie haben öfter eine Frauenleiche in die
Mitte und daneben zwei Männerleichen gelegt, damit
durch das Fett aus der Frauenleiche die Verbrennung
der vergleichsweise ausgezehrteren Männer gelang.
Hört sich das für dich experimentell und physika-
lisch sinnvoll an?

John DeHaan:

Ich habe in meinen Forschungsarbeiten gezeigt, dass
Unterhautfettgewebe für Verbrennungen der beste
Energieträger im Säugetierkörper ist. Es enthält 32
bis 34 Kilojoule Energie pro Gramm gegenüber fünf
Kilojoule pro Gramm in Muskeln.
Feuer wirkt auf verschiedene Gewebe verschieden. Allerdings verhält sich Schweinefett in diesem Fall
genauso wie menschliches Unterhautfettgewebe, sowohl
bezüglich des Brennverhaltens als auch der entste-
henden Verbrennungsprodukte.
Jede Leiche kann – ausgenommen schwer unterernährte
Menschen – mit Unterhautfett eine saugfähige Unterlage, also einen »Docht«, am Brennen halten und die
Verbrennung insgesamt antreiben. Wenn jemand etwas
mehr Fett im Körper hat, genügt das auch für die Verbrennung von Leichen, die danebenliegen.
Schau Dir dazu auch gerne meine Artikel »The Combustion of Animal Fat and its Implications for the
Combustion of Human Bodies in Fires« (›Science &
Justice‹, Jan. 1999), »Sustained Combustion of an
Animal Carcass and its Implications for the Consumption of Human Bodies in Fires« (›Journal of Forensic Sciences‹, Sept. 2001) und »Sustained Combustion

139

of Bodies: Some Observations« (›Journal of Forensic Sciences‹, November 2012) an.

Mark:

Das mache ich. Danke, dass du dir trotz deiner vielen Arbeit Zeit für dieses Gespräch genommen hast.

John DeHaan:

Aufklärung endet nie. Es ist wahrscheinlich sogar unglücklich, von »plötzlicher« Selbstentzündung zu sprechen, obwohl sie in Wirklichkeit *sich selbst unterhaltend* heißen muss.
Natürlich finden wir nicht immer die eigentliche Zündquelle – denn die verbrennt oft mit –, aber die Entzündung ist niemals spontan, also nie von inneren Kräften getrieben.
Es gibt keine bekannten chemischen oder biologischen Kräfte, welche die vergleichsweise unbrennbaren Bestandteile eines Menschen »von selbst« entzünden könnten. Ich vertraue darauf, dass die Forschungen dieses Jahrhunderts die Wirklichkeit so darstellen, wie sie ist.

GESCHICHTEN MIT FLAMMENDEM HERZ

Wie kann sich eine Geschichte, die zwar seit Jahrhunderten auftritt, aber fast ebenso lange widerlegt wurde, in der öffentlichen Erinnerung halten? In der zweiten Episode der dritten Staffel der Animationsserie ›South Park‹ stirbt Kenny an plötzlicher Selbstentzündung, und auch deutsche Humoristen kennen den Effekt und scherzen damit und darüber, beispielsweise Joscha Sauer von ›nichtlustig‹. Die Gags funktionieren nur, wenn die ZuschauerInnen und LeserInnen schon einmal etwas von der Erscheinung gehört haben. Irgendwann also muss die Geschichte so hochgekocht sein, dass sie sich in das gemeinsame Gedächtnis der westlichen Menschen einbrennen konnte.

Grund dafür waren mehrere riesige und sensationelle Medienberichte. Einige davon möchte ich hier kurz aufflammen lassen, um zu zeigen, wie die Vernunft von einer schönen Geschichte besiegt werden kann. Und das besonders, wenn die Geschichte zwischen den Welten hin- und herpendelt und damit ihrer Widerlegung an einen sicheren Rückzugsort ausweichen kann. Sobald die wissenschaftliche Widerlegung vergessen ist – und das geht schnell –, kommt die Geschichte in der nächsten Sauren-Gurken-Zeit mit Nachrichtenflaute wieder hervorgekrochen.

Ein schönes Beispiel dafür ist der Roman ›Bleak House‹ von Charles Dickens. Der Autor ist uns heute vor allem für seine berühmte Weihnachtsgeschichte ›Eine Geistergeschichte zum Christfest‹ (engl.: ›A Christmas Carol in Prose, Being a Ghost-Story of Christmas‹) mit dem geizigen, mürrischen Hauptdarsteller Ebenezer Scrooge bekannt. Vier Geister bekehren ihn zum Besseren, sodass er schließlich sogar seinem Angestellten das Gehalt erhöht – zuvor unvorstellbar für den knorrigen Kauz. Der amerikanische Comiczeichner und -texter Carl Barks hat aus Ebenezer Scrooge die Figur von Onkel Dagobert geformt – deswegen heißt Dagobert in Nordamerika auch Scrooge McDuck.

Dickens' Roman ›Bleak House‹ erschien zwischen März 1852 und September 1853 monatlich als Fortsetzungshefte und, noch im selben Jahr, sofort auch als einbändiges Buch. Dickens macht sich darin über die abgehobene Oberschicht lustig, die auf die aus ihrer Sicht weniger bedeutenden Menschen anderer sozialer Stände herabschaut. Auch das ausufernde Rechtssystem, dessen Reform damals schon breit diskutiert wurde, wird in der Geschichte verspottet. Wie schon zuvor die Weihnachtsgeschichte aus dem Jahr 1843 ist ›Bleak House‹ ein sozialkritisches Werk. Heute gilt es als eines der bedeutendsten Bücher, die in England erschienen sind.

Das Buch wurde unter anderem vom bekannten Schriftsteller Gustav Meyrink († 1932) ins Deutsche übersetzt. Meyrink war Esoteriker, etwa als Gründungsmitglied der Prager Okkultistenvereinigung ›Zum blauen Stern‹, im ›Weltbund der Illuminaten‹ und der ›Bruderschaft der alten Riten vom heiligen Gral im großen Orient von Patmos‹. Trotzdem wurde ›Bleak House‹ im deutschsprachigen Raum nie so bekannt wie in England. Die Geschichte der plötzlichen Selbstentzündung, die man ja unabhängig von Dickens' Roman in Zentraleuropa schon kannte – und sei es nur durch Justus von Liebigs chemische Widerlegungen, die seit spätestens 1844 in den seither als Sammelband erschienenen ›Chemischen Briefen‹ waren –, simmerte vor sich hin.

Das lag auch daran, dass Dickens selber die wahre Grundlage seiner Entzündungsschilderung aus Kapitel 33 seines Buches verteidigte. Dort hört sich das Phönix-Entflammen wie folgt an:

»Die Katze hat sich in einen Winkel zurückgezogen und faucht etwas an. Etwas auf dem Boden vor dem Kamin. Im Rost glimmt noch ein kleines Feuer, und das ganze Zimmer ist erfüllt von einem schweren erstickenden Rauch. Ein dunkler schmieriger Überzug bedeckt Wände und Decke. Die Stühle und der Tisch mit der daraufliegenden Flasche stehen da wie gewöhnlich. Auf einer Stuhllehne hängen die Pelzmütze und der Rock des Alten.

›Siehst du?‹ flüstert Weevle und deutet mit zitterndem Finger auf die Sachen. ›Ganz so, wie ich es dir gesagt habe. Als ich ihn zuletzt sprach, nahm er seine Mütze ab, holte das Paket Briefe heraus und hängte die Mütze auf die Stuhllehne – sein Rock hing schon dort, denn er hat ihn ausgezogen, wie er die Läden zumachte. Ich verließ ihn, wie er die Briefe durchsah und gerade dort stand, wo dieses verkohlte schwarze Ding auf dem Boden liegt.‹

Hat er sich erhängt? Hängt er irgendwo? Sie sehen sich um … Nein.

›Dort‹, flüstert Tony, ›vor dem Stuhl, dort liegt ein Stück dünner roter Bindfaden. Damit waren die Briefe zusammengebunden. Er wickelte es langsam ab und grinste mich zähnefletschend an und lachte, ehe er sie durchblätterte, und warf es dorthin. Ich sah es noch fallen.‹

›Was hat nur die Katze?‹ sagt Mr. Guppy. ›Schau nur!‹

›Verrückt wahrscheinlich. Kein Wunder an diesem entsetzlichen Ort.‹

Sie machen einen Schritt vorwärts und besichtigen alle Gegenstände.

Die Katze rührt sich nicht von der Stelle und faucht immer noch etwas auf dem Boden vor dem Kamin zwischen den zwei Stühlen an. ›Was ist das? Halt die Kerze in die Höhe!‹

Ein schmaler verbrannter Fleck auf der Diele. Daneben liegt der Zunder von einem kleinen Paket verbrannten Papiers. Er ist nicht so leicht, wie er sein müsste, denn er scheint von etwas befeuchtet zu sein.

Und hier – ist es der Rest von einem verkohlten Holzklotz, mit weißer Asche überstreut? Oder ist es Steinkohle?

Entsetzlich: Er ist hier! Und das, vor dem sie zurückprallen, dabei das Licht auslöschen und dann übereinander weg auf die Straße stürzen, ist alles, was von ihm übrig geblieben ist.

›Hilfe, Hilfe, Hilfe! Um Gottes willen kommt in das Haus hier!‹

Eine Menge Leute eilen herbei. Aber niemand kann helfen. Nennt den Tod, wie Euer Hoheit Lust haben, schreibt ihn zu, wem ihr wollt, oder sagt, er hätte verhindert werden können. Es bleibt immer und ewig derselbe Tod, eingeboren, eingepflanzt, erzeugt von den verdorbenen Säften des verkommenen Körpers selbst: Selbstverbrennung! Spontane, von selbst entstandene Verbrennung und keine andere von all den vielen Todesarten, die der Mensch sterben kann.«

Richtig beschrieben ist die Durchfeuchtung des als Zunder verwendeten Papiers – nämlich mit Körperfett. Es stimmt auch, dass die Brandflecken nur vergleichsweise klein sind. Breitet sich das Feuer nämlich in der ganzen Wohnung aus und brennt diese nieder, so spricht man festlegungsgemäß nie von plötzlicher Selbstentzündung. Wegen dieser Festlegung, dass nur bestimmte

Merkmale zum Phönixfeuer passen »dürfen«, dringt nur das durch, was man sehen möchte.

Ein Beispiel: Verbrennt ein Mensch etwa im Bett, nachdem seine Zigarette die Matratze in Brand gesetzt hat, dann greift das Feuer meist weit um sich. Da die Beine bedeckt sind, entsteht auch an diesen ein Docht aus Beinfett und Bettdecke oder Schlafanzug. Also brennen in solchen Fällen die Beine – und meist auch der Rest der Wohnung ab. Damit sind aber die Phönixfeuer-Merkmale »kleiner Brandherd« und »nur die Beine bleiben übrig« nicht mehr gegeben. Also handelt es sich, eben laut Festlegung, nicht mehr um eine »plötzliche Selbstentzündung«. Die vom verrückten Ort entsetzte Dickens'sche Katze beißt sich in den Schwanz.

EIN FEUER GEHT UM DIE WELT

Es waren aber nicht nur wie in ›Bleak House‹ in Romanform gegossene Überzeugungen, die das Phönixfeuer lebendig hielten. So schön ein Roman auch ist, irgendwann gerät er in Vergessenheit. Fast alle LeserInnen wissen auch, dass das Verhältnis von Wahrheit zu Wahn bei professionellen GeschichtenerzählerInnen etwas lose sein kann. So glaubte der Erfinder des vollkommenen Skeptikers Sherlock Homes, der britische Arzt und Autor Arthur Conan Doyle († 1930), fest an die Feen von Cottingley, übersinnlich beeinflusste Medien und Magie.

Es fanden die merkwürdigen Brand- und Leichenbeobachtungen beispielsweise auch Eingang in ein umfangreiches Lexikon, das 1848 erschien. Die Herausgeber der ›Cyclopedia‹ freuten sich im Vorwort, ein Werk vorzulegen, in dem alte wie neue Quellen, »besonders auch von französischen, deutschen und italienischen Pathologen« vereint waren. Das war neu, weil in England eine erfahrungsgestützte Medizin herrschte, die sich nicht auf alte Quellen, sondern die aktuellen Tatsachen berief.

Das Herausgeberteam bestand nur aus Schwergewichten der

Medizin. Der Schotte John Forbes († 1861) war Arzt des königlichen Haushalts, einschließlich der Königin Victoria. Sein englischer Kollege John Conolly († 1866) war Arzt für Psychiatrie und Mitbegründer der heute als ›British Medical Association‹ bekannten Organisation britischer Ärzte. Von 1839 bis 1843 arbeitete er im ›Middlesex County Asylum‹, einem psychiatrischen Krankenhaus. Er setzte dort durch, dass den PatientInnen kein körperlicher Zwang zugefügt werden durfte – eine auch noch hundert Jahre später nicht weitverbreitete, menschlich und ärztlich sinnvolle Umgangsform.

Der in England geborene Robley Dunglison († 1869) arbeitete während des Erscheinens der ›Cyclopedia‹ als Professor an der Universität Virginia. Er war Leibarzt des US-Präsidenten Thomas Jefferson. Nach Erscheinen seines Buches ›Human Physiology‹ im Jahr 1832 wurde er Gründungsvater der nordamerikanischen Stoffwechsel- und Gewebekunde. »Ich habe mich bei der Überarbeitung der Artikel bemüht«, so schrieb Dunglison im Vorwort des Gemeinschaftswerkes, »stets den Stand der heutigen Medizin darzustellen und nichts bewusst auszulassen, was zusätzliches Licht auf die beschriebene Sache wirft.«

Die Herausgeber und Autoren erschufen in diesem Geist eine einerseits medizinhistorische, andererseits aber auch praktisch brauchbare und damals brandaktuelle Mischung. Die ›Cyclopedia‹ wurde eine über zwanzig Jahre hinweg langsam entstandene, vierbändige, wuchtige Zusammenstellung. Der Verlag bewarb das nun in der neuen und alten Welt, vom Knochenbrecher bis zum modernen Psychiater verwendete Werk voller Stolz als »vier große super-royale Oktavbände [26x18 cm] mit dreitausendzweihundert und vierundfünfzig ungewöhnlich großen Seiten in Doppelspalten, gedruckt auf gutem Papier, mit neuer und sauberer Schriftart, das Ganze gut und fest gebunden, mit erhobenen Rückenstegen und doppelten Titelprägungen.« In diese vier Bände, die zum Bleiben gemacht waren, floss nun das umfangreiche alte und neue Wissen vieler Autoren. Es reichte von der Auskultation, also dem Abhören des Körpers mit dem Stethoskop, über Delirien, Elektrizität, Transfusionen, Wassersucht und Hunderte weiterer Gebiete. Die ›Cyclopedia‹ erschien in England und den USA und wurde, wie erwähnt, von den Bibliotheken und den Besten ihres Faches geschätzt und bewahrt.

SECHS SIEDEND HEISSE SEITEN

Das in dieser Enzyklopädie wie selbstverständlich enthaltene Kapitel über plötzliche menschliche Entflammung übernahm James Apjohn, Professor für Chemie am Königlichen Chirurgischen College in Irland. Es war eng bedruckt, sechs Seiten lang und damit etwa genauso lang wie der Abschnitt über Koliken.

»Fälle dieser Art«, schreibt Apjohn darin über die Selbstentzündung, »haben wirklich stattgefunden. Wie aber beispielsweise auch bei den Funden von Meteoriten haben wir keine genaue Erklärung für deren Ursache.«

Der Hinweis auf Meteoriten ist sinnvoll, denn ihre außerirdische Herkunft galt zu Apjohns Zeit noch als Aberglaube – so wie heute viele Menschen grundsätzlich ablehnen, an Aliens zu glauben. Zwar hatte der deutsche Physiker und Astronom Ernst Florens Friedrich Chladni (†1827) schon 1794 einen bahnbrechenden Aufsatz über die Herkunft von Meteoriten geschrieben. Die herrschende Meinung, die auch von Aristoteles und Isaac Newton vertreten worden war, lautete jedoch, dass unser Sonnensystem nur Planeten, Monde und Kometen enthielte. Für Meteoriten aus dem All war weder Platz im Sonnensystem noch in den Herzen und Köpfen der ForscherInnen. Die Erkenntnis, dass fast alle Meteoriten auf der Erde als Bruchstücke aus dem Asteroidengürtel zu uns gelangt sind, wurde sogar erst in den 1940er-Jahren gewonnen. Es ist also kein Wunder, dass die Berichte von den spontanen Selbstentzündungen für möglich gehalten wurden, solange die Forscher nicht, wie Justus von Liebig, selbst dazu experimentierten.

»Cornelia Bandi«, so berichtet James Apjohn über einen der berühmtesten und eindrucksvollsten Fälle der Entfachungsgeschichte, »die Gräfin von Cesina, war eine italienische Dame, zweiundsechzig Jahre alt, und spürte eines Abends die Wassersucht. Sie zog sich daher früher als sonst in ihr Bett zurück, wo ihre Dienerin bei ihr wachte, bis sie einschlief. Als das Mädchen am folgenden Morgen das Zimmer ihrer Herrin betrat, um diese zu wecken, präsentierte sich ihr ein haarsträubendes Spektakel.

Im Umkreis von mehr als einem Meter um das Bett herum fand sich Asche, in der nur der Kopf, die Beine und die Arme der Gräfin gefunden wurden. Der Kopf lag zwischen den Beinen;

seine Oberseite nebst Gehirn und Kinn waren zerstört. Arme und Beine waren unverletzt.

Die Asche hinterließ bei Berührung einen stinkenden, fettigen Feuchtigkeitsfilm, und die Möbel und Wände, teils sogar die Wäsche im Schrank, waren verrußt.

Das Bett war nicht auffallend ungeordnet, außer dass die Bettwäsche so zur Seite gelegt war, wie man es beim Aufstehen zu tun pflegt. Zwei Kerzen neben ihrem Bett waren geschmolzen, aber der Docht war nicht abgebrannt. Die Gräfin hatte die berichtenswerte Angewohnheit, sich ständig mit gekampfertem Weingeist zu begießen.«

Der Fall von Cornelia Bandi trägt in der Tat alle Züge der Phönixentzündung: Das Zimmer war nicht abgebrannt, der Körper aber doch. Arme und Beine, die bei einem Wohnungsbrand als Erste durchbrennen, weil sie dünner sind als der Rumpf, blieben übrig, während der Rumpf (scheinbar) ganz fehlte.

Obwohl vieles an diesem – durchaus haarsträubenden – Anblick rätselhaft wirkt, so stecken in dem knappen Bericht doch auch verwertbare Hinweise auf Spuren. Es gab eine Brandquelle, vielleicht sogar zwei (Kerzen und Weingeist), es handelte sich sicher um ein Feuer (Rauch und Asche), und die Asche war fettig. Wir werden sehen, dass darin schon der Schlüssel zur Aufklärung des Unfalles steckt.

Dass der Körperrumpf mit Brustkorb, Darm, Herz, Rippen und Lunge wirklich ganz verbrannt war, bezweifele ich übrigens. Es gibt zwar seltene Fälle der plötzlichen Selbstentzündung wie den der Kollegen Thierry Levi-Faict und Gérald Quatrehomme aus dem Jahr 2011. In fast allen anderen Fällen, von denen es Fundortfotos gibt, ist der Rumpf stark geschwärzt und so gesehen »verbrannt«. Schaut man genauer hin, erkennt man aber doch noch reichlich Gewebe. Dieses noch vorhandene Rumpfgewebe sieht aber selbst für BrandermittlerInnen so stark verändert aus, dass das Gedächtnis diese stark angebrannten, aber doch vorhandenen Körperbereiche aus der Erinnerung streicht.

Arme und Beine sind in dieser schwarzen Masse meist deutlich erkennbar – und (teils) wirklich nicht verbrannt. In mündlichen oder kurzen schriftlichen Berichten geht diese Tatsache – nämlich, dass der Rumpf teils noch vorhanden, aber geschwärzt ist, die Arme und Beine aber ungeschwärzt und erhalten sind – bis heute verloren. Das ist der Grund, warum für mich die wichtigste Technik am Tatort nicht Denken, Glauben oder teure Geräte, sondern gute Fotografien sind. Auf Fotos ist im Fall des Phönixfeuers das Entscheidende oft gut zu sehen – und das ist meist etwas anderes als die vom Gedächtnis der geschockten oder verwunderten Personen vor Ort abgespeicherten Informationen. Mündliche Tatortberichte sind wie das Kinderspiel »Stille Post«, bei dem ein Satz in einer Runde von Ohr zu Ohr geflüstert und dabei verdreht weitergetragen wird.

Diese kleinen Verdrehungen finden sich auch in den Berichten über die sich kurz darauf entzündenden Menschen. So machte einer der medizinischen Herausgeber der ›Cyclopedia‹ aus den abendlichen Beschwerden von Frau Bondi die »Wassersucht«. In den noch älteren Ursprungsquellen steht aber etwas winzig, und doch entscheidend anderes. So fühlt sich die Gräfin in einem Bericht in den ›Philosophical Transactions‹, in denen der Fall im Jahr 1745 erstmals auf Englisch geschildert wurde, »dull and heavy«, also schwerfällig und benommen. Schwerfällig und benommen ist aber nicht nur jeder, der starke Wassereinlagerungen im Körper, also eine »Wassersucht« hat. Die Beschreibung passt ebenso gut beispielsweise zu einem Menschen mit Herzbeschwerden – die ohnehin mit Wassersucht einhergehen können.

Cornelia Bandi war also schlapp und krank, als sie verfrüht ins Bett ging. Im noch älteren Originalbericht des italienischen Gelehrten Giuseppe Bianchini († 1764) aus dem Jahr 1731 findet sich der Hinweis, dass die Gräfin im Bett noch drei Stunden mit ihrer Dienerin sprach und betete. Vielleicht ging es ihr also wirklich *sehr* schlecht.

Irgendwann danach entzündete sie sich »plötzlich«. Ihre Kleidung hatte durch die Kerze – vielleicht beschleunigt durch den Weingeist – Feuer gefangen. Da sie zuvor aufgestanden war, brannte nicht erst das Bett und dann das ganze Zimmer ab – dann wäre es nämlich einfach als Wohnungsbrand angesehen

Die Phasen der »Plötzlichen Selbstentzündung von Menschen«: Zündquelle, Ohnmacht oder Tod, Dochteffekt durch verflüssigtes Fett, das sich in Kleidung saugt, Verbrennung. Dass dabei häufig ausgerechnet die sonst stark verbrannten Beine übrig bleiben, wunderte schon die KollegInnen vor 350 Jahren.

worden. Stattdessen entstand aus der auf dem Boden zusammengesunkenen Gräfin eine menschliche Fackel. Mit kleiner Flamme verbrannten ihre Körperbereiche, die vom Docht aus Kleidung bedeckt waren. Kopf, Arme und Beine waren nicht bedeckt – und blieben heil. Das funktioniert auch im Sitzen. Dass bei der Trägerin eines Rockes oder einer Kittelschürze dabei die Beine besonders eindrucksvoll vor dem Stuhl stehen bleiben können, habe ich schon auf vielen Fotos nach plötzlichen Selbstentzündungen gesehen (vgl. Abb. S. 132/133).

Die eigentümliche Haltung von Frau Bandis Leiche ist leicht dadurch zu erklären, dass sie nach dem Herzstillstand ohnmächtig zusammensackte. Die Lage kann aber ebenso gut nach dem Tod durch Hitze entstanden sein. Bei Brandleichen ziehen sich die durch die Hitze trocknenden Sehnen, später auch die Muskeln, zusammen. Man nennt das Boxer- oder Fechter-Stellung (früher auch ›Beuge-Kontraktur‹). Gemeint ist damit die Körperhaltung, die FechterInnen oder BoxerInnen mit etwas eingeknickten Armen und Beinen in Lauerstellung einnehmen.

Bei länger dauernden Bränden kann die Beugung aber sehr weit gehen, sodass beispielsweise die Hand wie von einer kräftigen Person erst umgebogen und dann abgebrochen wirkt. Dennoch handelt es sich nur um das Ergebnis der Hitze-Einwirkung, die eine extreme Überstreckung und Knochenbrüche bewirken kann.

Durch die Boxerstellung können sich Beine und Arme der brennenden Person zudem auch aus dem Hitzefeld – also dem Bereich der mit zu einem Docht gewordenen Bekleidung bedeckten Körperschichten, auf denen kleine, aber heiße Flammen tanzen – herausbewegen. Sie brennen dann erstens mangels aufliegendem Docht nicht, zweitens sind sie auch aus dem Meer der kleinen Flämmchen herausgehoben.

Selbst das Aufplatzen des Kopfes ist für Brände typisch. Eine gute Schilderung dazu gibt der Berliner Rechtsmediziner Otto Prokop in seinem ›Lehrbuch der gerichtlichen Medizin‹. Bei der Einwirkung hoher Temperaturen auf Leichen »ist eine wichtige Tatsache das Aufplatzen der Schädelkapsel«, schildert er dort. »Wird die Schädelkapsel durch die Flammwirkung an einer Stelle des Schädels eröffnet, so tritt an dieser Stelle mitunter das gekochte Gehirn aus.«

Ob bei Gräfin Bandi brennbare Gase und Phosphorverbindungen aus dem Körperinneren oder besonders hohes Fieber der Entflammenden das Phönixfeuer auslösten, darauf wollte sich Chemiker Apjohn nicht festlegen. Das spricht für ihn, denn – siehe Meteoriten – ist durchaus fair und sauber, ein seltsames Ereignis erst einmal zu beschreiben und es erst später zu verstehen. Auch Quarks, die allerkleinsten Grundbestandteile des Atomkerns, wurden schon 1963 beschrieben, aber noch immer nicht vollständig dargestellt und verstanden. So weit nichts Ungewöhnliches. Denn die Naturwissenschaften folgen dem Grundsatz von Plinius, der bereits im Jahr 1745 (allerdings auf Lateinisch) über

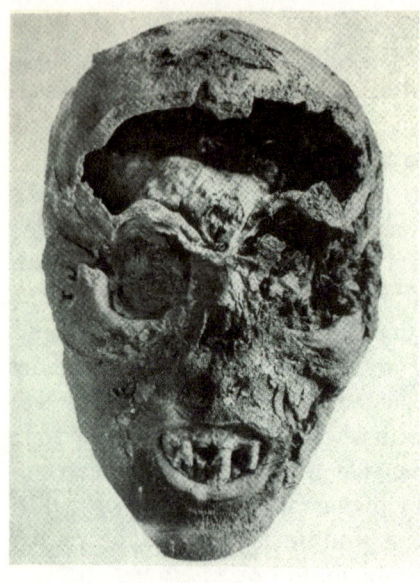

Schädel einer verbrann-
ten Person, fotografisch
freigestellt von Otto
Prokop, dem früheren
Leiter der Ostberliner
Rechtsmedizin. Deutlich
zu erkennen ist der wie
bei Gräfin Bandi durch
Hitze aufgeplatzte Kopf
mit verkochtem Gehirn.

einem Facharrtikel zum Phönixfeuer stand: »Wir werden die Sache lieber selbst untersuchen, anstatt uns zu wundern.«

Der Denkfehler liegt also nicht darin, noch experimentell Unbewiesenes zu fordern. Sondern er liegt darin, das Experiment nicht zu machen. Das kennen wir alle: Wir erklären das Ungewöhnlich oft lieber mit etwas, das wir kennen, und leiern nicht für jede Frage eine eigene Versuchsserie an.

Für einen Chemiker liegen als Brandursache daher brennbare Gase oder Phosphor nahe, für die medizinischen Kollegen ein sehr hohes Fieber. Heute hören wir von Kundalini-Energie, die beim Yoga entstehen soll, oder Azeton, das beim Fasten gebildet wird. Das stimmt zwar alles ein bisschen, aber es ist nicht die Brandursache im tatsächlichen Einzelfall. Ähnliches muss man manchmal sogar vor Gericht erleben. Dort heißt es dann zu Recht zu einem schlechten Sachverständigen: »Ihr Gutachten stimmt, es hat aber leider nichts mit dem Fall zu tun.«

Ich kann nun gut verstehen, dass trotz der fettigen Asche, die sich bei Selbstentzündungen immer findet, zunächst niemand darauf kam, dass das schmelzende Unterhautfettgewebe des durch eine Erkrankung ohnmächtigen oder schon toten Menschen sich in die darüberliegende Kleidung gesaugt und dort einen breiten, flächigen Docht erzeugt hatte.

Dass die dabei entstehenden Flammen zwar klein sind, aber doch genügen, um einen Menschen zu verbrennen, und dass die Flämmchen ohne Docht nicht auf die restliche Wohnung übergreifen – das alles sieht man wirklich erst im experimentellen Vergleich vieler, teils entsetzlicher Beobachtungen. Unser Gehirn redet uns im Alltag aber ein, dass wir auch Unbekanntes aus dem, was wir bereits wissen, zusammenpuzzeln und erklären können. Nachdenken spart ja auf den ersten Blick auch Zeit, nämlich die für Laborexperimente. Doch das ist falsch – und sehr gefährlich, wie der folgende Abschnitt zeigt.

IM FAHRTWIND DES FEUERS

Lester Adelson († 2006) war Rechtsmediziner aus Leidenschaft, Lehrer meines früheren Chefs im Institut für Rechtsmedizin in Manhattan und Autor eines der bekanntesten US-amerikanischen Lehrbücher über die forensische Untersuchung von Mordfällen. Seine Veröffentlichungen umfassten rechtsmedizinische Besonderheiten in Shakespeares Theaterstück ›Hamlet‹ und die mikroskopisch sichtbaren Farben in Schusswunden.

Adelson kam von der berühmten Harvard University. Dort hatte er erst seinen Bachelor-Abschluss und nach dem Krieg noch eine Zusatzausbildung in gerichtlicher Medizin gemacht. Dann zog es ihn ans deutlich weniger berühmte Cuyahogo County Coroner's Office in Cleveland, wo er bis zu seiner Pensionierung im Jahr 1987 arbeitete. Kurz vor seinem Umzug nach Cleveland hatte er in Harvard Zugang zu einer fantastischen Bibliothek (ich war einmal dort – wirklich beeindruckend) und konnte sich dort mit einem der schrägeren Themen der Medizingeschichte befassen.

»Plötzliche Selbstentzündung von Menschen und die Übernatürliche Entflammbarkeit«, schrieb Adelson nach seinem Bibliotheksbesuch, »sind Überreste aus einer Zeit, als das Fabelhafte und Wundersame, das Unerklärliche noch die Gemüter kitzelte und die Fantasie von Wissenschaftlern und Laien anregte.

Man kann sich die starke Wirkung vorstellen, die Beobachtungen von plötzlicher Entzündung und Verbrennung von organischen und anorganischen Materialien auf den darauf unvorbereiteten Verstand machten. Solche unheimlichen Kräfte der Natur waren in der Zeit des Wunderglaubens ungleich beeindruckender und Furcht einflößender als in unserem heutigen, materialistischen Zeitalter.

Am bemerkenswertesten ist, dass gebildete Wissenschaftler den ganzen Gegenstand so lange für möglich gehalten haben, wo doch Chemie, Physik und Biologie sie längst auf die Ebene der [längst widerlegten] Selbstentstehung von Leben, der Hexerei, Totenbeschwörung und von schwarzer Magie zurückgeworfen haben sollten. Wie auch in anderen Bereichen des menschlichen Wissens, starb der Glaube aber nur langsam, und die angebliche Wissenschaftlichkeit des Ganzen verhinderte eine rasche Richtigstellung.

Nur der langsame Abrieb [des alten Glaubens], gekoppelt an stufenweises geistiges Erwachen konnten die plötzliche Selbstentzündung auf ihren Platz verweisen als Denkmal vergangener Tage, in denen Vermutungen aus dem Lehnsessel noch die Antworten auf »brennende Fragen« vorgab.«

Der Artikel, in dem Adelsons Nachforschungen erschienen, wurde 1952 im ›Journal of Criminal Law and Criminology‹ veröffentlicht. Doch heute, fünfundsiebzig Jahre später, hat sich der Glaube an die Selbstentzündung immer noch nicht genügend »abgerieben«. Vor allem, wenn es um Mord geht.

Man vermutete in rechtsmedizinischen Veröffentlichungen zwar schon lange, dass die plötzliche Selbstentzündung als Ausrede für Tötungsdelikte verwendet werden könne. Das ging auf den Fall Millet zurück, den sowohl der Chirurg Claude-Nicolas Le Cat († 1768) aus Rouen als auch Pierre-Aimé Lair († 1853) überlieferten. Lair war ein französischer Philosoph, Mediziner und Naturforscher, der eigentlich Polizist werden wollte, aber durch die Revolutionswirren von seinem Plan abgehalten wurde. So erklärt sich sein Interesse für den Fall seines Kollegen Le Cat.

Claude-Nicolas Le Cat (auch ›Lecat‹ geschrieben) gelangte an den Fall, weil er in Rouen im Haus des Wirtes Jean Millet gewohnt hatte. In der Nacht des 19. Februar 1725 war Le Cat auswärts. Jean Millet und seine Frau Jeanne Lemaire gingen zunächst, so die Aussage des Wirtes, wie immer ins Bett. Seine Frau sei dann aufgestanden, um sich die winterlich verfrorenen Füße am Feuer zu wärmen.

Einige Stunden später erwachte Jean Millet und bemerkte einen »abscheulichen« Geruch, wie er in allen Fällen der plötzlichen Selbstentzündung beschrieben wird. Er ging über den Flur in die Küche und fand dort die Leiche seiner Frau, die keinen halben Meter vom Küchenfeuer entfernt auf dem Boden lag. Es waren nur Teile des Kopfes, einige Wirbel, die üblichen Teile der Beine und »einige weitere Kleinteile« übrig.

Wie in solchen Fällen zwingend (denn sonst gilt es nicht als plötzliche Selbstentzündung), war nur der Boden unter und um die Frau angesengt. Weder ein hölzernes Backbrett noch ein ebenfalls aus Holz gefertigtes Salzfass, beide in der Nähe der Leiche, waren verbrannt.

Frau Millet war für ihren unablässigen Alkoholmissbrauch bekannt. Ihr Mann hatte daher eine »sehr gut aussehende« Gehilfin für die Hausarbeit angestellt. So kam es, wie es auch heute noch vor Gericht kommen würde, und Millet wurde wegen Mordes an seiner Frau verurteilt. Der Wirt gab aber nicht auf und peitschte das Verfahren vor das nächsthöhere Gericht. Hier wurde er freigesprochen, aber nur, weil man nun davon überzeugt war, dass seine Frau *übernatürlich* entflammt sei. Millet erholte sich nie mehr vom Schock. »Von Trauer verzehrt«, so die damaligen Berichterstatter, »verstarb er [bald darauf] als unschuldiges Opfer des Phänomens im Krankenhaus.«

Vergleicht man die bekannten Fälle mit den Merkmalen der plötzlichen Entzündung, so spricht nichts gegen die Unschuld Millets. Seiner Frau könnte es wie der Gräfin Bandi schlecht gegangen sein, sie fror, setzte sich ans Feuer, wurde ohnmächtig, und eine Kerze setzte ein kleines Feuer in Gang. Das Unterhautfettgewebe schmolz, und die darüber liegende Kleidung bildete einen Docht. Langsam, aber sicher verbrannten und schwärzten sich die Teile der Leiche, die von Kleidung bedeckt waren. Der Rest blieb auf rätselhafte Weise erhalten, und das Feuer breitete sich auch nicht jenseits des Dochtes aus.

Da solche Fälle aber so selten sind, dass ein einzelner Feuerwehrmann oder eine einzelne Polizistin sie zeit ihres Lebens vielleicht nie sehen, sondern bestenfalls gerüchteweise davon hören, vergisst man, vor Ort gute Fotos zu machen. Meist rastet irgendeine Erklärung ein, die man schon kennt. Und um die zu untersuchen, genügt oft eine Sektion im Institut für Rechtsmedizin oder eine Befragung bei der Polizei. Oft hat die Feuerwehr auch einfach keine Zeit, beim Löschen in einem verrauchten Zimmer Fotos zu machen.

Mein Kollege Austin Graham hat 1977 einen schönen Fall dargestellt, der wie eine plötzliche Selbstentflammung aussieht – aber nur deswegen, weil der obere Teil des schon geschwärzten Körpers vor dem Fotografieren vom Rettungsdienst abtransportiert worden war. Vor dem Stuhl stehen auf dem Foto daher nur noch die Beine.

Doch leider handelt es sich nicht immer um Kuriositäten von damals, und leider geht es auch nicht immer nur um Männer mit einer schönen Haushälterin, die zu Recht oder zu Unrecht verurteilt werden. Heutzutage geht es oft um Kinder, die sich auf einmal entzünden – die neueste Variante des flammenden Wahnsinns.

ERBLICHE ENTFLAMMUNG

Im Mai 2013 kam im indischen Dorf Nedimozhinur im Einzugsgebiet der Hunderttausend-Einwohner-Stadt Viluppuram im Süden Indiens Rajeshwari Karnans zweites Kind zur Welt. Im Alter von 21 Jahren hatte Rajeshwari ihr erstes Kind bekommen; nun, zwei Jahre später, vollendete sich das Glück der jungen Landarbeiterfamilie. Neun Tage nach der Geburt war Frau Karnan, wie es vor Ort üblich ist, mit dem Baby bei ihrer Mutter. Sie wollte gerade ihre zwei Jahre alte Tochter baden, als sie ihren Neugeborenen, der eigentlich schlummern sollte, schreien hörte. Da hörte sie auch noch einen Nachbarn schreien. Er hatte das Baby entdeckt – und es brannte.

»Aus dem Bauch kamen Flammen«, berichtete Frau Karnan im Krankenhaus. »Mein Ehemann versuchte, das Feuer mit einem Handtuch zu ersticken. Ich hatte fürchterliche Angst.«

Es gelang dem Ehemann Karnan Perumal, das Feuer zu löschen, und er raste ins Kilpauk Medical Hospital nach Viluppuram. Das Kind hatte erst- und zweitgradige Verbrennungen.

Kaum zu Hause, entzündete sich das Kind wieder. Nach dem vierten Körperbrand Ende Juli 2013 wurden die Eltern samt Rahul aus dem Dorf verjagt – die Gefahr, dass das ganze Örtchen mit den palmblattbedeckten Hütten abbrennen würde, war den BewohnerInnen zu groß geworden.

»Es gab zu viele Gerüchte«, erklärte ein Regierungsvertreter aus Vilippuram, »beispielsweise, dass das Feuer ein Akt Gottes sei. Die Leute wurden unruhig und fingen an, sich zu versammeln. Wir hatten Angst, dass das Kind für Feuerausbrüche woanders verantwortlich gemacht werden könnte.« Die öffentliche Ordnung war bedroht.

Zunächst zog die Familie daher in einen Tempel im Nachbardorf. Die Presse berichtete allerdings so lange weiter über das Ereignis, bis die Bezirksregierung auf den Plan gerufen wurde. Sie tat das einzig Richtige und schickte die Familie am 8. August 2013 in das Government Kilpauk Medical College Hospital in der Küstenstadt Chennai. Die Zehnmillionenstadt ist der viertgrößte Ballungsraum Indiens und Hauptstadt des Bundesstaates Tamil Nadu, in dem auch das Heimatdorf der Familie liegt. Früher kannte man Chennai unter dem Namen Madras.

»Wir waren und sind in der Klemme, weil wir wirklich nicht wissen, was das alles bedeutet«, berichtete der ärztliche Leiter der Kinderstation des Krankenhauses, Narayan Babu. »Die Eltern ha-

Das Kind, das sich dreimal entzündete, und seine sorgenvolle Mutter. Wenige Jahre später brannte der neugeborene Bruder.

ben uns berichtet, dass das Kind ohne jeden Anlass und urplötzlich entflammt ist. Jetzt müssen wir allerhand Tests laufen lassen. Wir sagen nicht, dass es sich um plötzliche Selbstentzündung handelt, bis alle Untersuchungen abgeschlossen sind.«

Am Mittag des 23. August, also rund zwei Wochen später, wurde die Familie aus dem Krankenhaus entlassen. Ins Kinderheim wollten die Eltern nicht mit dem Kind, und so kehrten sie in ihr Dorf zurück. »Niemand weiß, wie Rahuls Brandwunden entstanden sind«, sagte Chandradevi Thanikachalam, Leiter der Indischen Kinderhilfsorganisation ›Indian Council for Child Welfare‹. »Wir unterstützen und schützen die Mutter und ihr Kind, aber natürlich nur, wenn die Eltern das erlauben.« Doch die Eltern hatten sich schon von ihrem Schreck erholt und pfiffen auf die Kinderhilfe. Der Leiter der psychiatrischen Station des Krankenhauses, Dr. Rajarathinam, teilte zum Abschied noch mit, dass es den Eltern und der Oma von Rahul wieder besser gehe. »Vorher waren sie niedergedrückt und hatten Angst um die Zukunft ihres Kindes«, so Dr. Rajarathinam, »aber wir haben therapeutische Gespräche geführt, und jetzt sind die drei wieder stabil.«

Dass niemand eingriff und den Eltern schon nach der ersten Märchenstory das Kind wegnahm, verdeutlicht, warum die gesamte Geschichte der plötzlichen Selbstentzündung so gruselig ist. Sie geistert seit Jahrhunderten um die Welt, wird immer wieder totgesagt, doch dann – kommt sie in neuem Gewand und mit neuer Ursache daher.

Waren es zunächst nur SäuferInnen, deren alkoholdurchtränkter Körper entflammte, so wurden daraus bald Fieberschübe, Meditationshitze oder, zuletzt, sogar Azeton, das beim Fasten entsteht, die den Körper entzünden. Mein Kollege Brian Ford hat diese neueste Theorie aufgebracht. »Es gibt einen Faktor, den bislang jeder übersehen hat«, sagt er in guter Tradition der halbwahren, aber falschen Grundannahmen, »denn manchmal gerät der Stoffwechsel in den Zellen durcheinander. Dann können befremdliche biochemische Prozesse im Körper die Folge sein. Verschiedene Krankheiten, an Kohlenhydraten arme Diäten oder auch exzessives Training können dazu führen, dass sich in den Zellen ein Stoff bildet, der feuergefährlich ist: Azeton.« Und das ist brennbar. Sogar sehr. Nur seltsam, dass das Phönixfeuer auch bei Menschen auftritt, die nicht gefastet haben … doch dann gibt es eben »verschiedene« Krankheiten, die zu »befremdlichen biochemischen Prozessen« führen.

Die Geschichte vom Phönixfeuer ist tatsächlich wie der Phönix aus der Sage: Er brennt, um wieder aufzuerstehen.

Dass sich der Glaube an Selbstentflammung in Frankreich, im angloamerikanischen Raum und in Deutschland zugleich festsetzte, macht die Sache noch kniffeliger. Denn die indischen Ärzte kamen nur deshalb sofort auf die Idee, eine plötzliche Selbstentflammung anstatt der offensichtlichen Verbrennung durch die Eltern zu untersuchen, weil die Stadt Chennai sich ab dem Jahr 1640 um ein englisches Fort entwickelte. Erst 1947 wurde Indien unabhängig, doch die Spuren der dreihundertjährigen Kolonial- und Kooperationszeit sind allgegenwärtig – auch in der ärztlichen Bildung. Nur einer stemmte sich gegen den Unsinn. »Ich bleibe dabei«, sagte der Leiter der Abteilung für Brandverletzungen der Kilpauk-Klinik im August 2013, »plötzliche Selbstentzündungen gibt es nicht.« Mit dieser Meinung stand er allerdings recht alleine da. Sein Kollege Jayachandran von der Kinderstation sprach das aus, was die meisten dachten: »Wir müssen ganz genau hinschauen und erforschen, ob die Erkrankung genetisch ist. Wir werden testen und herausfinden, was für Gase das sind, die der Körper des Babys absondert.«

PHÖNIX AUS DER ASCHE

Die schon von Justus von Liebig, Lester Adelson, John DeHaan und vielen anderen KollegInnen bekämpfte, belächelte und scheinbar besiegte Geschichte von der Selbstentzündung durch Alkohol, brennbare Gase, Energien oder Körperhitze richtet ihren Phönixkopf seit mindestens vierhundert Jahren immer wieder auf. Deshalb konnten Rahuls Eltern ihr Spiel ungehindert weitertreiben.

Am 19. Januar 2015 lieferte Rahuls Mutter Rajeshwari Karnan ihr drittes Kind Jeyaramachandran – nach Rahul geboren und erst zehn Tage alt – zuerst im Krankenhaus in Mundiyambakkam ein. Man verwies sie erneut nach Chennai. »Die Füße des Kindes haben sich daheim im Badezimmer plötzlich entzündet«, teilte der Chef des Krankenhauses, Dr. Gunasekaran, der Presse mit. »Zehn Prozent der Hautoberfläche sind verbrannt. Wir haben aus den Wunden kleine Bereiche für Tests abgerieben und die Tupfer ins Labor gesandt. Nächste Woche wissen wir dann mehr.« Doch im Labor ergab sich nichts. Der Brand war echt – doch daran hatte ohnehin nie Zweifel bestanden. Die Frage war nur, wie er entstanden war.

Mein Team und ich rauften uns angesichts des schon seit zwei Jahren überdeutlich erkennbaren Münchhausen-Syndroms der Mutter die Haare. Doch in Chennai geschah mangels Laborbefund erst einmal nichts.

Nach einigen Tagen schaltete endlich jemand die geistige Alarmanlage ein. Am 4. März 2015 teilte das Government Kilpauk Medical College Hospital offiziell mit, dass das dritte Kind der angeblich an genetischer Feuersucht leidenden Familie nicht zurück zu seinen Eltern dürfe. »Die Mutter will nur Aufmerksamkeit«, begründete Kinderpsychiaterin Shiva Prakash Srinivasan diese Entscheidung. »Und Aufmerksamkeit erhält die Mutter, Frau Karnan, jedes Mal, wenn sie ihr Kind ins Krankenhaus bringt und der Fall weltweite Presseberichte nach sich zieht.«

Mein Team und ich hofften seither, dass die örtliche Kinderhilfsorganisation nun nicht nur auf die Eltern, sondern auch auf deren Kinder aufpasst. Die Brandserie endete tatsächlich. Allerdings starb der kleine Jeyaramachandran im Februar 2016 dann doch – allerdings an einer in ärmeren Ländern noch sehr weit verbreiteten, oft tödlichen Durchfallerkrankung. Abends am 18. Februar 2016 wurde der kleine Junge auf dem Dorffriedhof von Mozhiyanur begraben. Weil Durchfall so häufig ist, die Keime aber auch sehr leicht mit Absicht verabreicht werden können, war die Polizei unsicher, was sie tun sollte. Passiert ist bis heute nichts.

Eltern, die weniger tückisch sind und nicht auf eine andere Misshandlungsform (hier: Bakteriencocktails) umsteigen, werden also auch künftig Kinder mit »plötzlicher Entflammung« ins Krankenhaus und in die Presse bringen. Das Tückische daran ist, dass sie als Unfall mit einem am Strand eingesammelten Stückchen Phosphor ebenso beginnen kann wie mit einer Zigarette im Lehnstuhl oder einer Kerze am Bett – oder eben auch mit Eltern, die ihre Kinder anzünden.

Die Vielgestaltigkeit des Phönixfeuers macht es so schwer erkennbar. Da der Kriminalgeschichte dieses seltsame Brandbild kaum bekannt ist, bleiben »Selbstentzündungen« als kurioser Sonderfall bei den SachbearbeiterInnen so lange unter dem Radar, bis eine Generation die kriminalbiologische Widerlegung des angeblich übersinnlichen Kerns vergessen hat. Sobald dann die nächste Person brennt, geistert die Phönixflamme wieder um den Erdball. Der jüngste europäische Fall ereignete sich während der Recherchen zu diesem Buch im nordrumänischen Ordea. Ein achtzig Jahre alter Alkoholiker lag verbrannt in seinem Garten. Der Holzstuhl, auf dem er gesessen hatte, war aber nur wenig verbrannt. Der Mann hatte sich in Folie gewickelt, weil es im Haus eiskalt war. Er hatte sich vor einen Ofen gesetzt und war mit ausgestreckten Beinen eingeschlafen oder ohnmächtig geworden. Wohl durch ein abgeplatztes Stück des im Ofen brennenden Holzes geriet seine selbst gebastelte Plastikbekleidung in Brand. Auffällig war, dass sich nur an einigen Stellen ein gut funktionierender Docht entwickeln konnte. Das lag am Plastik, das den Brand zwar übertrug, sich aber nicht mit Körperfett durchtränken konnte.

MÜNCHHAUSENS STELLVERTRETER

Es gibt viele Zündquellen, die eine menschliche Leichenfackel erzeugen können. Die seltenste ist heutzutage das absichtliche Entzünden einer anderen Person. In Kriminalfällen geschieht das meist in großer Aufregung, großem Hass oder beidem. Das in Deutschland bekannteste Beispiel der letzten Jahre war die Verbrennung von Maria P. in einem Waldstück in Berlin-Adlershof. Die zwei jungen, von sich und der Welt überforderten Täter Daniel M. und Eren T. hatten sich für den 22. Januar 2015 verabredet, um die 19-jährige Maria zu töten. Sie lockten das hübsche, in einen der Täter sehr verliebte und von ihm schwangere Mädchen in den Wald, stachen zweimal in ihren Bauch und verbrannten das Opfer lebendig. Das ungeborene Kind erstickte im Körper der brennenden Mutter.

Die Brandgutachterin des Bundeskriminalamtes stellte den Brand experimentell nach und erkannte, dass Maria P. nicht nur »eingeschüchtert« werden sollte, als sie mit Benzin übergossen worden war. Dieses Märchen hatten die Täter erfunden. Dass es wirklich ein Märchen war, zeigte sich daran, dass sich die Gutachterin ein bis zwei Zentimeter annähern musste, um den »Otto-Kraftstoff« (so heißt Benzin auf Behördendeutsch) zu entzünden. Dieser Versuch belegt ohne Gefühle, Meinen, Glauben oder Nachdenken, dass die Täter absichtlich mit ihrer Zündquelle an das mit Benzin übergossene Mädchen traten.

Die Verteidigung der beiden Täter, die eine lebende Schwangere in den Bauch gestochen und angezündet hatten, beantragte übrigens Freispruch. Um seine Unschuld zu begründen, erklärte der genetische Vater des ungeborenen Kindes schon früh, warum seine Fingerabdrücke am Tatmesser, einem Benzinkanister und einem Schlagstock gefunden werden würden. Wie Richterin Regina Alex in der Verhandlung allerdings zu Recht bemerkte: Woher wusste der Mann überhaupt, dass diese Gegenstände bei der Tat benutzt wurden? Der Täter bewies Wissen, das eben nur ein Täter haben kann.

Eine Beziehungstat wie diese – durch überforderte und gewaltbereite Jugendliche – ist die eine Sache. Aber wie kommen Eltern, ohne Streit und Hass, auf die Idee, ihre neugeborenen Kinder anzuzünden? Die Psychiaterin im Krankenhaus in Chennai hatte recht: Es sind Menschen, die um jeden Preis Aufmerksamkeit suchen. Und wo erhielte man die besser, als mit einem kranken, verbrannten Baby vor den Augen der Weltöffentlichkeit?

Diese schreckliche Form des Aufmerksamkeitsheischens ist erst seit knapp fünfzig Jahren erforscht. Man nennt sie »Münchhausen by Proxy« oder »Münchhausen-Stellvertretersyndrom«. Diese Bezeichnung ist an die lügnerische Fantasiefigur des Barons von Münchhausen angelehnt. Zur Erinnerung: Der Schriftsteller Rudolf Erich Raspe († 1794) hatte dem – in Wahrheit die Öffentlichkeit scheuenden und zurückgezogen lebenden – Freiherren von Münchhausen († 1797) unglaubliche Märchenerlebnisse angedichtet. Diese Geschichten waren so erfolgreich, dass weitere Münchhausiaden, geschrieben auch von weiteren Autoren, gedruckt wurden. Den echten Freiherrn von Münchhausen ärgerte das aber. Er sah sich nicht als Romanheld, sondern empfand sein Lebensende durch Rufschädigung unrettbar überschattet.

Eine Vorstufe des sich ins Krankhafte neigenden, nach dem erfundenen Lügenbaron Münchhausen benannten Verhaltens kennen Sie aus dem Alltag. Einige Eltern missbrauchen beispielsweise ihre Kinder, um die eigenen, nicht erfüllten Träume zu leben. Das kann durch ständiges Musik- oder Sporttraining geschehen. Sinn des Trainings ist dabei aber manchmal nicht die Freude für die Kinder. Stattdessen sollen die Kinder FreundInnen und Bekannten – mit etwas mehr Energie auch einem größeren Publikum – bei Wettbewerben und Auftritten vorgeführt werden. Kindern, denen solche Auftritte nicht gefallen, wird es peinlich oder unangenehm, und sie können sich durch Leistungsverweigerung wehren.

Beim Münchhausen-Syndrom haben die Kinder diese Chance nicht. Die Eltern – meist die Mutter – nehmen ihrem Kind absichtlich jede Möglichkeit zur Gegenwehr. Sie flößen ihren Babys und Kleinkindern beispielsweise Blut ein, das die Kleinen im Krankenhaus erbrechen, ob sie wollen oder nicht. Das erbrochene Blut ist ein zwar eindrucksvoller, aber gefälschter Krankheitsbeweis, der garantiert für Aufmerksamkeit und vielleicht auch für große Aufregung in der Abteilung sorgt. Kleinkinder können und größere Kinder trauen sich oft nicht, in diesem Wirbel etwas gegen ihre Mutter zu sagen.

Bluttrinken ist dabei übrigens noch eine der »harmloseren« Methoden. Münchhausen-Eltern brechen ihren Kindern auch die Knochen, stecken ihre Babys mit Infektionskrankheiten an, lassen die Kleinen halb verhungern oder halten ihnen Mund und Nase zu. Fast zehn Prozent der Kleinkinder von Münchhausen-Eltern sterben an dem als Fürsorge – die vielen Arztbesuche! – getarnten, schweren Missbrauch.

Es kommt noch schlimmer. Denn egal, wie die ÄrztInnen sich verhalten: Es zieht weiteres Geschrei nach sich. Denn nehmen sich die HelferInnen des Kindes an, so verstärkt diese ärztliche Fürsorge das Fehlverhalten der Eltern. Die Eltern erhalten ja genau das, was sie möchten: Aufmerksamkeit. Ihr Kind ist nur Mittel zu diesem Zweck.

Schimpfen die ÄrztInnen aber nach Entdeckung des Betruges

mit den Münchhausen-Eltern, so regen diese sich zu Hause gegenüber den nichts ahnenden Verwandten über die Tatenlosigkeit und Inkompetenz des medizinischen Personals und deren freche Unterstellungen auf. Denn wer würde sein Kind ansengen, vergiften, schlagen oder sonst wie quälen? Die Annahme der Verwandten ist, dass dies niemand, erst recht nicht normal wirkende Menschen, tun würden. Aber das stimmt nicht.

Die teuflische Zwickmühle, von elterlicher Sucht nach Aufmerksamkeit gespeist, ist die Natur des Münchhausen-Syndroms. Man sieht diesen Eltern wirklich nichts an. Rajeshwari Karnan, die Mutter der beiden mehrfach angebrannten Kleinstkinder aus Indien, war beispielsweise meist seelenruhig und freundlich, sogar, als sie von einem Fernsehsender im Krankenhaus gefilmt wurde. Die ZuschauerInnen gestehen der Mutter bestenfalls einen nachvollziehbaren Schock durch das unerklärliche und erbliche Feuer zu, das aus ihren Kindern brach. Solch ein Entflammungstrauma des eigenen Kindes packt die leidende Mutter in seelische Watte – man glaubt, dass sie deshalb so ruhig und freundlich gegenüber den ihr helfenden Menschen ist. Das Verhalten solcher Eltern ist selbst für mich gruselig.

EIN SCHUSS AUTISMUS

Wie die plötzliche Selbstentzündung treffen wir Münchhausen-Kinderquälereien in vielen Ausprägungen an. Der Fantasie gewalttätiger Eltern sind dabei kaum Grenzen gesetzt. Sie sind mit ihrem Kind oft genug alleine, *und* die Kleinen können sich nicht wehren. Wenn die beiden »Phänomene« der angeblichen plötzlichen Selbstentflammung sowie dem Münchhausen-Syndrom hinzukommen, hilft nur noch der schon erwähnte, zweitausend Jahre alte Grundsatz von Seneca: »Wundere dich nicht. Glaube und vermute nichts. Vertraue niemandem. Suche und prüfe die Spuren.«

Möchte man gemäß dieser Regel vorgehen, so sollte man bei

schrägen Fällen die sogenannte »kritische Einzelfallbetrachtung« beherrschen – und lieben. Mit »kritisch« ist dabei gemeint, dass man auch langweilig oder nebensächlich scheinende Details eines Falles würdigt. Doch wer schaut sich schon gerne Langweiliges an?

Mir hilft dabei ein Schuss übertriebene Sortierliebe. »Es scheint, dass für Erfolg in der Wissenschaft oder in der Kunst ein Schuss Autismus erforderlich ist«, wusste schon Hans Asperger, nachdem er fünfunddreißig Jahre lang Menschen mit überstarker Detailliebe beforscht hatte. So sehe ich es auch. Wer nicht gut schläft, bevor seine Comic- oder Bluray-Sammlung nicht alphabetisch sortiert ist, könnte eine gute Bearbeiterin oder ein guter Bearbeiter für seltsame Fälle werden. Denn Ordnung, Sammeln und das emotionsverminderte Suchen nach beweisbaren Tatsachen sind der einzige Weg durch das Wunderland manchmal magisch erscheinender Vorkommnisse.

WIEDERHOLUNGEN ZAHLEN SICH OFT AUS

An die offene und »kritische« Betrachtung auch nebensächlich scheinender Kleinigkeiten schließt sich die »systematische Variation« an. Das sind Versuchsserien, die man wiederholt. Der Grund: Ohne Wiederholung erkennt man nicht, ob ein Versuchsergebnis durch den Fehler eines defekten Gerätes oder menschliche Unachtsamkeit entstanden ist. Erst in der Wiederholung zeigt sich, ob die Messung brauchbar und wahr ist.

Wie wichtig beides ist, also Fall- und Laborarbeit, sehe ich nicht nur bei neuen, sondern auch bei der Beurteilung alter Fälle, aus denen wir – anders, als es KollegInnen manchmal glauben – noch sehr viel lernen. So hatte sich beispielsweise die Gräfin von Görlitz in der Nacht vom 13. auf den 14. Juni 1847 entzündet. Sie war, wie der ärztliche Kollege Graff aus Darmstadt berichtete, »kinderlos, sehr gebildet und religiös, beschäftigte sich viel mit ihrem Hauswesen, ordnete alles selbst an, sah überall nach, half selbst bei vielen Arbeiten [der Diener], lebte überhaupt sehr frugal und neigte zu großer Sparsamkeit. Sie hatte die Gewohnheit, sich öfter in ihren Zimmern einzuschließen und halbe Tage lang allein zu bleiben.« Diesem Umstand verdanken wir die einzige direkte Beobachtung der kleinen Fettflammen nach einer Selbstentzündung außerhalb des Labors. »Etwa um acht Uhr [abends] oder einige Minuten später bemerkte man durch die wie immer zugezogenen Fenstervorhänge hindurch eine schmale, mehrere Fuß hohe Flamme im Kabinett der Gräfin auf einer und derselben Stelle. Da dieselbe nicht merklich größer wurde, sich auch nicht stark ausbreitete und zuletzt nach Ablauf von ungefähr einer Viertelstunde zu erlöschen schien, so wurde [angesichts der verbreiteten Verwendung von Kerzen] keine weitere Notiz davon genommen.«, so Graff.

Fast um dieselbe Zeit sahen von der Straße aus zwei Zeugen eine dicke Rauchwolke aus dem nördlichen Schornstein des gräflich Görlitzschen Hauses aufsteigen, ohne jedoch etwas Arges daraus zu entnehmen, wenngleich ihnen auch die Sache [wegen der späten Uhrzeit] ungewöhnlich vorkam.«

Wie man sieht, kann die Verbrennung also wirklich so unauffällig sein, dass selbst Passanten nichts Seltsames bemerken. Um elf Uhr abends wurde die Leiche dann vom heimkehrenden Grafen gefunden. Das Feuer war erloschen, die Leiche geschwärzt. »Nachdem die Leiche in das Schlafzimmer gebracht worden war«, erinnert sich Graff, habe nur »die Brust immer noch gedampft.«

Es handelte sich hierbei übrigens um einen Mord: Johann Stauff, der Kammerdiener der Gräfin, hatte sie vergiftet und dann angezündet. Er hoffte, der Glaube an spontane Selbstentzündungen würde die Tat verdecken. Doch Justus von Liebig, Graff und andere Gutachter konnten das durch Experimente widerlegen.

In den letzten zwanzig Jahren fand keine meiner Studentinnen und kein Student die Verknüpfung der kritischen Detailbetrachtung mit der experimentellen Wiederholungstechnik so erstrebenswert, dass sie meinen Sachverständigenberuf ergreifen wollten. Das ist schade, aber nachvollziehbar. Die Experimente,

Reisen und Quellenstudien zur »plötzlichen Selbstentzündung« haben mein Team und mich über zehn Jahre Arbeit gekostet, die niemand bezahlt hat. Das Sammeln aller, besonders der alten Artikel und Berichte dazu, habe ich sogar schon 1995 begonnen ... und jährlich kommen neue Berichte hinzu. Mir macht das Spaß, denn es ist mein Lebenselixier, die Wahrheit aus kleinen und manchmal auch großen Spuren abzuleiten. Ohne diese Aufgabe wird mir langweilig. »Nothing is little« – das wusste schon Sherlock Holmes, und weil es besonders in der Spurenkunde gültig ist, habe ich es diesem Buch als Eingangszitat vorangestellt.

Übrigens brauchen Sachverständige für mein Fachgebiet noch eine letzte Eigenheit: ein Elefantengedächtnis. Denn der schlimmste Feind bei schrägen Todesfällen ist das schnelle Vergessen. Viele Menschen glauben, dass es sich bei den besonders merkwürdigen Fällen nur um skurrile Schmankerl handelt. Etwa alle zwanzig Jahre verschütten Forschungen leider, und alles geht wieder von vorne los. Man braucht ein dickes Fell, eine große Bibliothek und vor allem viel Humor, um nicht am steten Vergessen der Lösung für scheinbare Sonderfälle zu verzweifeln.

Dazu ein Beispiel. Das Letzte, was ich nach einer weltweit übersetzten und mehrfach wiederholten Fernsehsendung über den Fall der selbstentzündeten Frau Waldack auf einem ihrer Wohnung nahe gelegenen Campingplatz gehört habe, war die Frage, ob ich schon einmal von diesem seltsamen Fall gehört hätte, diesem Fall, bei dem sich eine alte Frau ganz in der Nähe durch übersinnliche Kräfte oder Gase aus ihrem Körper entzündet hätte. Es ist eben schaurig-schön, die magisch aufgeladene Möglichkeit übernatürlicher Flammen anstatt der nüchternen Aufklärung weiterzutragen.

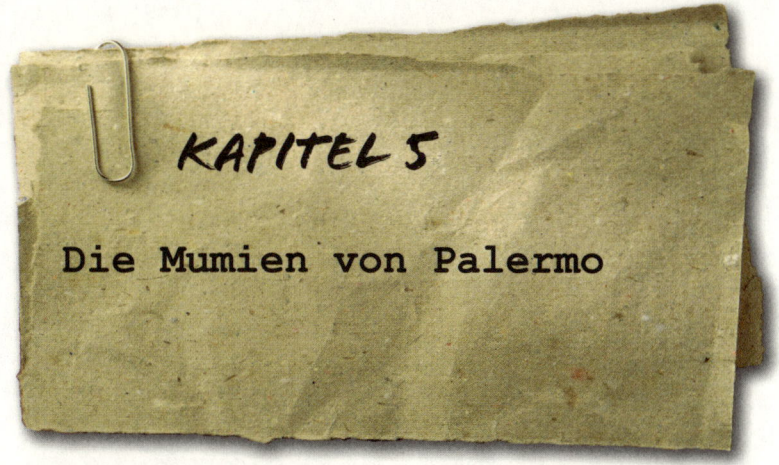

KAPITEL 5

Die Mumien von Palermo

In Zeitungsberichten oder im Fernsehen sieht es manchmal so aus, als mache ich alles alleine. Das stimmt aber nicht. Meine MitarbeiterInnen sind einfach vergleichsweise kamerascheu, und daher überlassen sie öffentliche Auftritte gerne mir. Einer meiner Kooperateure, noch dazu bei einem besonders schönen Abenteuer, war Jörg Scheidt. Er vereinbarte mit den Kapuzinermönchen in Palermo die vollzählige Auflistung Tausender in deren Keller liegender Mumien. Um es gleich vorwegzusagen: In vielen Fällen stimmt der Begriff »Mumie« nicht ganz. Da aber selbst die Mönche vor Ort sie so bezeichnen, will ich es in diesem Buch dabei belassen.

Im folgenden Kapitel möchte ich neben dem Archäologen Jörg auch meine langjährige Mitarbeiterin Tina vorstellen. Sie fährt gerne mit der Polizei an Tatorte und hat wie ich ein Herz für seltsame Fälle. Weil wir uns auch öffentlich für die Aufklärung merkwürdig klingender Verbrechen einsetzen, kommt es, dass die häufigste Frage an uns seit ein paar Jahren nicht mehr lautet, ob unser Beruf ekelig ist, sondern wie man Kriminalbiologe oder Kriminalbiologin werden kann. Ich will das daher hier kurz vorab beantworten.

Die wichtigste Voraussetzung für unseren Beruf als naturwissenschaftliche Kriminalisten ist es, dass wir von irgendetwas Ahnung haben. Das sind bei uns beispielsweise Insekten, Fingerspuren und Blut. Es genügt aber auch Wissen benachbarter

Gebiete, beispielsweise bei der Aufklärung von Computertricks und der Untersuchungen von Glassplitterchen. An der Universität wird nichts davon so unterrichtet. Man muss also neugierig und »nerdig« sein, sich umschauen und sich vieles selbst beibringen. Manchmal müssen wir neue Techniken auch selbst erfinden. So haben wir beispielsweise schon Fingerspuren mit Silikon abgeformt, Kleidung mit Wildschweinsperma betupft oder ein angeblich übernatürliches »Medium« getestet, das uns bei der Suche nach Tatortspuren helfen wollte.

Der zweite Grundsatz meines Berufes lautet »Ärmel hoch und durch«. Als ich Hitlers Schädel untersuchte (siehe ›Aus der Dunkelkammer des Bösen‹, Lübbe), bin ich mit Absicht ohne geschichtliche Vorbereitung nach Moskau geflogen. Ich wollte angesichts seit Jahrzehnten untersuchter Abläufe lieber kindlich und unbefangen sehen, was es *wirklich* zu sehen gibt – und nicht das, was andere Menschen schon gesehen hatten, weil es sie interessierte oder ihnen nützt.

Mit diesem Vorgehen bin ich nicht alleine. In Ciudad Juárez, der noch vor wenigen Jahren wegen der vielen dortigen Morde »gefährlichsten Stadt der Welt«, arbeitete ich im Jahr 2003 beispielsweise mit dem Spezialagenten Robert Ressler († 2013) vom FBI an einer Tötungsserie junger Fabrikarbeiterinnen. Bei einem abendlichen Bier sagte er zu mir: »Mark, ich rate dir, innerhalb einer Behörde besser keine schriftlichen Anträge einzureichen. Denn falls sie schriftlich abgelehnt werden, dann darfst du tatsächlich nicht machen, was du beantragt hast. Andernfalls kannst du dich einfach entschuldigen.«

Ressler wusste, wovon er sprach. Er hatte mit FBI-Mann John Douglas in US-Gefängnissen eine kriminalistische Interview-Reihe mit Serienmördern durchgeführt. Das FBI war zunächst dagegen. Als sich aber Erfolge zeigten, änderte sich das, und die beiden erhielten Unterstützung für ihre »Profiler«-Einheit. Grace Hopper († 1992), die von vielen Nerds als »Großmutter COBOL« verehrte Erfinderin verständlicher Computerprogrammsprachen, sah es ebenso. Sie arbeitete bei der Navy und hatte dort ähnliche Erfahrungen wie Ressler gemacht. »Es

Auf ein Getränk mit FBI-Profiler Robert Ressler, in Ciudad Juárez – kurz, bevor er mir ein Berufsgeheimnis anvertraute: »Schreibe keine schriftlichen Anträge, denn sie könnten abgelehnt werden.«

ist immer einfacher, um Entschuldigung zu bitten, als eine Genehmigung zu erhalten«, fasste sie ihre Empfehlung zusammen. Grace Hopper wusste Bescheid – denn auch die folgende ihrer Aussagen ist in meinem Beruf sehr wahr: »Der gefährlichste Satz einer Sprache ist: Das haben wir schon immer so gemacht.«

PALERMO

Um eingeschliffene Arbeitsweisen brauchten wir uns auf dem Weg nach Palermo keine Gedanken zu machen. Der Archäologe Jörg Scheidt, unser Übersetzer und Mann für kulturelle Besonderheiten Benjamin Trapp, meine Kollegin Tina und ich bemerkten schon beim Aussteigen aus dem Flugzeug, dass diesmal einiges anders als sonst laufen würde.

Wir kämpften uns zunächst tapfer durch eine Hitzefront. Eine dermaßen durchdringende Wärme wie in Sizilien hatte ich selbst bei meinen Kursen in den Tropen nicht erlebt. Zumindest in den höher gelegenen Städten wie Medellín und Bogotá bewegt sich die Temperatur meist um fünfundzwanzig Grad Celsius. Wir hatten für unsere Mumienuntersuchung jedoch den heißesten möglichen Monat ausgesucht, nämlich Juli und damit den europäischen Hochsommer. In dieser Glut fühle ich mich schon nach wenigen Minuten selbst mumifiziert.

Während das alles meinen MitstreiterInnen weniger ausmachte, musste ich in den kommenden Tagen schwer kämpfen. Ich schließe schon bei normalem Sonnenlicht, auch im Winter, alle Rollos, und würde niemals freiwillig, das heißt ohne einen Kurs oder eine Leiche, in eine warme Region fahren. Meine Sonnenbrille oder selbsttönende Gläser gehören zu meiner Grundausrüstung wie Handy und Taschenlampe. Ohne diese drei gehe ich nicht vor die Tür.

Um die TouristInnen nicht zu stören, durften wir nur in den Mittagspausen sowie abends und nachts in den Keller. In einen Keller mit Tausenden Mumien! Die Zeiten und der Ort gefielen mir, denn erstens war es im Keller etwas kühler, und zweitens konnten wir so unsere Geräte aufbauen, die wir vorab in großen Aluminiumkisten verschickt hatten, ohne die TouristInnen zu stören.

Der Keller ist riesig und liegt unter einer katholischen Kirche, die an das örtliche Kapuzinerkloster grenzt. Kapuziner sind Franziskanermönche, die Armut, aber auch den gesunden Umgang mit dem Tod in ihr klösterliches Leben einbauen. In Deutschland ist unter anderem der große Einsatz der Kapuziner für Obdachlose und verarmte Menschen in der drogenreichen Innenstadt von Frankfurt am Main bekannt.

Der Name »Kapuziner« stammt von der auffälligen Kapuze des Ordensgewandes. In italienischer Sprache heißt sie ›il cappuccio‹. Da der Orden in Italien entstand, schliff sich die Bezeich-

Security im Mumienkeller.

nung ›cappuccini‹, »Kapuziner« ein. Eigentlich ist das Ordens-
gewand der Kapuziner wie bei allen Franziskanergruppierungen
braun. In Palermo tragen die Mönche aber wohl wegen der glü-
henden Hitze eine sonnenverträglichere helle Version. Auch ich
überlebte den Einsatz im Mumienkeller nur dank meiner hellen
Tropenbekleidung. Sie hat mich schon durch Südamerika und
Asien begleitet und ist auch auf dem Umschlag dieses Buches zu
sehen. Sobald ich sie anziehe, entsteht in meinem Geiste darum
ein innerer Hauch von Mumien und Muskat.

Im Kapuzinerkloster in Palermo lebten und arbeiteten zu besseren Zeiten Hunderte von Mönchen. Wohnkämmerchen und eine riesige Terrasse mit fantastischem Blick über die Stadt zeugen noch heute von dieser Zeit. Der Garten des Klosters ist mittlerweile verfallen, und durch die Flure des Klosters zieht ein feiner Muff. Wir trafen noch fünf ältere Mönche; mehr gibt es in Palermo wohl auch nicht mehr.

Kapuzinermönche haben keine Angst vor Skeletten: Souvenirmünze aus einem Automaten vor der Knochenkammer der Kapuziner in Rom (2015).

Das heißt aber nicht, dass der Kapuzinerorden ausstirbt. Einige Mönche wollen sich wegen der sinkenden Mitgliederzahlen wieder stärker auf das mönchische Leben besinnen und den Orden gesundschrumpfen. Andere bemühen sich um Modernisierung. So wurden beispielsweise die eindrucksvollen kapuzinischen Knochenkammern neben der Kirche ›Santa Maria Immacolata a Via Veneto‹ in Rom durch ein im Jahr 2015 nagelneu gestaltetes Museum ergänzt. Vor den mit Knochen ausgestatteten Räumen sind im Museum nur noch wenige, dafür aber sehr schöne Stücke ausgestellt. Einen Souvenir-Automaten, aus dem eine »goldene« Münze mit Skelett fällt, gibt es dort auch.

In erster Linie betonen die Kapuziner aber ihren schon erwähnten Einsatz für schwache, kranke und benachteiligte Menschen. Seit einigen Jahren bietet der Schweizer Orden sogar eine »Bruderschaft auf Zeit« an – für katholische Mönche eine unübliche Idee.

IN DER RUHE LIEGT DIE KRAFT

Ursprünglich lebten die Kapuziner in Einsiedeleien. Dabei entstand ein ruhiger, sehr geregelter Tagesablauf – und der hat viel mit unseren Mumien zu tun, wie Sie gleich sehen werden. Ein typischer Tag der Kapuziner sah so aus:

06:30 Uhr – Gemeinsames Morgenlob, stilles Gebet
07:00 Uhr – Frühstück, danach Zeit für sich selbst
08:00 Uhr – Meditation, Studium, Lesen
09:00 Uhr – Heilige Messe mit der Gemeinde
09:30 Uhr – Seelsorge oder Arbeit in Haus,
              Küche und Garten
12:00 Uhr – Mittagessen, dann Mittagsruhe
14:30 Uhr – Arbeit oder Zeit für sich selbst
18:00 Uhr – Chor, Meditation, gemeinsames Abend- und
              Nachtgebet

19:00 Uhr – Abendessen, dann Zeit für sich selbst
20:30 Uhr – gemeinsame Erholung
21:00 Uhr – persönliches Nachtgebet, Nachtruhe

Der Freitag wurde teils als Tag der Stille begangen (»Wüstentag«); ein Tag pro Woche war frei für Erholung, Hobbys und so weiter.

Wie man sieht, arbeiteten die Mönche nicht körperlich hart, sondern hatten einen ruhigen, von Einkehr und Besinnung geprägten Tagesablauf. Heute wissen wir, dass ein sauber geregelter Tagesablauf ein längeres Leben begünstigt. Je mehr erfüllte Sozialkontakte und Berufsinhalte ein Mensch hat, desto seltener stirbt er beispielsweise an Herz-Kreislauf-Erkrankungen. Der Einsatz der Kapuziner für Schwache und Arme ist dafür ein gutes Beispiel. Kommen ein nahe gelegenes Krankenhaus – in Palermo gehörte es sogar zum Kloster – und eine Gemeinschaft, die stets aufeinander achtet, hinzu, so hat man fast perfekte Startbedingungen für ein gesundes und langes Leben. Ich war gespannt, ob das auch unter den kargen und harschen Lebensbedingungen im Süden Italiens gelten würde.

Während unser Archäologe Jörg Scheidt sichtlich erfreut die Gänge nach Grabsteinen und einem Grundriss erkundete, schauten Tina und ich uns die Zähne der Leichen genauer an. Sie sahen völlig anders aus als die Zähne aller lebenden und toten Menschen, die ich zuvor gesehen hatte: Sie waren spiegelglatt geschliffen.

Zum Glück bin ich in der zweitausend Jahre alten römischen Stadt Köln aufgewachsen. Dort finden sich bei Straßen- und U-Bahn-Arbeiten ständig römische Öl-Lämpchen, Glasgefäße, Tonscherben und eben auch Leichen der damals vor den Toren der alten Stadt Begrabenen. Da unter unserem Labor ein riesiger römischer Friedhof liegt (ja, ich arbeite und lebe über einem riesigen alten Friedhof), kamen bei Bauarbeiten im Jahr 2002 zwei Skelette zum Vorschein. Mir fiel auf, dass ihre Backenzähne abgeschliffen waren. Den Grund dafür kannte mein Zahnarzt.

Mehl wurde früher mit gröberen Mühlsteinen gemahlen und

So gut erhaltene Mumien habe ich selten gesehen.

nicht so fein wie heute gesiebt. Daher waren im Brot winzige Steinchen. Im Laufe der Jahre schmirgelte dieser Sand die Backenzähne der kauenden Menschen von oben – von der Kaufläche her – glatt. Es war ein schwer beschreibliches Gefühl, als ich zum ersten Mal mit dem Finger über den Jahrhunderte alten Zahn im Schädel dieses Menschen strich. So wie Jörg auf einmal die Lebensgeschichte der Menschen vor sich in den Mumien erkannte, so erkannten Tina und ich deren Abnutzungs- und Sterbegeschichte.

Die Mumien in Palermo hatten verschieden stark abgeschliffene Zähne. Da sie sich im Laufe des Lebens erst wenig, dann aber immer weiter abnutzten, versuchten wir damit eine Altersschätzung der Leichen. Gleichzeitig dokumentierten wir, wie kariös die Zähne waren. Denn Zahnpflege betrieben die Menschen schon zu allen Zeiten. Je schlechter die Zähne, desto weniger Zeit hatte deren TrägerIn mit ihrer Pflege verbracht, und umso zuckerhaltiger war ihre Nahrung. Das gilt nicht für jeden Menschen – so fand mein Kollege Jan Harbort an einem Zahn eines etwa zweitausend Jahren alten Mumienkopfes aus West-Theben Karies, aber weder an diesem noch weiteren Zähnen desselben Schädels Abschleifungen. Das war tausend Jahre vorher, im Neuen Königreich der Ägypter, noch anders. Dort war Karies selten, und erst ab ungefähr dem Jahr 1070 vor unserer Zeitrechnung nahm die Zahl der Zahnlöcher zu.

Der Zusammenhang zwischen erkrankten Zähnen und sozialem Status zieht sich durch die Zahnheilkunde und Archäologie. Ob er stimmte, wollten wir angesichts der sehr hohen Zahl an Leichen im Mumienkeller von Palermo selber prüfen. Die ErforscherInnen ägyptischer Mumien greifen meist zu durchleuchtenden Verfahren wie der Computertomografie, da sie die Mumien nicht zerschneiden möchten. Wir konnten hingegen ganz nah an die ohnehin sichtbaren Zähne und sie mit der Lupe untersuchen.

Tagelang zählten und begutachteten wir also die Mumienzähne. Wir hatten die Leichen zuvor in sechs Gruppen aufgeteilt: Frauen, »Jungfrauen« (Mädchen), Mönche, Priester, sonstige Berufstätige wie Anwälte sowie alle übrigen Männer. Der Zustand der Zähne war insgesamt sehr schlecht, nur bei den Mädchen sah es besser aus. Das liegt aber wohl nur daran, dass sie jünger gestorben und ihre Zähne deswegen noch weniger angegriffen waren. Umgekehrt hatte ich ursprünglich den Eindruck, dass die Zähne der Mönche in besserem Zustand als der Durchschnitt waren. Doch auch hier spielte das Alter eine Rolle. Wegen ihres geregelten Lebenslaufes, der guten Ernährung und

Die Backenzähne der Leichen waren bei genauem Hinsehen abgeschliffen.

Krankenfürsorge wurden sie älter als alle anderen Menschen, bevor sie mumifiziert wurden. Da sie ihre vielleicht wirklich besser erhaltene Zähne aber länger verwendeten, glich sich ihr Zustand wieder dem des Durchschnittes an. Die Backenzähne waren bei allen Gruppen gleich abgeschliffen. Die Mönche waren aber so alt geworden, dass sie meist gar keine Zähne oder bestenfalls mittelmäßig erhaltene Backenzähne aufwiesen. Es war kompliziert.

Die Mumienköpfe waren abgesehen von den Zähnen sehr unterschiedlich gut oder schlecht erhalten. Frauenschädel waren beispielsweise meist skelettiert, das heißt, es hafteten nur noch kleinere Gewebestücke an ihnen. Wenn Gewebe, etwa ein Gesicht, zu sehen war, dann war die Haut fast immer von Insekten zerfressen. Sehr auffällig fand ich, dass die »Jungfrauen«-Schädel ebenfalls fast immer skelettiert waren. Wir hätten uns hier eine größere Sorgfalt der Präparation erhofft. Falls die Leichen wirklich vorwiegend in Abtropfräumen getrocknet wurden, so dürften sich die Mädchenleichen gegenüber den erwachsenen Leichenkörpern zu schnell zersetzt haben. So endeten die meisten Jungfrauen als reine Skelette, denen man aber eine Krone aufsetzte (S. 190).

Es könnte auch sein, dass die Mädchen aufwändiger in Textilien gekleidet und auf Strohunterlagen gebettet waren als alle anderen Leichen. So sah es zumindest bei unserem Besuch aus. Dann könnte sich in den Textilien und dem Stroh eine gut versteckte Pelzkäfer- und Mottenansammlung entwickelt haben, die ausgerechnet die am »schönsten« getrockneten und hergerichteten Leichen zerfraß. Die Jungfrauen müssen wir uns daher bei einer künftigen Untersuchung noch einmal ansehen.

Etwas besser erhalten waren die Männerköpfe. An ihnen sahen wir häufiger noch Gewebe, das allerdings meist von Insekten zerfressen war. Die Schädel der Mönche waren mit etwas mehr Hingabe getrocknet worden – hier konnten wir die Insektenfraßspuren in der vertrockneten Haut daher am besten erkennen.

EDLE UND WENIGER EDLE LEICHEN

Die Mumien in Palermo wurden ursprünglich so gekleidet, wie sie zu Lebzeiten sich oder ihre Angehörigen dargestellt sehen wollten. Manchmal war das edle Berufsbekleidung, die wir heute noch aus Karikaturen beispielsweise für Rechtsanwälte oder Priester kennen, so auch bestimmte Hüte. Mir fiel vor allem auf, dass der Kleidungsstoff bei den Anwälten sehr hochwertig war. Seitdem meine Kollegin Ulrike Reichert bei der Untersuchung des Schreins des heiligen Severin nicht wie ich Käfer, sondern Textilfasern anschaute und aus den braunen Fetzchen das ursprüngliche Muster des Seidentuches ermittelte, will ich aber Textilien nicht mehr bewerten.

Auffällig ist allerdings auch für Laien, dass mehr Männer

als Frauen mumifiziert ausgestellt sind. Solange noch nicht alle Särge, in denen noch nicht untersuchte Mumien liegen, geöffnet werden, hat Jörg aus den 2434 uns zugänglichen Mumien berechnet, dass etwa zwei Drittel der Leichen von Männern stammen und ein Drittel von Frauen. Die meisten, nämlich zwei Drittel der Leichen, sind keine Mumien, sondern Skelette. Da sich der Begriff aber so eingebürgert hat, drücke ich ein Auge zu und spreche nicht von den Skeletten von Palermo, sondern von den Mumien. Fairerweise muss ich aber sagen, dass viele andere Mumien, die ich in Museen und Ausstellungen gesehen habe, auch einfach sehr stark vertrocknete Haut-und-Knochen-Gebilde sind.

Von der vormals wohl herzzerreißenden Anmutung der Kindermumien ist nichts mehr zu erkennen.

Ein Geschwisterpaar. Die angebliche Unzersetzlichkeit
der Kinder sollte deren Nähe zu Gott darstellen.

Ich fragte mich aber trotzdem, woher die auffälligen Erhaltungsunterschiede der Leichen kamen. Auf alten Fotos sieht man,
dass früher viel mehr Mumien in den Gängen standen, besonders
auch in gestapelten Särgen, die heute kaum noch zu sehen sind.
Ich glaube nicht, dass die Leichen weggeräumt oder unter Grabplatten gelegt wurden. Zwar wurde ›Mumia‹, also aus Mumien
hergestelltes Pulver, bis in die 1920er-Jahre auch in deutschsprachigen Regionen noch als Heil- und Braunfärbemittel eingesetzt. Ob die sinkenden Einkünfte der Mönche oder die sich
stets katholisch gebende Mafia (S. 236: Bericht von Tina), die in
Palermo fest verwurzelt ist, den Verkauf von Mumien ermöglicht
haben, war für uns nicht zu klären. Vielleicht wurden sie aber
auch einfach weggeräumt, als die Europäische Union viel Geld
zur Verfügung stellte, um die Gänge zu erneuern, die Grabplatten

184

Nicht alle Mumienhände in Palermo sind durch Handschuhe überdeckt.

mit einer begehbaren Glasbedeckung zu versehen und Geländer anzubringen.

Sicher ist, dass der endgültige Verfall der Bekleidung und Mumien nur noch eine Frage der Zeit ist. Obwohl ich in Bezug auf Leichenuntersuchungen ein sachlicher Mensch bin, zerrte das lieblose Verstauben, Durchfeuchten und Zerbröseln, vor allem der Kinderleichen, an meinen Nerven. Zum Erstaunen meiner KollegInnen und der Mönche kaufte ich daher ein Blumengebinde – in Palermo aus Plastik, da sie sonst sofort verdorren – und legte es vor den Kinderleichen nieder.

Ich war froh, dass ich neben meiner Tropenausrüstung auch die Mitgliedskrawatte der Linné-Gesellschaft aus London mitgebracht hatte. Niemand hatte mich vorher freiwillig eine Krawatte tragen sehen, aber wie auch zu Jörg, so sprachen die

Mumien zu mir, und ich wollte das auf diese Art zum Ausdruck bringen.

Für mich sind Leichen immer noch genügend Mensch, um mir ihre Geschichte zu erzählen. Die meisten BesucherInnen des Mumienkellers wollen aber nicht zuhören. Für sie ist der Rundgang ein kurioser Quatsch vor dem nächsten Eisbecher beziehungsweise Eisteller (Speiseeis wird in Palermo auf Tellern serviert). Mehrere TouristInnen im Mumiengewölbe erzählten ihren Kindern beispielsweise, dass die Leichen an den Wänden nicht echt, sondern Puppen seien. Vermutlich haben die Eltern das nicht gesagt, um ihre Kinder zu trösten (welches Kind hat schon Angst vor Mumien oder Dinosauriern?), sondern glaubten es wirklich.

Das puppenhafte Aussehen entsteht, weil manche der ausgestellten Leichen unter ihrer Bekleidung mit Stroh ausgestopft sind. Wenn das Stroh an den Enden der behandschuhten Hände hervorquillt, ist der fremde Eindruck durchaus verständlich. Dennoch – die meisten TouristInnen flitzten in wenigen Minuten durch die Gänge, die wir im Schneckentempo abarbeiteten. Sie schauen mehr weg als hin. Sonst würden die Italienreisenden vielleicht darüber staunen, wie gut besonders einige der Hände noch nach Jahrhunderten erhalten sind (Abb. S. 185).

GUTE UND SCHLECHTE MUMIEN

Neben Zerstörungen, welche die Leichen durch Brände, Feuchtigkeit, souvenirjagende Soldaten nach dem Zweiten Weltkrieg und manchmal auch TouristInnen erlitten, sind aber Spuren erhalten geblieben. Wir kennen das vom Tatort, wo die TäterInnen teils putzen und aufräumen. Aber gerade durch diese Bewegungen legen sie weitere Spuren. Der Klassiker sind Blutspuren im Bad, obwohl die Tat im Garten stattgefunden hat. So ähnlich war es im Mumienkeller in Palermo. Die Leichen waren sehr ungewöhnlich »mumifiziert«, nämlich oft mit lappenartigen Masken vor dem Gesicht und fast immer zum Großteil bis auf die Kno-

Die Mumien wirken teils wie von Masken bedeckt oder mit Stroh ausgestopft.

chen skelettiert. Die Mönche hatten irgendetwas Seltsames mit den Mumien angestellt. Wir mussten uns durch die Schichten der Veränderungen hindurcharbeiten, um zu erfahren, was das war.

Sicher war, dass die besonders gut erhaltenen Mumien eine Sonderbehandlung erhalten hatten. Das waren erstens die kleine Rosalia († 1920), zweitens der ehemalige Vizekonsul der Vereinigten Staaten, Giovanni Paterni († 1911), die vom Präparator Alfredo Salafia präpariert wurden, sowie drittens ein weiterer Mann, der wie Paterni in einem Seitentrakt liegt.

Die Mumie der kleinen Rosalia erfuhr in den letzten Jahren besondere Aufmerksamkeit. Eine italienische Journalistin berichtete im Jahr 2014 beispielsweise, dass die Augen von Rosalia sich öffnen und schließen könnten, oder es zumindest so aussähe, wenn Licht im richtigen Winkel auf die Leiche falle. Ich

Die kleine Rosalia im Mumien-Keller.

habe den Effekt nicht gesehen, kann mir aber gut vorstellen, dass Menschen von der auf den ersten Blick lebensechten Anmutung der Mumie so verblüfft sind, dass sie das zarte Schattenspiel am Lidschlitz von Rosalia als Wunderwerk des Präparators (oder höherer Mächte) ansehen. Die Leiche ist auch wirklich viel besser erhalten als alle anderen – so gut, dass es mir schien, als läge hier eine sehr seltene Besonderheit vor.

Tatsächlich: Im Jahr 2009 hatte Dario Piombino-Mascali eine alte Anleitung des Präparators Salafias mit einem Rezept zur Haltbarmachung Rosalias gefunden. Auf einen Teil Glyzerin kommt dabei ein Teil Formalin, das mit Zinksulfat und -chlorid gesättigt wurde, plus ein Teil Alkohol, der zuvor mit Salizylsäure gesättigt worden war. Die Anleitung lag bei Anna Phillipone, der Großnichte von Salafias zweiter Ehefrau, und trug den Titel

»Nuovo metodo speciale per la conservazione del cadavere umano interno allo stato permanentemente fresco«. Es ging Salafia also wirklich darum, die Leiche »dauerhaft frisch« zu erhalten.

Auf einer Computertomografie aus dem Jahr 2013, die Stephanie Panzer, Heather Gill-Frerking, Wilfried Rosendahl, Albert Zink und Dario Piombino-Mascali durchführten beziehungsweise in Auftrag gaben, sind die inneren Organe der kleinen Rosalia zu erkennen. Neben dem Darm und dem Gehirn sind selbst die kleine Gebärmutter von Rosalia, ihre Milz und Leber, Herz und Lunge, ja sogar ihre Bauchspeicheldrüse erhalten.

Ich dachte nach, denn Salafias Konservierungsrezept kam mir bekannt vor. Soll eine Leiche geschmeidig, also nicht bretthart trocken wie das Fell einer Musiktrommel, erhalten werden, so benötigt man einerseits eine »Creme«, welche die Leichenhaut durchdringt und weich hält. Zugleich muss die Haltbarkeitsflüssigkeit Bakterien und Schimmel töten.

Im Jahr 2003 hatte ich in Moskau mit dem Präparator von Lenins Leiche, Ilya Zbarski, gesprochen. Die recht gut erhaltene Leiche des ehemaligen Sowjetführers Wladimir Iljitsch Lenin liegt bis heute in einem Grabraum auf dem Roten Platz. Durch geschicktes Lavieren der Kommunistischen Partei wurde Lenins Leiche bisher nicht begraben. Das Erste, was ich damals schon in den Gängen der Grabstätte roch, war ein deutlicher Hauch von Formalin, der in der Nähe der Leiche noch deutlicher wird. Das bedeutet, dass Lenins Leiche nicht aus Wachs, sondern echt ist. Wachsleichen benötigen keine Formalin-Flüssigkeit, um haltbar zu bleiben, echte Leichen aber schon.

Das Rezept für Lenins Leichenerhaltung, die den Präparatoren und Anatomen unter Todesandrohung befohlen worden war, entwickelte sich in mehreren Stufen. »Lenins Leichnam«, so erinnerte man sich damals, »begann schon zu verwesen. Die Farbe von Haut und Händen ging ins Graubraun über, der gesamte Leib war von pergamentfarbenen Totenflecken überzogen, und die Lippen hatten sich bereits [durch Vertrocknung] um einen Millimeter geöffnet.«

Anatomieprofessor Worobjov von der Universität Charkow in

der Ukraine erhielt den Auftrag, die Spuren des Todes von Lenins Körper zu löschen und die Leiche in dauerhaft gutem Zustand zu erhalten. Am 28. Februar 1924 berichtete Worobjovs Kollege, der Pathologie-Professor Abrikossov, im vorläufigen Grabmonument in Moskau, was bisher getan worden war. Abrikossov hatte sechs Liter einer Lösung aus – Achtung! – Glyzerin, Formalin, Alkohol und Zinkchlorid in die Leiche gespritzt beziehungsweise laufen lassen. Man sieht: Es handelt sich um dieselbe Mischung wie bei der kleinen Rosalia.

Das Einspritzen von Formalin ist bis heute in den Vereinigten Staaten üblich, nur nennt man es dann schönrednerisch »Einbalsamieren« (›enbalming‹), obwohl es mit wohlriechendem Balsam nichts zu tun hat. Um die Flüssigkeit in die Leiche zu bringen, führt man einen Schlauch mit einer dicken Hohlnadel in eine große Ader der Leiche ein. An einer anderen Stelle der Leiche, beispielsweise den Zehen, macht man Löcher ins Gewebe. Durch diese fließt das vom Formalin verdrängte Blut im Laufe der Zeit heraus.

Die so »einbalsamierten« Leichen werden aber rasch beerdigt und dürfen dann zerfallen. Anatom Worobjov stand hingegen vor der Aufgabe, die durch Vertrocknung zunehmend dunkle Nase und die grünbraunen Flecken, die nach dem Aufsägen von Lenins Schädel zur Gehirnentnahme entstanden waren, nicht nur zu beseitigen, sondern vor allem auch alles keimfrei zu halten.

Mit Wasserperoxid hellten er und Boris Zbarsky, der Vater von Ilya, daher die vertrockneten, dunklen Hautbereiche auf. Dann ersannen die beiden eine neue Flüssigkeit, die sich noch stärker gegen Keime richtete. Sie bestand und besteht aus Glyzerin, das mit Kaliumazetat und Chlorchinin vermischt wird. Wer es selber ausprobieren möchte – hier folgt das endgültige Rezept. Es funktioniert bei bereits sezierten oder schon leicht faulen Leichen aber nur, wenn man weitere Einschnitte in die Leiche macht, die Alkoholkonzentration langsam erhöht und die Leiche tagelang in einer Wanne lagert, sodass sie gut umspült wird:

Man nehme:

240 Liter Glyzerin
110 Kilogramm Kaliumazetat
150 Liter Wasser
1–2 Prozent Chlorchinin zur Desinfektion.

Da Rosalias Körper viel kleiner als der von Lenin ist, gelangten die konservierenden Flüssigkeiten schneller durch die Gewebeschichten ihrer Leiche. Hilfreich war zudem, dass die Leiche auch innen etwas schneller durchtränkt und halb getrocknet werden konnte. Ihre Kinderleiche ist dünner als der Körper eines Erwachsenen. Da es wegen der insgesamt viel schnelleren Bearbeitung der Leiche auch nicht zu den hässlichen, bakteriellen grünbraunen Verfärbungen und auffälligen Vertrocknungen wie bei Lenin kam, benötigte man auch keine Fleckenaufheller. Der Großteil von Rosalias Leiche steckt aber, erneut wie bei Lenin, unter gut gewählter Bekleidung. Man bildet sich also als BesucherIn mehr ein, als man wirklich sieht.

Denn so richtig gut erhalten ist die Leiche der kleinen Rosalia trotz allem nicht. In unserem hellen Tatortlampenlicht sahen wir deutlich die verschiedenen Abstufungen der rotbraunen Trocknungsflecken in ihrem Gesicht. Um dies wegzuschönen, liegt Lenins Leiche in einem innen mit rotbraunem Marmor verkleideten Gebäude. Auch der für die BesucherInnen gute Zustand von Rosalias Leiche rührt von der Farbweichzeichnung durch das schummrige, schräg einfallende, »schöne« Kellerlicht in den Katakomben her.

Beeindruckender als das Leichengewebe von Rosalia – sichtbar ist davon, wie gesagt, nur ihre Gesichtshaut – ist eher das feine Haar und die hübsche Schleife darin. Diese verwesen aber sowieso nicht. Unser betrachtendes Gehirn setzt in der Erwartung, dass die Leiche ein Wunder sei, alles so zusammen, wie wir es gerne hätten: »Jedes Härchen auf ihrer pfirsichfarbenen Haut ist erhalten«, findet sogar ›Spiegel Online‹. »Das Gesicht ist so zart und friedlich, als sei sie eben erst eingeschlafen.«

INDIANA JONES IN ITALIEN

Warum sprach ich nun von einer seltenen Besonderheit bei der Präparation von Rosalia? Die übrigen Leichen im Mumienkeller von Palermo sahen völlig anders aus als die insgesamt nur drei Star-Gäste aus jüngerer Zeit. Diese drei sind nicht trocken wie der Rest der Leichen, sondern ohne Einwirkung von Insekten und Bakterien in Ruhe getrocknet und mit Glyzerin halbwegs geschmeidig gehalten. Das heißt nicht, dass die Leichen beweglich sind, aber sie bröckeln auch nicht wie die meisten der übrigen Kellermumien. Denn selbst die durch das Aufsetzen kleiner

Die Mumien von Jungfrauen befinden sich in einem besonderen Teil der Gänge hinter Gittern und sind an einem Krönchen erkennbar.

Krönchen würdevoll geehrten Jungfrauen sind ehrlich gesagt nur gut gekleidete Skelette. Daher war die Arbeit des guten – und gut bezahlten – Präparators Alfredo Salafia eine Ausnahme. Da wir nun wissen, wie seine »guten Mumien« hergestellt wurden, wendeten wir uns lieber den 2431 anderen Leichen zu.

Von Nacht zu Nacht merkwürdiger kamen mir dabei die oft seltsam zerlaufenen und nun vertrockneten Masken vieler Leichen vor.

Da die Angehörigen dieser Toten sie schon vor Jahrhunderten regelmäßig im Kirchenkeller besuchten – verwaltungstechnisch ist die Mumienanlage ein Friedhof –, war eine mönchische Fälschung der Art, dass man die Gesichter der Toten einfach abtrennte und verlederte, die restlichen Leichen dann skelettierte, mit Stroh ausstopfte und das Ganze dann bekleidet zusammenfügte, schwer vorstellbar. Unmöglich war solch ein Betrug auch dadurch, dass die Toten von ihren Freunden und Verwandten hin und wieder umgekleidet wurden. Spätestens beim Aus- und Anziehen wäre aufgefallen, wenn die Präparatoren vogelscheuchenartige Attrappen mit Ledergesichtern dargeboten hätten.

Da die Aufbewahrung der Leichen im Keller deren Angehörigen auch noch Geld – in Form von »Spenden« – kostete und man spätestens dafür eine Gegenleistung in Form würdig erhaltener Leichen forderte, musste irgendeine andere Vorgehensweise das zerflossene Aussehen der Mumien erklären. Denn Katholiken gehen davon aus, dass eine gut erhaltene Leiche oder Teile davon – etwa eine Blutprobe von Papst Johannes Paul II., die sich nach seinem Tod nicht mehr zersetzt hat – ein Beweis für Gottes Zuwendung ist. Es wäre also nichts schrecklicher für die zahlenden Angehörigen gewesen als zerfallende, tote Verwandte unter einem Kloster. Deren Verfall in geweihter Umgebung würde klar bedeuten, dass sich Gott von ihnen abgewendet hat.

Während wir also Leichenzähne zählend, mit einer hochauflösenden Kamera fotografierend und uns die Reste der Leicheninsekten ansehend durch die gut dreihundert Meter langen Gänge geisterten, kam für mich auf einmal mein »Indiana Jones«-

Das ›colatoio‹, in dem die Leichen zu Mumien werden sollten. Oft gelang das nicht.

Moment. Man kann durch einen Blick auf die Abbildung erahnen, wie ich mich fühlte, als ich urplötzlich das einzige noch erhaltene ›colatoio‹ des Kellers erblickte.

Wie eine Nische zweigte dieser mit grünen Würzelchen, vielleicht auch Algen und Schimmel, innen bewachsene Raum von den Gängen ab. Der Lichtstrahl im Foto oben ist nicht gephotoshopped, sondern beleuchtete tatsächlich genau so die Berge von Schädeln, und zunächst unerklärlichen Stapeln mit Rohren, Blechdosen und Heuhaufen, die im Raum lagen.

Tina gefiel es im ›colatoio‹ erkennbar weniger als mir. Vermutlich tippte sie beim Wandbewuchs eher auf Schimmelschichten als auf wohlmeinende Pflänzchen, die sich durch die Steine zwängten. Einer der seltenen Fälle, in denen ich der Optimist und sie die Pessimistin war. Wie sich bei der Recherche zu diesem

Manchmal liegt die Lösung unerkannt mitten im Bild.
Hier waren es Rohre, von denen wir dachten, dass sie
Flüssigkeiten leiten sollten.

Buch herausstellte, hatte Tina recht. Die Schimmelsporenbelastung der Luft beträgt in den Katakomben nach einer neuen Messung einer Arbeitsgruppe um meine Kollegin Guadalupe Piñar von der Universität Wien bis zu zweitausend Sporen pro Kubikmeter Luft. Das überschreitet alle Grenzwerte, und man müsste die Katakomben eigentlich schon deshalb schließen.

Wie immer bei besonders kniffeligen Fällen – zuletzt im Fall der Zähne Hitlers (vgl. ›Aus der Dunkelkammer des Bösen‹, Lübbe) –, hatte ich mich so wenig wie möglich in den Fall eingelesen. Denn Vorannahmen, das wissen Sie schon, vergiften meine Spurensuche, indem sie meine Aufmerksamkeit auf schon Bekanntes lenken. Ich hatte, bis ich es erblickte, noch nie von einem ›colatoio‹ gehört. Auch in der Kapuzinergruft in Rom war so ein Raum nirgendwo zu sehen gewesen. Allerdings wurden

Die letzte Mumie: eine liegen gebliebene, gasgeblähte und dann vertrocknete, im »colatoio«. An der Wand kann man grüne Würzelchen, Bakterien und Algen erkennen.

die römischen Leichen auch vollständig skelettiert und nicht in trockenes Mumiengewebe umgewandelt.

Hier, im ›colatoio‹, lag nun für mich der Knoten aller Merkwürdigkeiten des Mumienkellers von Palermo. Wer benötigt dicke Rohre, um Flüssigkeiten aus oder in Leichen zu füllen? Und warum würde man einen unterirdischen Raum mit Fenstern versehen, durch die Schmeißfliegen ein- und ausfliegen, ihre Eier ablegen und wegen der daraus schlüpfenden Maden die Leichen, zumindest bei schwüler Hitze, schnell zerstören könnten?

Zwei Leichen im ›colatoio‹ halfen mir weiter. Sie hatten im Laufe der Jahrzehnte oder Jahrhunderte schon Farbe und Form ihrer Umgebung angenommen. Eine lag auf dem Rücken, auf einem in der Art eines groben Lattenrostes angeordneten Rohr. Wie eine von einer Walze überfahrene Zeichentrickfigur formte ihr zuerst erweichter und danach vertrockneter Körper die Rundungen der unter ihr liegenden Rohre nach. Die zweite Leiche war aufgebläht und danach ebenfalls vertrocknet.

Dass Leichen bei der Fäulnis zerlaufen, ist nicht ungewöhnlich. Wohnungsleichen zerfließen beispielsweise, wenn nur wenige Fliegen und keine Haustiere im Raum sind. Die tote Person wird dann nicht von Maden oder Haustieren gefressen, sondern kann mit einem Sofa oder Stuhl gleichsam verschmelzen. Durch ihre Restfeuchte kleben dererlei Leichen oft am Untergrund fest, wenn die BestatterInnen sie abtransportieren möchten.

Leichen können auch zunächst durch bakterielle Gase aufblähen und dann – in diesem geblähten Zustand – vertrocknen. Das ist aber sehr selten, und daher wunderte es mich im ›colatoio‹ sehr, solch einen Fall zu sehen. Eigentlich habe ich die Vertrocknung während der Gasblähung nur einmal vorher gesehen, nämlich auf Fotos aus dem Jahr 2004 von Tsunami-Leichen an einem thailändischen Strand. Dort war im verwüsteten Küstengebiet einerseits genügend warmes Wasser vorhanden, welches das Wachstum der Bakterien in den Leichen förderte. Zugleich brannte die Sonne auf die Oberseite der Leichen, sodass deren Haut dort vertrocknete. Dies führte zu gasgeblähten Mumien, die gleichzeitig mit dick geblähten Bäuchen trockneten.

Wie konnte eine ähnliche Situation in der ›colatoio‹-Kammer entstehen? Jörg, der Archäologe, hatte die Akten studiert. »Die ersten Leichen«, sagte er, »waren ja Zufallsfunde. Vierzig Mönche waren durch natürliche Trocknung in einer Tuffsteingruft wohl zufällig mumifiziert und seit dem Jahr 1599 ausgestellt.« Wegen des großen Erfolges – denn Nichtzersetzung beweist, wie gesagt, ein gutes, christliches Leben – kamen laufend neue Mumien, erst von Mönchen und Priestern und später auch von anderen BürgerInnen, hinzu.

Etwa ab Anfang des siebzehnten Jahrhunderts wurden normale BürgerInnen bestattet. »Wegen des Andranges wurden die *colatoi* errichtet«, berichtete Jörg. »Nachdem eine Leiche in einen solchen Raum gelegt wurde, soll er luftdicht verschlossen worden sein. Nach acht bis zwölf Monaten öffnete man den Raum und holte den nun mumifizierten Toten heraus. Er wurde an der frischen Luft für einige Wochen vollständig getrocknet und mit Essig eingerieben. Die meisten ›colatoi‹ sind heute zugemauert und dienen als *ossaria*, also als Knochen-Lagerkammern.«

Ich hoffe, die Mönche haben es sich nicht wirklich so einfach zu machen versucht. Klar ist jedenfalls, dass sie zumindest zu manchen Zeiten während der vergangenen Jahrhunderten keinen Schimmer hatten, wie und warum die Leichen manchmal haltbar blieben. Denn eine Leiche auf ein Abtropfgitter in einem verschlossenen Raum zu legen, ist keine gute Präparationsmethode. Die Mönche hatten aber wohl, wie erwähnt, beobachtet, dass in Kammern mit porösem Gestein Mumien entstehen. Dass poröses, warmes Gestein, anders als die Steine in den ›colatoios‹ verdunstetes Wasser aufnehmen können, wussten sie vermutlich nicht. Was sie wohl auch nicht wussten, war, dass es zur Trocknung einer Leiche am besten eines warmen Luftstromes bedarf. Er transportiert das Körperwasser ab, und so kann die Leiche eintrocknen, also mumifizieren.

Erste Versuche der Mönche, den Verfall ihrer toten Mitbrüder aufzuhalten, dürften katastrophal ausgefallen sein, falls keine Durchlüftung herrschte. Ohne den Luftstrom entsteht um die Leiche eine große Pfütze aus Fäulnisflüssigkeit, denn Menschen bestehen zum Großteil aus Wasser. Nach dem Todeseintritt zerfallen ihre Körperzellen, und das Körper- und Zellwasser läuft aus. Es vermischt sich mit den gleichzeitig zerfallenden Eiweißen. In dieser braun gefärbten Nährlösung zersetzen die stets vorhandenen und sich nun schnell vermehrenden Bakterien das Leichengewebe. Kein schöner Anblick und kein angenehmer Geruch.

So kam man im Kloster wohl auf die Idee, einen unverputzten Raum mit Fenstern zu verwenden, durch den Luft und Wärme gelangten. Um die Pfützenbildung zu verhindern, baute man an den Wänden verlaufende Tröge, auf denen die Rohre lagen. Sie dienten aber nicht als Rohre, durch die Flüssigkeiten laufen, sondern als quer liegende Unterlage für die abtropfenden Leichen. Vermutlich waren einfach genügend Tonrohre im Kloster verfügbar, und so entschied man sich dafür, diese Materialien zu verwenden. Terrakotta ist preiswert, und Rohre sind stabil – die Idee ist also gar nicht schlecht.

Bis hierhin hätte die Mumifizierung, noch dazu mit Essig als keimtötendem Mittel, durchaus gelingen können. Wir fanden tatsächlich kaum Reste von Schmeißfliegen, die Leichen als Erste besiedeln. Doch leider kümmerten sich die Mönche nicht um die Lebensgewohnheiten der Insekten. Denn auch eine anfangs noch halbwegs erhaltene, insektenarme Leiche wird durch meine stillen Assistenten in den Kreislauf des Lebens zurückgebracht.

INSEKTEN AUF MUMIEN

Tina und ich hatten uns von Beginn an darüber gewundert, dass an den Leichen nur wenige Insektenreste zu sehen waren. Da die Leichen aber umgekleidet und dekoriert wurden, und da es auch mindestens einmal einen Brand gab, nach dem aufgeräumt worden war, konnten diese Spuren der Zersetzung einfach weggeräumt worden sein. Es wäre auch möglich gewesen, dass die Leichen durch Bakterien in ihren Abtropfkammern schon stark zerstört waren. Als unbestechlichste Zeugen für oder gegen all das schauten wir uns daher die Spuren der Insekten an. In dieser Welt kennen Tina und ich uns besser aus als unter Menschen und ihren Nöten, Erinnerungen und Bedürfnissen. Wir vergrößerten also mit Lupen die Welt der Gliedertiere. In genügender Vergrößerung findet man in fast allen Krümeln und Schmutz Bestandteile von Insekten. Sie sind – zusammen mit Spinnentieren – die erfolgreichste Lebewesengruppe der Erde. Daher finden sie sich tot oder lebendig einfach überall. Dort, wo sie Nahrung finden, kommen sie natürlich noch häufiger vor.

Da wir nicht sicher sein konnten, welche Überlieferung zur Vertrocknung oder Verwesung der Leichen stimmte, leiteten wir das aus den vorhandenen Insekten ab. Sie sind nicht deswegen unbestechlich, weil sie das so wollen, sondern sie können nicht anders. Denn die für uns interessanten Insekten führen

Leere Puppenhüllen von Insekten in der Augenhöhle einer Mumie. Die Tiere haben hier als Larven gelebt, sich dann verpuppt und sind schließlich geschlüpft.

noch stärker als Menschen ein programmiertes Leben. Es läuft im Rahmen ihrer genetischen Vorgaben ab. Die Tiere benötigen beispielsweise ganz bestimmte Temperaturen, da sie ihre Körperwärme nicht selbst aufrechterhalten können. Es darf daher nicht zu warm und nicht zu kalt sein. Einig soziale Insekten wie Bienen oder Wespen können die Temperaturen gemeinsam ein wenig ändern, indem sie Luftströme erzeugen oder Hitze durch Schütteln und Zittern bewirken. Unsere einzeln lebenden Leicheninsekten können das nicht.

Auch die Nahrung unserer Leicheninsekten ist sehr speziell. Da es sehr viele Insektenarten gibt, leben die meisten nur zu ganz kurzen Fäulniszeiten auf der Leiche. Durch diese genetische Festlegung auf einen ganz bestimmten Fäulnisgrad der Leichen kommen sich die verschiedenen Insektenarten nicht zu

sehr in die Quere. So gibt es beispielsweise grüne Schmeißfliegen, die lieber an Leichen ihre Eier ablegen, die in der Sonne
liegen. Andere, blau schimmernde Leichenfliegen bevorzugen etwas schattigere Leichen. Manche Insekten wie Käsefliegen mögen
klebrig zerlaufene Leichen, während beispielsweise Teppichkä-
fer stark vertrocknetes Leichengewebe bevorzugen. Das ist kein
persönlicher Geschmack der Tiere, sondern ihr einzig mögliches,
lebenswichtiges Verhaltensprogramm. Kurz gesagt, die Tiere sind
vorhersagbarer und damit zuverlässiger als Menschen.

Dass jede Leicheninsektenart bestimmte Temperaturen und
einen ganz bestimmten Fäulnisgrad bevorzugt, ist also gut für
uns. Die Reste des toten Insekts oder der Puppenhülle verraten
uns, welche Umweltbedingungen geherrscht haben. Sonst hätten
die Tiere sich den betreffenden Platz nicht ausgesucht.

Da die Leichen so stark zersetzt waren, hätte ich zunächst
auf die Einwirkung von Schmeißfliegenlarven getippt. Doch das
konnte nicht sein. Schmeißfliegen legen ihre Eier bevorzugt in
Augen, Nasen, Ohren und Mund ab – und dort fressen die kleinen Larven, die aus den Eiern schlüpfen, dann auch. Da bei vielen der Mumien aber ausgerechnet das Gesicht, sonst aber wenig
erhalten war, musste es sich um andere Tiere mit anderen Fress-
gewohnheiten und Vorlieben handeln.

Zur Vergrößerung der Spuren hatten Tina und ich eine riesige
Metallkiste mit Geräten nach Palermo geschickt. Leider war uns
das größte und wichtigste Gerät aber leihweise aus Italien nach
Palermo gesandt worden. Es war, wie so oft in heißen Landstri-
chen, defekt. Dennoch gelang uns die Bestimmung der Tiere. Ich
möchte hier einige von ihnen vorstellen. Denn die Informationen aus der Artbestimmung und der folgenden Betrachtung der
jeweiligen Lebensgewohnheiten sind stets aussagekräftig.

Wir fanden wie erwähnt keine Überreste von Schmeißfliegen. Das bedeutet, dass die Leichen nicht nur *nach* ihrer mehrmonatigen Vertrocknung mit Essig abgewaschen, sondern schon zu Beginn so gereinigt wurden, dass die frühen Leichenbesiedlerinnen sie nicht mochten. Würde man den Mund und die Augenhöhlen beispielsweise mit essiggetränktem Stroh füllen, könnte das die Schmeißfliegen so lange fernhalten, bis die Vertrocknung das Gewebe für diese Tiere unattraktiv macht.

Stattdessen fanden wir Tiere mit ganz anderen Vorlieben. Der kleine, seltsam kugelige Buckelkäfer *Gibbium psylloides* und der Getreideplattkäfer *Oryzaephilus surinamensis* finden sich beispielsweise öfter in der Nähe von Menschen, gerne auch in deren Wohnungen. Sie haben im Mumienkeller wohl das zum Ausstopfen der Mumienkleidung verwendete Stroh und Getreide bewohnt.

Die Jugendstadien und die auswachsenen *Gibbium*-Käfer fressen neben Getreide auch gerne Textilien, Wolle und tote, vertrocknete Insekten. Sie vertragen trockene Umgebungen, bevorzugen aber feuchte Orte. Heute kennen wir sie vor allem aus alten, nicht sanierten Altbauten mit dunklen, feuchten, abgeschlossenen Ecken und aus alten Lagerhäusern, Komposthaufen oder Vogelnestern. Weil die Käfer sich durch Renovierungen gestört fühlen, wandern sie zum Erstaunen der Mieter manchmal massenhaft durch die Wohnung, weil ihnen die alten Holzfüllungen oder Hohlräume nun nicht mehr zusagen.

Der Getreideplattkäfer frisst ebenfalls gerne Stroh, auch faules, er jagt aber auch die Larven anderer Insekten. Die Überreste solcher räuberischen Tiere fanden wir im Mumienkeller öfters an den Leichen. Dazu zählt der Rotbeinige Schinkenkäfer *Necrobia rufipes*. Ich habe ihn zum ersten Mal im Jahr 1995 als Larve von der etwa drei Monate alten Leiche eines Suizidenten, der sich auf die Eisenbahnschienen gelegt hatte – einer sogenannten »Bahnleiche« – abgesammelt. Die Larve verkroch sich in den zusammengeknüllten Mullverband, den ich zur Abdichtung in

Nicht alle Insekten ernähren sich von Leichen. Dieses
hier heißt *Gibbium psylloides* und ist ein Kugel-,
Buckel- und Nagekäfer. Er bewohnte das Getreidestroh,
mit dem die Mumienbekleidung ausgestopft worden war.

das Zuchtglas gesteckt hatte. Nach fast zwei Monaten hatte sich
der Käfer über ein Puppenstadium zu Ende entwickelt. Er ver-
zauberte mich schon damals wegen seiner wunderschönen roten
Beine, die sich gegen das auffallende Metallicblau seines restlichen Körpers kontrastreich abhoben.

Necrobia ist nicht nur für mich ein alter Bekannter, sondern er
fand sich auch schon früher an Mumien, allerdings aus Ägypten.
Früher hieß er deshalb auch *Necrobia mumiarum*. Der schöne Käfer hat nur begrenzte Lebensmöglichkeiten. Er stirbt, wenn seine
Umgebung nicht zur Ausstattung seines Fress- und Verdauungs-
apparates passt. So benötigt der Schinkenkäfer teils, aber nicht
vollständig getrocknetes Leichengewebe, um sich zu entwickeln.

Als Erster hat ihn, so viel ich weiß, der britische Chirurg und
Antiquar Thomas Pettigrew († 1865) eingesammelt. Sowohl bei

Der Rotbeinige Schinkenkäfer mit seinen auffallend schönen Farben. Er ist ein alter Bekannter an Leichen und fand sich an den Mumien von Palermo wieder.

privaten Versammlungen als auch in der Royal Institution in London ließ er des Öfteren Mumien »aufrollen«, das heißt von den umgebenden Stofflagen befreien. Das brachte ihm den Spitznamen ›Mummy Pettigrew‹, Mumien-Pettigrew, ein. Bei der Gründung der ›Britischen Archäologischen Gesellschaft‹ im Jahr 1843 wurde er ihr erster Schatzmeister. Der Duke of Hamilton hatte so viel Vertrauen in ›Mummy Pettigrew‹, dass seine Leiche im Jahr 1852 auf seinen testamentarischen Wunsch hin von Pettigrew mumifiziert und in einen Sarkophag überführt wurde.

Im Jahr 1836 »entrollte« und untersuchte Pettigrew nun einen Mumienkopf, den ein Mister Wilkinson ihm aus Theben besorgt hatte. Man fälschte damals wie heute schon Mumien, teils zur Herstellung des angeblich heilwirksamen ›Mumia‹-Pulvers, teils als Kuriosität für Sammlungen. Selbst ich habe mehrere mumifizierte Katzen und Nagetiere im Labor. ZuschauerInnen haben sie im Laufe der Jahre auf ihren Speichern aufgesammelt und mir geschenkt. Der erste Gedanke ist aber bei vielen Studierenden, dass die ›Mumien‹ aus dem alten Ägypten stammen müssten. Pettigrew wusste um das Problem, und so gehe ich davon aus, dass er gegen Betrug gewappnet war.

Es handelte sich um den Kopf einer Leiche, deren Gehirn vor der Vertrocknung entfernt worden war. Das war nicht immer so, sondern zeugt von einer teureren Bestattungsvorbereitung. Im Schädel der Leiche fanden sich nun Rotbeinige Schinkenkäfer, die Pettigrew dem nach seinen Worten »besten Insektenkundler seiner Zeit«, Frederick Hope von der Universität Oxford, übergab. Hope, der tatsächlich ein herausragender Kerbtierforscher war, war sich aber unschlüssig, ob es sich bei den Käfern aus dem Mumienkopf um den Rotbeinigen Schinkenkäfer oder eine andere Art handelte. Es könnte ja sein, so Hope, dass die Balsamierungsflüssigkeiten der Ägypter, die nicht wie beim heutigen »Einbalsamieren« aus Formalin bestanden, die schönen Käferfarben verändert haben könnten. Also nannte er die Tiere trotz ihrer sonst völligen Übereinstimmung mit dem Rotbeinigen Schinkenkäfer »Necrobia mumiarum«. Später stellte sich aber heraus, dass es tatsächlich nur die Lagerung gewesen war, welche die Tiere verfärbt hatte.

Auch eine weitere damals im Mumienkopf gefundene Käferart war verfärbt. Insektenkundler Hope beschrieb sie daher noch im selben Jahr als angeblich bisher unbekanntes Tier namens *Dermestes pollinctus*. Doch das Insekt, diesmal kein Schinken-, sondern ein Speckkäfer, war schon über vierzig Jahre zuvor entdeckt worden: Es handelte sich um den Dornlosen Speckkäfer. Dieses unauffällige, dunkel gefärbte Käferchen ist auf der ganzen Erde verbreitet, bevorzugt aber höhere Temperaturen und vor allem Luftfeuchte über sechzig Prozent, gerne auch mehr. Daher gefällt es dem Speckkäfer an noch nicht ganz getrockneten Mumien in warmen Ländern – besonders, wenn deren Schädel mit Stoff ausgestopft sind. Denn Speckkäfer können auch mit Körperflüssigkeiten oder Pflanzensäften durchtränkte Baumwolle fressen.

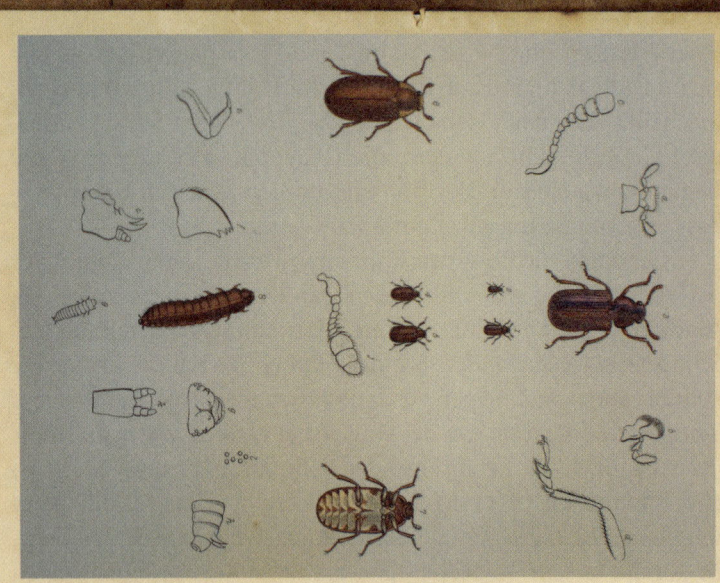

Einige Käfer und deren Teile, die »Mummy« Pettigrew
Anfang des neunzehnten Jahrhunderts bei einer »Mumien-
entrollung« in London fand und vom – seine Worte –
»besten Insektenexperten seiner Zeit« untersuchen ließ.

Hier zeigte sich nun, wie fein die Insekten die Leichenzu-
stände erkennen: Wir fanden nicht ein einziges Bruchstück eines
Speckkäfers an unseren Mumien in Palermo. Das war ein ent-
scheidender Befund, denn Speckkäfer finden wir sonst weltweit
sehr oft an im Freien oder in Wohnungen gelagerten toten Körpern. Dass ausgerechnet die sonst häufigen Speckkäfer an den
Mumien in Palermo fehlen, zeigt, dass die Mönche irgendeine
schräge Methode gefunden hatten, um ihre Mumien zumindest
teils vor Insekten zu schützen. Ob der Insektenschutz wirklich
durch Essigeinreibungen geschah oder manchmal einfach dadurch, dass die Leichen in die glühende Sonne gelegt wurden,
werden wir erst erfahren, wenn der Klosterbibliothekar mit uns
gesprochen hat (siehe S. 216 ff.).

Eines Tages werde ich ihn vielleicht überzeugen, uns die alten Handschriften vorzulegen. Es wäre nicht der erste Fall, der Jahrzehnte bis zur vollständigen Aufklärung bedurfte. Außerdem liebe ich alte Bücher. Ohne die werden wir hier wohl nie erfahren, ob der Bericht von Cpt. Smith stimmt (überliefert von Thomas ›Mummy‹ Pettigrew), der 1824 berichtete, dass die Mumien aus Palermo über niedriger Hitze in einem Ofen getrocknet worden seien. Cpt. Smith berichtete weiter, dass Cpt. Sutherland beobachtet habe, dass diese Trocknungsöfen nicht mit Feuer, sondern mit Kalk betrieben wurden. Das ist durchaus möglich, denn beim sogenannten Kalklöschen von Kalziumoxid mit Wasser entsteht Hitze. Dieses Pulver wurde früher auch zum Reinigen von Pferde- und Schweineställen verwendet, da es aufsaugend und keimtötend wirkt. Allerdings ist es gefährlich, Kalziumoxid in Ställen, Katakomben und anderen Räumen aufzubewahren, in denen Stroh, Kleidung oder Ähnliches gelagert wird. Sobald Wasser an das Pulver gelangt, entstehen Temperaturen bis 180 Grad Celsius, die manchmal zur Entzündung ausreichen. Im ›Archiv für Kriminologie‹ aus dem Jahr 1940 findet sich sogar ein Fall, in dem berichtet wird, dass nach dem Löschen von Kalk zwei Gebäude abbrannten.

Mein Kollege Arthur Aufderheide († 2013), der die Katakomben in Palermo im Jahr 1983 besucht hatte, entwickelte die Idee, dass Kalksteine, vielleicht sogar ganze Bodenteile der ›colatoio‹, vor den Mumifizierungen stark erhitzt wurden, sodass der Kalk darin zu Kalziumoxid und Kohlendioxid zerfallen würde. Würde man die Leichen nun über dem Kalziumoxid verwesen lassen, so würden sie tropfen. Die tropfende Leichenflüssigkeit würde durch das so stattfindende »Löschen« des Kalkes laufend Wärme erzeugen. Durch die erhöhte Temperatur würden die Mumien besser trocknen. Insgesamt ist das System aber dennoch mangelhaft, weil man immer noch Luftströme benötigte, welche die feuchte Luft abtransportierten.

Immerhin würde das Tropfverfahren auf Kalziumoxid aber sehr gut die angeblichen »Öfen«, von denen die Captains gesprochen hatten, erklären: Es waren in Wahrheit die Tröge in den ›colatoio‹, die vielleicht wirklich mit wärmendem Kalziumoxid gefüllt waren. Ich könnte mir diese Art der Leichenhaltbarmachung vorstellen. Die merkwürdige und unvollkommene, aber mit Bordmitteln durchführbare Methode erklärte auch, warum man die Räume vielleicht monatelang verschloss. Vielleicht fürchtete man »Leichengift« (das es nicht gibt). Die Leichen würden bis zur Vertrocknung in einer durch den Kalk keim- und insektenarmen Umgebung liegen. Falls das stimmt, so erklärt sich zuletzt auch, warum die Leichen auf ihrer Rückseite meist mehr Gewebe verloren haben als auf der Vorderseite. Während ihre Vorderseite an der Luft langsam trocknen und hinreichend geschmeidig bleiben konnte, war die Unterseite der Hitze durch das Kalklöschen ausgesetzt und wurde bröckelig. Daher stammen vielleicht auch die wie Masken über Schädel gezogen wirkenden Gesichter vieler Leichen. Die Rückseite der Köpfe wurde zu stark erhitzt und die Haut bröckelte dort ab. Vorstellbar ist aber auch, dass sich auf der Rückseite der in den ›colatoio‹ liegenden Leichen einfach Fäulnisflüssigkeit sammelte und die Bakterien dort, in An- oder Abwesenheit vom Kalk im Trog, die feuchte Seite stärker zerstörten.

AUCH ANDERE INSEKTEN GEBEN AUFSCHLUSS

Noch einmal zurück zu den Insektenresten an den Mumien in Palermo. Auch wenn Sie es kauzig finden könnten: Ich freute mich über die, außer den schon erwähnten Tieren, Reste toter Pelzmotten der Art *Tinea pellionella*. Diese Tiere ähneln den bekannten Lebensmittelmotten aus Müsli und Nudeln, sehen aber ulkig »verstrubbelt« aus.

Dass Pelzmotten in den Katakomben häufiger als Speckkäfer vorkamen, bedeutet, dass die Leichen schon sehr trocken waren, als sie an den Wänden oder in den Jungfrauenverschlägen von den strubbelig aussehenden Tieren besiedelt wurden. Pelzmotten können getreu ihrem Namen auch Spinnweben, Haare und Federn fressen, Pelzkäfer benötigen oft etwas feuchteres Gewebe. Es ist da-

Sieht aus wie verstrubbelt und mit einem langen Mantel
mit edlen Fransen versehen: Die Pelzmotte *Tinea*, deren
Überreste auch an den Mumien von Palermo zu sehen waren.

her möglich, dass die Pelzmotten uns mehr über die vertrocknete
Bekleidung der Mumien und deren nachlassende Pflege erzählen
als über das Leichengewebe als solches. Zumindest ist der einzige
mir bekannte Fall, bei dem Motten an einer Leiche wichtig waren,
der folgende von Louis Bergeret († 1893) berichtete.

Der französische Arzt hatte unter anderem auch die Mumien von Palermo besucht und Erfahrung mit getrockneten Leichen gemacht. In einem Gutachten, das er am 28. März 1850 an
ein Gericht lieferte, ging es um die Leiche eines Kindes, das in
einer Wohnung in einem Verschlag gefunden worden war. Da
aber in nur drei Jahren drei verschiedene MieterInnen oder Familien in der Wohnung gelebt hatten, war man sich nicht sicher,
wer davon die Leiche abgelegt haben könnte. »Die erste Mietpar-
tei«, so Bergeret, »verließ die Wohnung im Dezember 1848. Die

hier fragliche Person hatte ab Ende 1844 dort gelebt. Ich untersuchte also im Haus von Madame Saillard [der Vermieterin] in der Rue du Citoyen 4 die dort gefundene Kinderleiche. Länge der Leiche: 46 Zentimeter. Die Fragen an uns lauteten: 1. Wurde das Kind normal geboren? 2. Lebte es bei der Geburt? 3. Wie lange lebte es? 4. Wie starb es? 5. Wieviel Zeit verging zwischen Geburt und Tod? [Um letztere Frage zu beantworten), muss die Rechtsmedizin sich mit anderen Wissenschaften, hier den Naturwissenschaften, verbinden. Die Eier, aus denen die Larven schlüpften, die im März 1850 an der Leiche gefunden wurden, müssen Mitte 1849 gelegt worden sein. Die Leiche muss also vor diesem Zeitpunkt abgelegt worden sein. Da neben den lebenden Larven auch Puppen zu sehen waren, müssen diese von Eiern stammen, die früher, beispielsweise im Jahr 1848, abgelegt worden waren.

Könnte der Körper auch noch früher [als 1848] abgelegt worden sein? Die Fliegen, die aus den Puppen schlüpften, waren *Musca carnaria Linné*, die an noch nicht ausgetrockneten Leichen ihre Eier ablegen. Wir fanden [aber zudem] auch Puppen kleiner Nachtschmetterlinge [Motten], die nur bereits vertrocknete Körper besiedeln. Wenn der Körper nun 1846 oder 1847 besiedelt worden wäre, dann hätten wir die Tiere nicht mehr als Larven, sondern als Ausgewachsene angetroffen. Das bedeutet, dass zwei Generationen von Insekten an der Leiche gefunden wurden, was bedeutet, dass zwei Jahre seit Todeseintritt vergangen sind: 1848 legten die Fliegen ihre Eier auf die frische Leiche. Sie trocknete dann aus, und die Motten legten ihre Eier dann 1849 ab.«

Heute wissen wir, dass die Berechnung Bergerets nicht stimmten weil Leichen viel schneller austrocknen können. Es handelte sich also um ein gefährliches Fehlgutachten. Heute benutzen wir Motten daher nicht mehr für die enge Leichenliegezeitbestimmung. Sie geben aber über etwas anderes Auskunft, und das hatte auch Bergeret schon richtig erkannt: Motten finden sich nur an trockenen Leichen. Da die »Nachtfalter« (es handelte sich vielleicht eher um Pelzmotten, siehe Abb. S. 209) aber nur Gewebe fressen können, das von Fliegenmaden und Bakterien übriggelassen wurde, mussten die Leichen schneller vertrocknet sein, als diese Leichenerstbesiedler arbeiten. Wir lernen durch Motten also zwar nichts über die genaue Besiedlungszeit, aber über die Umstände der Lagerung. Und das war für mich im Mumienkeller von Palermo wertvoller als alles andere.

Am ungewöhnlichsten fand ich an den Katakombenmumien übrigens vertrocknete Reste von Pseudo-Skorpionen. Diese winzigen Tiere sehe ich, wenn überhaupt, nur in uralten, verstaubten Bibliotheken.

Sogenannte Bücher-Skorpione jagen dort, in den nicht immer gründlich abgestaubten Regalwinkeln, Hausstaubmilben und Staubläuse. Um welche Pseudo-Skorpions-Art es sich an den

In der Bibliothek der Linnean Society of London, der ältesten, Natur erforschenden Gesellschaft der Welt. Die Statue zeigt Carl von Linné (†1778).

Mumien in Palermo handelte, konnte nicht einmal der für mich heute »beste Insektenkundler unserer Zeit« herausfinden. Es gibt über dreitausend Arten dieser Tiere, und die alten Pseudo-Skorpionsbruchstücke an den Mumien waren zu klein. Wir wissen aber trotz der fehlenden exakten Artkenntnis, was die Pseudo-Skorpione an den Mumien gemacht haben. Denn da es Spinnentiere sind, leben sie räuberisch, das heißt von anderen, kleineren Kerbtieren. »Das können beispielsweise Springschwänze sein, die sie mit den Pedipalpenscheren ergreifen«, steht dazu nicht ohne Dramatik in der Wikipedia. »In einem oder beiden Scherenfingern münden bei den Pseudo-Skorpionen Giftdrüsen, mit deren Hilfe sie die Beute lähmen.

Arten mit großen Scheren zerreißen ihre Opfer anschließend, kleinere Arten beißen ein Loch in deren Körperhülle und saugen sie aus.«

So viel zur ewigen Ruhe im Mumienkeller.

Für dieses Buch schaute Tina noch einmal über alle Insektenbefunde. »Unsere typischen Leichenerstbesiedler wie Schmeißfliegen fehlen völlig«, staunte sie. »Wir haben stattdessen Reste von Buckelfliegen gefunden, die sich durch Bodenschichten hindurch zu einer verscharrten Person graben können. Sie könnten aber auch leicht durch die Fenster ins ›colatoio‹ fliegen und dann den Leichnam besiedeln.

Dann waren da noch Buntkäfer wie der Rotbeinige Schinkenkäfer. Er frisst nicht ganz vertrocknete Leichen und jagt vielleicht auch Fliegenmaden. Jedenfalls tritt er erst in späteren Verwesungsstadien auf. Das sagt uns, wie die betreffenden Mumien zum Zeitpunkt der Bestattung aussahen, nämlich noch nicht vollständig vertrocknet.

Es gab auch noch weitere Madenjäger, nämlich kleine Hautflügler. Die Leichen wurden also sicher schon während der Mumifizierung besiedelt. Dann wanderte aber eine Generation von Insekten ab, bis später diejenigen Tiere kamen, die Stroh, Haare, trockenes Gewebe und dergleichen bevorzugen.«

Die Leichen wurden also nicht sofort mit giftigen Waschungen gereinigt. Andernfalls hätte sich nicht eine solche Vielfalt an

Lebewesen auf ihnen tummeln können. Gifteinsatz war in einem armen Landstrich, der früher vor Fliegen gewimmelt haben muss, allerdings auch schwer möglich. Die Menschen hätten sich sonst schnell selbst vergiftet.

Anderswo in Italien wurden zwar durchaus Leichenköpfe mit starken Giften haltbar gemacht, beispielsweise die in einer bis heute in der Ausstellung im Krankenhaus Desenzano (Ospedale di Desenzano) nahe Verona am Gardasee zu sehenden Verbrecherköpfe. Diese wurden Anfang des neunzehnten Jahrhunderts vom Chirurgen und Präparator Giovan Battista Rini mit Quecksilber und Arsen durchtränkt und getrocknet. Das Verfahren

Die Augen mancher Mumien sind verdächtig »gut« erhalten, das heißt hier: mit Stroh und Käferkot gefüllt – vermutlich das Ergebnis von souvenirjagenden Soldaten nach dem Zweiten Weltkrieg, die die Glasaugen mitnahmen.

stoppt die Zersetzung dauerhaft, und so sind die Köpfe bis heute gut erhalten. Allerdings sind in die geöffneten Augenhöhlen Nachbildungen aus Glas gesetzt und die gesamten Zähne erneuert worden, was das »lebendige« Aussehen der Köpfe verstärkt. Den Mönchen in Palermo standen solche Verfahren, zumindest nach heutigem Kenntnisstand, nur selten zur Verfügung.

INSEKTEN FINDEN IMMER EINEN WEG

Viele Gebäude in heißen Gebieten wie Palermo hatten kein Fensterglas in den Wandöffnungen, falls doch, so schlossen diese Fenster früher nicht dicht. Selbst das Kapuzinerkloster über dem Mumienkeller in Palermo ist bis heute luftig, hell und durch nichts vor Insekten geschützt. Da Schmeißfliegen Leichen rasch riechen und durch diese Fensteröffnungen anfliegen, konnten sie ihre Eier in Palermo schon früh auf Leichen ablegen – im Warmen und Hellen oft schon nach wenigen Minuten. Viele der Verstorbenen wurden also bereits mit Fliegeneiern oder kleinen, schon geschlüpften Maden im Kloster angeliefert. Die Maden auf den Leichen wurden wiederum von Hautflüglern und Käfern gejagt. Sofern die Leichen danach in die ›colatoio‹-Seitenräume der Katakomben gelegt wurden, konnten sich die schon auf der Leiche vorhandenen Insekten dort problemlos weiterentwickeln. Selbst die überlieferte Waschung mit Essig würde daran nicht allzu viel ändern, weil Essig an einer Leiche kein starkes Gift darstellt und durch die Fäulnis ebenfalls zersetzt wird.

Zudem legen die erwachsenen Fliegen ihre Eipakete, die Geschmeiße (daher der Name »Schmeißfliegen«), gerne an versteckten Stellen ab. Tina und ich haben dabei schon einiges erlebt. Ein übereifriger Mitarbeiter hatte beispielsweise in der Rechtsmedizin in Bukarest eine Leiche extra für uns gründlich gesäubert. Wir waren entsetzt, denn wir fürchteten, dass dann damit alle Maden in den Abfluss geschwemmt und damit für uns unerreichbar geworden sein könnten. Doch wir hatten Glück. Im Enddarm der Leiche hatten sich genügend unserer kleinen Assistenten, hier von frisch geschlüpften und heranwachsenden Larven, gerettet. Deren Alter konnten wir dann untersuchen und die Liegezeit der sauber gewaschenen Leiche noch ermitteln (Details sind in der Dokumentation ›Rest in Peace/Ruhe sanft‹ aus dem Jahr 2010 zu sehen).

Werkzeuge zur Einspritzung von erhaltenden Flüssigkeiten hatte während der Mumifizierungszeiten in Palermo wohl nur der spätere und kurzfristige Präparator Salafia. Er bot seine Dienste gegen Bezahlung an, und die waren teuer. Ich denke, dass die Leichen sich je nach Temperatur, Jahreszeit und Beleibtheit verschieden zersetzt haben. Nur auf die Gesichter gab man offenbar stets acht, denn sie waren und sind oft das Einzige, was von den ansonsten angekleideten, beschuhten und behandschuhten Leichen zu sehen ist.

Vermutlich verwesten und mumifizierten die Leichen auf dem Rücken liegend. Das Gesicht wurde durch Essig oder Sonnenhitze von Schmeißfliegen frei gehalten. Mundhöhle und Augen unter der nun verledernden Gesichtshaut wurden darum erst später, vielleicht sogar erst nach Aufstellung an den Wänden, besiedelt. Es könnte auch sein, dass die Augen mit vergiftetem Stroh gefüllt und durch Glasaugen ersetzt wurden. Dafür spricht, dass nach dem Zweiten Weltkrieg amerikanische Soldaten Glasaugen der Mumien als Souvenirs mitgenommen haben und heute die oft nur wenig zersetzten Füllungen zu sehen sind. Das ist mir besonders bei gut erreichbaren Mumien aufgefallen, an die Soldaten besonders leicht gelangen konnten.

Die Lebensgewohnheiten der nun toten Insekten, die seit Jahrhunderten unberührt an den Mumien haften, lassen uns also grob nachvollziehen, wie die Mumifizierung vor und im Klosterkeller von Palermo ablief. Ich bin gespannt, ob unsere daraus abgeleiteten Vorstellungen mit dem übereinstimmen, was wir eines Tages in den Klosterbüchern finden werden.

INTERVIEW MIT EINEM MUMIENFORSCHER

Natürlich geht es bei der Untersuchung von Mumien nicht nur um Insekten und Zähne. Daher möchte ich hier »unseren« Archäologen Jörg Scheidt zu Wort kommen lassen. Es war sehr eindrucksvoll, ihn bei seiner stillen Arbeit in den Kellergängen zu beobachten. Eindrucksvoll ist auch sein Lebensweg. Er holte nämlich, nach einer Ausbildung in einem Spielwarengeschäft, sein Abitur auf dem zweiten Bildungsweg nach. Dann studierte Jörg vor- und frühgeschichtliche Archäologie, christliche Archäologie und mittelalterliche Geschichte in Bonn. Vor allem Bestattungssitten hatten es ihm angetan, und so untersuchte er in seiner Abschlussarbeit jungsteinzeitliche Schädel aus dem Nahen Osten. Derzeit (2016) schreibt Jörg an seiner Promotion über ein Massengrab in Nepal.

Hi, Jörg. Welche Erinnerung aus dem Mumienkeller in Palermo ist dir am meisten in Erinnerung geblieben?

Am meisten erinnere ich mich an unseren ersten Tag in den Katakomben. Der Anblick hat mich überwältigt, auch wenn ich schon wusste, was dort auf mich wartet. Die Masse an Mumien, die ganze Atmosphäre, aber auch das Kloster selbst haben mich sehr beeindruckt.
In den Katakomben sind Menschen aus den vergangenen Jahrhunderten greifbar vor einem. Es war faszinierend, in ihre Gesichter zu sehen.
Die Arbeit mit Knochen war ich gewohnt, aber eine Mumie ist etwas ganz anderes. Man bekommt sehr schnell einen persönlichen Zugang zu ihnen. Dazu kommt die fast schon monumentale Masse der dort hängenden, stehenden und liegenden Leichen.

Es ist schwer zu erklären, wie ich mich genau fühlte, aber ich denke, eine Mischung aus Euphorie und auch Respekt vor der kommenden Arbeit beschreibt es am besten.

Wie hast du dieses Abenteuer eigentlich eingefädelt?

Das ist eine lange Geschichte, aber ich versuche mich mal kurz zu fassen. Während meiner Magisterarbeit habe ich mich mit mumifizierten Köpfen beschäftigt und deswegen logischerweise auch eine Menge über Mumien allgemein gelesen. Dabei stieß ich auf die Mumienklöster in Italien. Diese faszinierten mich, und ich bestellte mir alles, was ich an Literatur dazu finden konnte.

Leider fehlte eine allgemeine Übersicht über die Mumien, sowohl in Palermo als auch in praktisch allen anderen Klöstern. Ich fand viel über die »prominenten« Vertreter wie Rosalia Lombardo [die Kindermumie, siehe Seite 188], aber eine allgemeine Darstellung war nicht aufzutreiben. Ich fragte in Palermo nach, ob ich die Mumien dort dokumentieren dürfte, und bekam schließlich auch eine positive Antwort, woraufhin ich dich anschrieb.

Bis dann alles klappte, arbeitete ich mich weiter in das Thema ein. Ich war unter anderem auch im Mumienkeller des Kapuzinerklosters in Rom und gewann langsam den Eindruck, dass das wirklich etwas Tolles geben könnte.

Der Mumienkeller in Palermo verfällt ja, anders als die neu gestaltete Ausstellung der Kapuziner in Rom, vor unseren Augen. Bist du dafür, den Keller in Palermo daher zu schließen und nur noch als Friedhof für direkte Angehörige zu nutzen?

Definitiv nein. Ich finde es gut, dass es solche Anlagen gibt, die die Menschen mit dem Tod in Kontakt bringen.
Heute ist der Tod praktisch aus unserem Leben verschwunden, er ist tabuisiert. Leichen werden schnell entsorgt, und man verbannt damit den Tod und auch

Viele Mumien in Palermo sind hinter Gittern angebracht, um sie vor diebischen TouristInnen zu schützen. Unser Archäologe Jörg würde die Gitter gerne entfernen lassen und den Keller als hochwertiges Museum ausstatten.

seine eigene Sterblichkeit aus seinem Leben. Orte
wie Palermo, oder auch der Bleikeller [vertrocknete
Leichen im Keller des Domes St. Petri in der Innenstadt von Bremen], bieten den Menschen eine großar-
tige Chance, sich mit dem Thema auseinanderzusetzen.
Man muss auch bedenken, dass die dort bestatteten
Menschen bewusst dort bestattet werden wollten, um
gesehen zu werden. Somit hat man auch keine Pietäts-
verletzung.
Natürlich müssen die Mumien und auch das Gebäude vor
den Besucherströmen geschützt werden. Der Glasboden
sollte weiter ausgebaut werden, damit die Grabsteine
[der Bodenpflasterung] vor weiterer Zerstörung geschützt sind. Das Geländer bietet dann auch einen
guten Schutz für die Mumien, und man könnte dann die
hässlichen Gitter entfernen. Wenn man dann das Ganze
noch mit einigen Tafeln versieht, die Biografien der
Verstorbenen enthalten, dann hätte man ein tolles
Museum.

**Wie erklärst du dir, dass ein anderer Mumienforscher
ziemlich viel Energie hineingesetzt hat, dich zu
behindern? Das ist ja wirklich wie im Film ›Indiana
Jones‹ gewesen.**

Das ist eine schwierige Frage. Ich vermute, dass er
sich übergangen fühlte und befürchtete, dass wir ihm
die Katakomben »wegnehmen«. Dass wir das nicht wollten, hat er uns wohl nicht geglaubt. Das wäre auch
alles okay gewesen, aber einen mit definitiv falschen
Aussagen versehenen Artikel von einer renommierten
Zeitung schreiben zu lassen, war nicht gerade die
feine englische Art.

Für uns BiologInnen: Erklär' uns doch mal, was aus der Sicht deiner Wissenschaft besonders interessant an den Befunden im Keller war. Wir haben uns ja Insekten und Zähne angeschaut – was hast du genau gemacht, und was hast du dabei herausgefunden?

Die Katakomben von Palermo bieten eine praktisch einmalige Chance aus einem zeitlich sehr begrenzten Raum die Menschen einer Stadt zu untersuchen. Archäologen untersuchen die materiellen Hinterlassenschaften der Menschen. Man muss sich nur einmal anschauen, was wir alles dahaben, was ein Archäologe untersuchen kann: Mode, Särge, künstlerische Ausgestaltung, bautechnische Details und so weiter.
Man kann auch medizinische Fragen beantworten, wie beispielsweise die Ernährungsgewohnheiten, Gesundheitszustände, Lebenserwartungen und so weiter. Wir können in Palermo in vielen Fällen sehr leicht Daten über einen dort Bestatteten sammeln: Name, Beruf, Todesdatum, Sterbealter, teilweise auch die Todesart, sind dort auf Zetteln vermerkt. Dazu kann man teilweise Familienbeziehungen sehen, man kann sehen, was er für Kleidung getragen hat, man kann seine Ernährungsgewohnheiten, seinen Gesundheitszustand und vieles andere erfahren und das alles miteinander verknüpfen. Wo kann man das sonst? Die Masse an Daten ist schier überwältigend.
Zum Beispiel haben wir uns eine Mumie aus dem Gang der Mönche namens Francesco da Ustica näher angesehen. Er war ein Professor in Palermo, war also weltlich tätig, was durchaus ungewöhnlich war und auch ausdrücklich auf seinem Zettel vermerkt wurde. Gleichzeitig war er aber auch ein Mönch, was mit einem »Fr.« [lateinisch ›frater‹ = Ordensbruder] eindeutig vermerkt ist.
Er starb am 6. Dezember 1865 in Palermo, wurde im

Auch die verschiedene Kleidung der Mumien spiegelt ihre jeweiligen Berufe wider.

Kloster konserviert und ausgestellt. Seine Konservierung verlief augenscheinlich ganz gut, da noch viel von seinem Gesicht und auch von seinen Händen erhalten war. Seine Zähne waren in einem guten Zustand, sie hatten keinen großen erkennbaren Abrieb und keinerlei Parodontose. Das spricht dafür, dass er ein gutes Leben führte und sich gesund ernährte. Wenn man sich dagegen andere Mumien anschaute, dann fallen da gewaltige Unterschiede auf.

Du bist wirklich die ganze Zeit in den Gewölben herumgeflitzt, und ich habe dir deine Begeisterung dabei angemerkt. Wie du schon erwähnt hast, hatte vorher noch nie jemand eine komplette Bestandsaufnahme veröffentlicht.

Genau. Ich hatte mich bei unserer Tour zunächst einmal um einen Überblick bemüht. Mich interessierten der Zustand und die Anzahl der Mumien und der Bau allgemein. Die sichtbaren Mumien habe ich katalogisiert und nach verschiedenen Kriterien in Gruppen zusammengefasst. Außerdem habe ich die Katakomben ausgemessen und einen exakten Plan erstellt. Die Grabplatten habe ich auch dokumentiert und nach künstlerischen Gesichtspunkten unterteilt. Gleichzeitig wollte ich das Mikroklima innerhalb der Anlage auf Veränderungen während der touristischen Besuchszeiten und der Ruhezeiten untersuchen. Zwar konnte ich viele Werte nur in der Nähe des Karrees nehmen, aber einige Daten haben wir schon bekommen. Mit den ganzen Daten im Gepäck konnte ich nachweisen, dass die Gänge in der Anlage zumindest teilweise von Stiftern finanziert wurden, die man dann auch an prominenter Stelle bestattete. Ich konnte ganze Familiendynastien verfolgen, die dort in den Grabkammern unter dem Fußboden liegen.
Erstaunlich fand ich auch die Auswertung der Sterbedaten. Die zeigten, dass die meisten der dort bestatteten Menschen im Oktober starben. Dort hatten wir eine signifikante Erhöhung der Sterberate.
Ansonsten habe ich mich auf den Erhaltungsgrad der Mumien konzentriert, wo es leider erschreckende Ergebnisse gab, da die meisten Mumien in einem sehr schlechten Zustand waren, der aber wohl in vielen Fällen der Mumifizierungstechnik geschuldet ist.
Das sind aber alles erst die Grundlagen. Es gäbe da

noch so viel zu tun, vor allem, wenn man das Kloster in seiner Gesamtheit betrachtet. Die Bibliothek bietet beispielsweise noch viele Schätze mit großem historischen Wert. So gibt es dort die kompletten Kirchenbücher der letzten Jahrhunderte. Ein unglaublicher Wissensschatz! Auch einige kunsthistorische Schätze lagern dort, beispielsweise sehr alte Anatomie- und Biologiebücher mit fantastischen Kunstdrucken.

Jetzt sind wir aber nicht mehr bei ›Indiana Jones‹, sondern beim ›Namen der Rose‹.

Tja! Besonders spannend fand ich ein Buch, das der Bibliothekar immer bei sich trug und wie einen Schatz hütete: ein nur etwas mehr als einen Zentimeter großes Büchlein, das einen kompletten Roman beinhaltete. Der Bibliothekar behauptete, dass es das kleinste Buch der Welt sei.
In anderen Bereichen der Anlage gibt es unter anderem uralte Möbel, die mit Tierköpfen und kleinen Putten verziert sind. Auch in der Klosterkirche gibt es Kunstschätze – ich habe mich näher mit den dort ausgestellten Reliquienschädeln befasst, die noch mal ein weiteres Forschungsthema wären. Du siehst, es gibt da sehr viel zu erforschen.

Allerdings. Leider war der Bibliothekar sehr zugeknöpft und wollte uns noch nicht so richtig an die alten Bücher lassen. Mal sehen, wer auf Dauer hartnäckiger ist. Apropos, wie bist Du eigentlich vom einen Traumberuf – Spielzeughändler – zum zweiten Traumberuf – Mumienkellerforscher – gekommen? Wolltest du eins davon, oder sogar beides, schon als Kind werden?

Nein, als Kind wollte ich eigentlich Tierarzt oder Bankkaufmann werden. Ich habe keine Ahnung, warum. Zum Glück hat mich das Schicksal einen anderen Beruf ergreifen lassen.

Archäologie hat mich aber schon immer interessiert, zuerst die Ägypter, dann kamen die Ritter, und da bin ich irgendwie immer hängen geblieben. Zu den Moderköpfen kam ich dann nur durch einen Zufall. In der Anfangsphase meines Studiums beschäftigte ich mich mit den Megalithgräbern und fand die einfach nur faszinierend. Danach stieß ich auf die übermodellierten Schädel aus Jericho [eine zwölftausend Jahre alte Stadt], von denen ich dankenswerterweise einen live sehen durfte, und ab da war mein Themenschwerpunkt klar: Gräber.

Mein erstes Projekt, das ich noch während meiner Studienzeit begann, war die Untersuchung des Beinhauses von Oppenheim. Dort machte ich Bekanntschaft mit Leichensammlungen. Danach dokumentierte ich einen Schädel und einen Mumienkopf für das ›Museum Anatomicum‹ in Marburg. Ab diesem Punkt war auch die weitere Richtung klar. Ich denke, dass der Umgang mit Leichen viel über eine Gesellschaft aussagt. Aktuell entsorgen wir unsere Leichen. Darin spiegelt sich auch unsere Wegwerfgesellschaft irgendwie wider.

Was ist an diesem Mumienkeller anders als an anderen »Bleikammern« und ähnlichen Orten, wo Mumien liegen?

Wenn wir mal von dem Offensichtlichen weggehen, also der schieren Masse an Leichen in Palermo, dann ist ein fundamentaler Unterschied, dass in Bremen klassische Gruftmumien liegen. Sie sind mit einer Ausnahme durch natürliche Prozesse rein zufällig entstanden. In Palermo hatte man hingegen die klare Absicht, Mumien zu erschaffen. Man konservierte sie bewusst, teilweise mit großem Aufwand, wie bei der Mumie von Rosalia Lombardo oder auch bei der des Antonio Prestigiacomo.

Außerhalb Italiens fallen mir keine Orte ein, die auch nur annähernd mit den dortigen Mumienkellern zu vergleichen wären. Wobei man da noch sagen muss, dass Palermo ja noch nicht einmal die spektakulärste Anlage ist. Sie ist nur die größte und hat halt einige »Stars«, aber beispielsweise das Kapuzinerkloster in Rom oder auch die Mumien der sizilianischen Städte Gangi und Burgio sind wirklich fantastisch. Es gibt in diesem Bereich noch sehr viel zu entdecken, viel zu viel für ein Leben.

Noch etwas Letztes: Hast du wirklich kein bisschen Angst vor Leichen? Oder vor dem Tod?

Ich hätte den falschen Beruf, wenn ich Angst vor Leichen hätte. Das kann ich also klar verneinen. Ich kann aber verstehen, dass es Menschen gibt, die sich vor Leichen fürchten.

Der Tod ist bei uns ein Tabu, und das Unbekannte gruselt die Menschen halt. Die Medien tun da ihr Übriges zu. Das habe ich letztes Jahr auch feststellen müssen. Mein Patenkind Morrigan hilft mir ab und an, wenn ich irgendeinen Fund untersuche, auch bei

Knochen. Schon als sie sieben Jahre alt war, half sie mir, Schädel und Langknochen aus Beinhäusern zu vermessen. Letztes Jahr wurde in ihrer Klasse über Ängste gesprochen. Alle Kinder mussten eine Sache nennen, vor der sie Angst haben. Ein Kind sagte »vor Skeletten«, und Morrigan musste laut loslachen. Natürlich hat sie danach Ärger von ihrem Lehrer bekommen. Ich musste ihr erst einmal erklären, dass solche Ängste normal sind, weil andere es halt nicht so kennen wie sie.

Vor dem Tod selber habe ich zwar keine direkte Angst, aber ich hoffe, dass der Schnitter noch einige Jahrzehnte wartet, bis er sich zu mir gesellt. Der Tod gehört zum Leben, das muss man akzeptieren.

WAS MUMIEN NOCH KÖNNEN

Wie Jörg schon richtig sagte: Ich habe im Mumienkeller gelernt, dass uns hier echte Menschen mit ihren echten Lebensgeschichten anschauen. Und zwar Tausende.

Ägyptische Mumien fanden die Menschen schon lange faszinierend. Ganze Museumsabteilungen und Wanderausstellungen beschäftigen sich mit diesen Leichen und deren Grabbeigaben. Nicht-ägyptische Mumien erhalten, besonders in der Öffentlichkeit, weniger Aufmerksamkeit. Das ist aber nicht schlecht. Denn je seltener eine Mumie »entrollt«, also angefasst, untersucht, verpackt, transportiert oder zerschnitten wurde, umso mehr Spuren sind an und in ihr noch enthalten.

Im neunzehnten Jahrhundert gab es, wie schon angedeutet, häufiger Versammlungen, bei denen die Mumien teils aus Neugier, oft aber auch mit wissenschaflichen Verfahren untersucht wurden. Schon 1834 ließ mein chirurgischer Kollege Thomas Pettigrew dabei nicht nur Käfer, sondern auch durch Destillation die harzigen Balsamierungsrückstände untersuchen. Die Verfahren waren aber noch nicht so fein wie heute. Viele Untersuchungen scheiterten nicht an Literaturkenntnis oder mangelnder Zusammenarbeit, sondern bloß an der geringen Menge dessen, was in Kolben und Röhren zerlegt werden konnte. Ein Beispiel dafür war zunächst das »wie Bernstein« aussehende Destillat aus den »bitumigen oder harzigen Rückständen« an den ägyptischen Leichen.

Machen wir einen großen Sprung in unsere heutige Zeit, so zeigen beispielsweise genetische Untersuchungen an Mumiengewebe, woran damals lebende Menschen erkrankt waren. Eine Arbeitsgruppe unter dänischer Leitung prüfte dazu im Jahr 2015 unter anderem europäische und asiatische Leichen, die vor bis zu fünftausend Jahren vertrocknet waren. Sie stammen aus dem heutigen Russland, Armenien, Polen und Estland. Zur Überraschung des Teams lag in den Leichen Erbsubstanz des Pesterregers *Yesinia pestis* vor. Das war deshalb verblüffend, weil bis dahin nur wenige Pest-Pandemien bekannt waren: die »justinianische« nach Kaiser Justinian († 565), die zunächst von 541 bis 544 und dann noch weitere zweihundert Jahre, bis etwa zum Jahr 750 dauerte, sowie der »Schwarze Tod« in Europa in den Jahren 1347 bis 1351.

Am berüchtigsten ist wohl eine Folgewelle der Zeit des »Schwarzen Todes«, die ihren Höhepunkt zwischen 1665 bis 1666 hatte und bis ins achtzehnte Jahrhundert andauerte. In Europa weniger bekannt ist eine dritte große Pest-Pandemie, die in den 1850er-Jahren in China begann: Sie führte ab 1894 zu einer Epidemie und wütete, weltweit verbreitet, bis in die 1950er-Jahre weiter.

Es gab vielleicht sogar schon früher Ausbrüche. Im Römischen Reich kommt dafür die »Antoninische Pest« (benannt nach Imperator Caesar Marcus Aurelius *Antoninus* Augustus Germanicus Sarmaticus) zwischen 165 bis 180 n. Chr. und im alten Athen eine weitere Pest-Pandemie zwischen 430 und 427 vor unserer Zeitrechnung infrage. Beide sind aber nicht sicher belegbar. Nach den überlieferten Krankheitsbeschreibungen könnten die Massentode auch durch die Pocken oder Masern bewirkt worden sein.

Eine Beschreibung des Sterbens des seit dem Jahr 305 abgedankten Kaisers Diokletian auf seinem Alterssitz in Salona im Jahr 313 hilft ein wenig weiter: »Er wurde von heftigen Schmerzen in allen Teilen seines Körpers ergriffen«, notierte Bischof Cedrenus von Caesarea damals. »Große Hitze verzehrte sein Inneres, und sein Fleisch schmolz wie Wachs. Im Verlauf der Krankheit wurde er langsam vollkommen blind. Die Zunge und das Innere des Halses gingen in Fäulnis über, sodass der noch lebende Körper schon den Geruch einer Leiche ausstieß.« Mumien von den Toten aus Rom und Athen – und damit untersuchbares Gewebe – gibt es aber leider nicht.

Die dänische Mumienstudie schaffte dennoch Klarheit. Denn die Pest-Erbsubstanz der in den Leichen gefundenen Erreger unterschied sich jeweils leicht. Das Pestbakterium gab es demnach schon vor fünftausend Jahren. Aber erst vor dreitausend Jahren veränderte sich sein Erbgut so, dass die Pestkeime die uns heute bekannten tödlichen Seuchen auslösen konnten. Wären die für die dänische Studie untersuchten Mumien nicht aufbewahrt worden, hätte die geschichtlich interessante und eines Tages vielleicht auch für uns lebenswichtige Untersuchung der sich verändernden Pesterreger nicht stattfinden können. Es lohnt sich also, auf Mumien aufzupassen. Denn die nächste bakterielle oder virale Plage kommt sicher. Es ist besser, wenn wir die Entstehung und Verbreitung von Erregern, die wir teils noch gar nicht beachten, dann nachvollziehen können. Nur so lässt sich deren Ausbreitungsgeschwindigkeit und Ansteckungskraft verstehen. Und auch Medikamente können viel schneller entwickelt werden, wenn die Erbsubstanz der für Menschen und Tiere tödlichen Erreger in allen Spielarten verstanden ist.

Je mehr ForscherInnen sich bei Mumienuntersuchungen zusammentun, umso umfassender sind die Ergebnisse. Die bereits erwähnte Kollegin Stephanie Panzer hat beispielsweise mit einem deutschen archäologisch-rechtsmedizinisch-pathologisch-labormedizinischen Team im Jahr 2014 eine etwa fünfhundert Jahre alte Inka-Mumie durchleuchtet und so untersucht. Kurz vor dem Tod der heute vertrockneten Frau hatte man der als junge Frau getöteten Inka-Indianerin mit einem stumpfen Gegenstand mehrfach fest ins Gesicht geschlagen – so fest, dass sie fürchterlich verletzt wurde.

Dass die junge Frau die Schädelverletzungen nicht lange überlebt hat, zeigte sich, weil keine Wundheilung mehr erkennbar war. Der verletzte Körper der Frau hatte keine Zeit gehabt, seine Heilung zu beginnen – sie verstarb dafür zu schnell.

In der Darmwand derselben Mumie fanden sich zudem Trypanosoma-Geißeltierchen. Das ForscherInnenteam konnte diese winzigen, mit dem Auge nicht erkennbaren Lebewesen anhand der in der Mumie noch erhaltenen Erbubstanz der Erreger erkennen. Ergebnis: Die junge Frau, nun eine Mumie, litt im Leben an einer festgesetzten Erkrankung durch Geißeltierchen, der so genannten Chagas-Krankheit.

Diese Geißeltierchen gibt es auch heute noch. Sie erzeugen immer noch schwere Entzündungen. Übertragen werden die Trypanosomen von Blut saugenden Raubwanzen, vor allem in Mittel- und Südamerika. Wenn sich die Geißeltiere im Menschen einnisten, leidet er unter Herzrasen, Erschöpfung, Luftnot und nach einiger Zeit auch der Zerstörung von Nerven, unter anderem im Darm. Speiseröhre und Dickdarm können sich dann unnatürlich vergrößern und verdicken. Das wiederum führt zu Darmverschlüssen, Bauchfellentzündungen und Darmdurchbrüchen. Vor Entdeckung der Antibiotika waren die so entstehenden bakteriellen Entzündungen in der Bauchhöhle meist unheilbar und führten zum Tod.

Durch Ein- und Auswanderung von und nach Südamerika, Ausflüge in ferne Regionen und Verschleppung der Raubwanzen auf Schiffen und in Flugzeugen kann sich die Chagas-Krankheit heute auch in anderen warmen Regionen verbreiten. Derzeit leben, außerhalb von Südamerika, vorwiegend in Spanien und Teilen der Vereinigten Staaten erkrankte Menschen. Spenden diese Blut, so kann die Krankheit bei schlampiger Kontrolle der Blutbeutel über gespendetes Blut übertragen werden. Das war Ende der 1980er-Jahre, zu Beginn der großflächigen HIV-Ausbreitung, ein Problem, als private Firmen das nicht genügend geprüfte Blutplasma weiterverkauften. In Uruguay hat man, um die Entstehung der Krankheit von Grund auf zu verhindern, daher ein staatliches Programm zur Tötung aller im Land lebenden Raubwanzen durchgeführt. Das ist hart, weil die Tiere erstens sehr hübsch aussehen, vor allem aber, weil kein Insektengift *nur* gegen Raubwanzen wirkt. Es kam also in Uruguay mit Sicherheit zu massenhaften Insektenvernichtungen, auch von Sechsbeinergruppen, die beliebter sind als Raubwanzen.

Der Chagas-Erreger kann nach neuen Experimenten ohnehin nicht nur von Raub-, sondern auch von Bettwanzen, die TouristInnen derzeit weltweit verbreiten, übertragen werden. Wie bei der Pest könnte es sein, dass eine Veränderung der Chagas-Geißeltier-DNA die Erreger zu ungefährlichen oder aber viel gefährlicheren Keimen für Menschen macht. Mumienuntersuchungen helfen daher, nicht nur Bestattungen, Religion und Gewohnheiten früherer Menschen zu verstehen, sondern auch heute lebende Menschen und Tiere vor ungenügend verstandenen Krankheiten zu schützen.

Die ältesten Chagas-Erreger wurden übrigens nicht aus Mumien, sondern aus Kotkrümelchen in Bernstein gewonnen. Sie sind zwischen fünfzehn und zwanzig Millionen Jahre alt. Der fossile Kot stammt von einer Raubwanzengruppe, die im Englischen den hübschen Namen ›kissing bug‹, küssendes Käferchen, hat. Weil die in diesem Kot entdeckten Trypanosomen so alt sind, hat ihr Entdecker George Poinar sie daher *Trypanosoma antiquus* getauft.

Ein aktuelles Beispiel für eine zu wenig beachtete Ansteckungsquelle ist der Zika-Virus. Außerhalb von Asien und Afrika tauchte der Erreger erst im Jahr 2007 auf, allerdings nur auf den winzigen Yap-Inseln Mikronesiens, weit jenseits der Philippinen. 2009 hatten sich bereits drei Viertel der dortigen Bevölkerung angesteckt. Durch Reisende wurden die Erreger seither verschleppt. Im Jahr 2016 kam dann der Schock, als viele Medien berichteten, dass der für Erwachsene eigentlich harmlose Erreger bei Neugeborenen zu Schädelfehlbildungen führen könnte. Es wird nun sehr spannend, in Mumien nach diesen Viren zu suchen. Vielleicht findet sich darin noch Erbsubstanz des Zika-Virus. DNA ist zwar gegen viele Chemikalien, nicht aber gegen Vertrocknung empfindlich. Mit neuen Laborverfahren könnte es daher gelingen, die Verbreitung und die Ansteckungskraft auch dieses Erregers mithilfe der Mumien nachzuvollziehen.

Weil es so viele Ansatzpunkte für Mumienuntersuchungen – angefangen bei örtlichen Lebensgewohnheiten bis hin zur weltweiten Verbreitung von Krankheiten und allem dazwischen – gibt, habe ich mich gewundert, warum sich einige Forscher gegen weitere Untersuchungen stellten. Keine ForscherInnengruppe kann die Vielfalt der Spuren alleine bearbeiten. Das wiederkehrende Element des unerklärlich fiesen Widersachers aus der ›Indiana Jones‹-Filmserie ist jedenfalls nicht so frei erfunden, wie ich als Jugendlicher dachte. Dumm nur, dass es dabei nicht um Filmfiguren, sondern um das Wissen und die Gesundheit lebender Menschen geht. Ich hoffe daher, dass selbsterklärte Forscherfeinde vielleicht doch nur künftige Freunde sind. Denn wenn sich Menschen im Angesicht von Tausenden vertrockneter Verstorbener streiten, ist das doch eher komisch.

DIE KÄSE-PRINZESSIN

Zum Abschluss noch ein Beispiel dafür, wie Neugier, Mumien und geistig offene ForscherInnen anregende Partnerschaften eingehen können. Dabei hat ein Team aus KollegInnen der chinesischen Universität der Akademie der Wissenschaften, des Archäologischen Institutes in Ürümqi im uigurischen autonomen Gebiet Xinjiang und des Dresdner Max-Planck-Institutes für Molekulare Zellbiologie und Genetik eine der für mich schönsten Mumienstudien durchgeführt.

Die Untersuchung begann im Jahr 2004, als KollegInnen an Hals und Brust der vertrockneten Leiche der »Schönen« oder »Prinzessin« von Xiaohe gelbliche Klümpchen fanden. Sie war vor etwa viertausend Jahren im Gräberfeld in der Wüste Lop Nor in Westchina, auch »Ördeks Nekropole« genannt, bestattet worden (Abb. S. 233). Ihr Grab war wie ein umgedrehtes Boot gestaltet, das mit auf dem Holz liegenden Kuhhäuten gegen Luft, Wasser und Sand abgedichtet war. Da das Klima in Lop Nor trocken und salzig ist, haben sich dort Wollbekleidung, Bündel aus Meerträubelzweigen, aus Gras geflochtene Körbe und Pflanzensamen als Grabbeigaben gut erhalten. Da man in anderen Gräbern reichlich Wollkleidung, Kuh- und Ziegenhörner fand, mussten die BewohnerInnen der Gegend vor viertausend Jahren mit Viehherden gelebt haben.

Bei mehreren Ausgrabungen entfernten die archäologischen Kollegen wie Schmutz aussehende Spuren an den Mumien nicht. Im Jahr 2013 fragte der chinesische Forscher Yimin Yang im Dresdner Max-Planck-Institut nach, ob man dort die Zusammensetzung der Klümpchen von einer der Mumien, der »Schönen«, auf darin enthaltene Eiweiße untersuchen könne.

Diese Frage ist für einen Archäologen ungewöhnlich, denn man hatte zuvor immer vermutet, dass Eiweiße aus alten Grabstätten schlechter als alle anderen dort gefundenen Stoffe zu untersuchen wären. Selbst die recht stabilen Fette und die gegen Vertrocknung ebenfalls unempfindliche Erbsubstanz DNA können in Grabstätten verderben. Die im Vergleich dazu viel leichter verderblichen Eiweiße zu untersuchen, kam daher lange niemandem in den Sinn. Ich wäre übrigens auch nicht darauf gekommen, weil es gegen die Erfahrung geht – ein weiteres Beispiel dafür, dass man bei der Bearbeitung von Leichenfällen keine Annahmen machen sollte.

Die beiden Eiweißforscher Anna und Andrej Shevchenko aus dem Max-Planck-Labor in Dresden nahmen den Auftrag an. Sie sind darauf spezialisiert, sehr verschiedene Eiweiße zu zerlegen. Da die Shevchenkos anfangs nicht wussten, um was es sich überhaupt handeln könnte, mussten sie dazu sogar ein eigenes Untersuchungsverfahren ertüfteln. Mit großem Aufwand ermittelten sie, dass die Stückchen an der Prinzessinnen-Mumie Käse sind, der vor Jahrtausenden vom Bakterium *Lactobacillus kefirofaciens* und Hefe aus entrahmter Milch hergestellt wurde. Der Käse wurde der Leiche als Grabbeigabe beigelegt.

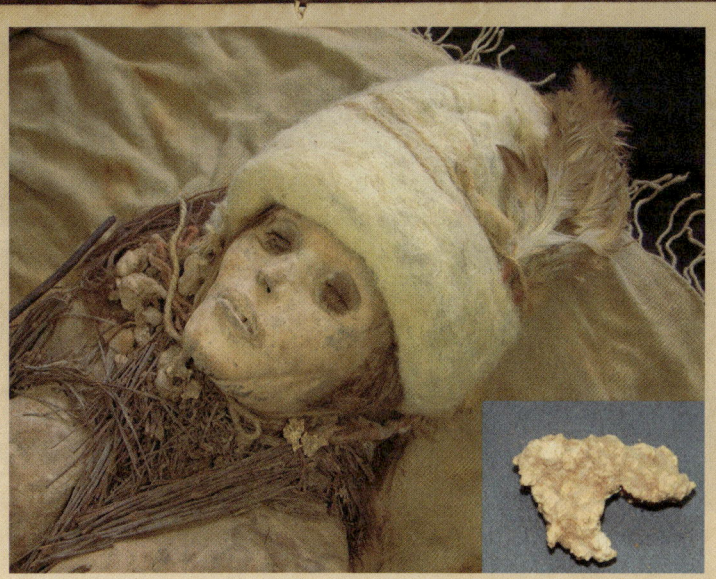

Die »Schöne« oder »Prinzessin« aus Ördeks Nekropole 小河墓 in Xinjiang. Die Bröckchen an ihrem Hals sind Käse, der ohne Lab, sondern mit Kefirbakterien hergestellt wurde.

Dass die Milch mithilfe von Kefirbakterien und Hefe umgewandelt worden war, ist ungewöhnlich. Es handelt sich um ein vereinfachtes Käsereiverfahren, bei dem keine jungen Kälber geschlachtet werden müssen, um an das sonst verwendete Lab zu gelangen. »Ein großer Vorteil«, finden Anna und Andrej Shevchenko, »denn die Herstellung des Kefirkäses ohne Lab ist einfach, und er wird nicht schnell ranzig oder verdirbt – die besten Voraussetzungen dafür, ihn in Massenproduktion herzustellen. Das Verfahren könnte sogar dazu beigetragen haben, dass sich Viehhaltung in größerem Maße in ganz Asien verbreitet hat.«

Der Grund: Besonders in Wüstenregionen ist Käse die einzige gut haltbare und leicht transportable Eiweißquelle. »Das ist wichtig«, erklärt Archäologe Yimin Yang, »weil man so auf weiten Reisen keine Tiere mitführen und zum Verzehr töten musste.

Die langen Wegstrecken bei nomadischer Lebensführung in der Wüste wurden somit gut durchführbar.«

Der in jedem deutschen Supermarkt erhältliche Kefir (zur modernen Geschichte des Getränkes siehe Memento Mori, Verlag Roter Drache) ist eine Vorstufe bei der Herstellung von Kefirkäse. Gibt man Batzen aus Bäckerhefe und Kefirbakterien, sogenannte Kefirknollen, zu entrahmter Milch, dann entsteht zunächst das säuerliche Milchgetränk. Darin ist nur wenig Laktose enthalten. Das ist gut für die vielen in Asien und neuerdings auch in Europa lebenden Bevölkerungsgruppen, die Laktose nicht gut verdauen können. Lässt man das Gemisch stehen, entsteht daraus Kefirkäse.

Die Forscher in Dresden zerlegten aber nicht nur die von der Mumie abgesammelten Bröckchen. Um die darin enthaltenen Eiweiße besser zu verstehen, stellten sie im Labor Kefir und Käse mit derselben bakteriellen Methode her, die schon vor Jahrtausenden in der Wüste Lop Nor angewendet worden war. In der Altertumswissenschaft nennt man solche Überprüfungen der Laborbefunde im echten Leben »Experimentelle Archäologie«. Auch in der naturwissenschaftlichen Kriminalistik versuchen wir, alle Laborergebnisse mit der Wirklichkeit abzugleichen. Denn manchmal stimmen zwar die Ergebnisse aus dem Labor, passen aber beim Test in der Praxis nicht zusammen. Dann muss man die Puzzleteile neu zusammensetzen.

Im Fall des antiken Käses passte alles. So gelang dem archäologisch-proteomischen Team der Beweis, dass und wie Menschen schon vor Jahrtausenden Käse herstellten. Man hatte schon früher vermutet, dass Käse in Nordeuropa vor mindestens achttausend Jahren und in Ägypten und Mesopotamien vor etwa fünftausend Jahren hergestellt wurde. Niemand hatte aber jemals echte Käsespuren aus dieser Zeit gesehen, geschweige denn gesammelt oder untersucht. »Wir wussten noch nicht einmal«, sagt Archäologe Yang, »seit wann Kefir oder Sauermilch [gesalzen auch als Ayran bekannt] verbreitet sind. Jetzt wissen wir sicher, dass diese Getränke seit mindestens dreitausendsechshundert Jahren hergestellt werden.«

Die Zusammenarbeit der Shevchenkos mit Yang und den übrigen internationalen KollegInnen war nur durch Neugier, das Ertüfteln veränderter Messverfahren und einem Wirklichkeits-Check möglich. Und damit sind wir wieder am Beginn dieses Buches. Wer den kindlichen Blick für schräge, dafür aber besonders schöne Fälle bewahren möchte, muss erst einmal alles für möglich halten. Oder hätten Sie bei Bröckchen an einer Mumie, die in einer Art umgedrehten Boot in einer Wüste bestattet ist, an Käse gedacht? Nur mit einer offenen Geisteshaltung können wir Dinge als spannend wahrnehmen, einsammeln und dann im Labor testen, die zunächst langweilig oder nebensächlich erscheinen.

Diese naive Neugier fehlt unseren Studierenden manchmal. Sie hoffen auf spannende Einsätze und ein gutes Einkommen. Doch das gibt es bei uns nicht. Die Schönheit unserer Rätsel liegt jenseits von Blaulichtabenteuern und sozialer Sicherheit.

Max-Planck-Forscherin Anna Shevchenko hat übrigens zuletzt einige hellbraune Krümel untersucht, die vor über zweitausend Jahren als Grabbeigaben im chinesischen Subeixi in einer getöpferten Tonschale gefunden worden waren. Aus den Krümelchen konnte sie die Eiweiße hervorholen und daraus das prähistorische Rezept des Sauerteigbrotes ableiten, obwohl die Backwaren in der Tonschale über Jahrtausende hinweg zerfallen waren.

Wen das alles interessiert? Unter anderem mich. Denn wenn wir neben der nächsten Leiche scheinbar unbedeutende oder ununtersuchbare Krümel oder Bröckchen finden, wissen wir nun, dass sogar die darin enthaltenen Eiweiße erkennbar sind. Die Zusammensetzung solcher Spuren kann zum Hersteller eines Produktes führen, auf eine bestimmte Gegend der Welt verweisen und so einen Hinweis auf Ort, Zeit, Gewohnheit und vielleicht sogar den Täter geben.

Nothing is little.

IN DEN MUMIENKATAKOMBEN

Von Kristina Baumjohann

Pink Lady ist meine liebste (Apfel-)Lady, und der Bogen zu den Mumien von Palermo spannt sich auf folgende Weise. Am Köln-Bonner Flughafen erhielt ich an einem Merchandise-stand der bekannten Apfelsorte eine wundervolle pinkfarbene Plastiktasche von – Trommelwirbel – Pink Lady. Die Tasche war wundervoll pink, zusammenfaltbar, standfest, aus Kunststoff, sie bröckelte nicht und war abwaschbar. Das genaue Gegenteil zu den Mumien, die wir besuchen sollten. Allerdings haben Tasche und Mumien erstaunlicherweise auch Gemeinsamkeiten: Beide sind ziemlich lange haltbar und auf ihre besondere Weise sehr schön.

Aufgrund meines Playboy-Traumas [Tina hatte zu Beginn eines früheren Abenteuers auf dem Flughafen den faltigen Playboy Rolf Eden getroffen, siehe ›Das Benecke-Universum‹] war ich vor dem Abflug am Flughafen recht nervös und fürchtete Runzelkönig Rolf stünde erneut hinter der nächsten Ecke vor mir. Damit wäre meine Teilnahme an unserer Expedition allerdings erledigt gewesen, und ich wäre in die nächste Nervenklinik gebracht worden. Andererseits wäre diese Begegnung eine gute Vorbereitung auf die Mumien gewesen, wenngleich der Vergleich hinkt: Mumien entfachen bei mir Interesse, Vorfreude und Forschungswut, alte Playboys rufen dagegen Würgereize hervor.

In Palermo angekommen, bezogen Mark und ich ein gemeinsames Hotelzimmer, das sich erfreulicherweise als Art Miniwohnung entpuppte und zwei Schlafzimmer besaß. Ich bezog das kleinere Zimmer mit Zugang zur Dachterasse (wir befanden uns im obersten Stockwerk), und wir genossen einen phänomenalen Ausblick auf Palermo, samt einer Bergkette im Hintergrund und mit Blick auf den Ätna.

Im Vordergrund erstreckten sich typische südeuropäische Häuserfluchten mit Minibalkonen, grünen Sonnensegeln, überfüllten Wäscheständern und weißen Altherren-Feinrippunterhosen, die wie Sonnensegel gespannt der ganzen Straße Schatten spendeten. Es gab einen Wald von Fernsehantennen und Satel-

Tina genoss diesen Ausblick von der Klosterterasse. Sie sieht die Welt mit anderen Augen, wie ihr Einsatzbericht aus Palermo beweist.

litenschüsseln zwischen den und entlang der Häuser gespannten Kabeln.

Bei den großen Plastiktonnen auf den Dächern und Balkonen dachte ich sofort an in Säure eingelegte Körper und Körperteile, die geschickt »versteckt« von den MitarbeiterInnen der Firma mit dem großen M (Mafia) aufgelöst werden. Das Einzige, was man kaum sah, waren Pflanzen. Auch entlang der Straßen gab es kaum Bäume. Wahrscheinlich war das auf die trockene Hitze und die wenigen Regenfälle zurückzuführen.

Mark hatte sich perfekt auf das örtliche Klima vorbereitet und im Nu angepasst: Statt seiner schwarzen Alltagskluft leuchtete er geradezu in einem sandfarbenen Tropenanzug. Fast hätte ich den alten Wüstenfuchs nicht wiedererkannt. Mit dem dazugehörigen Tropenhut, seiner Pik-As-Gürtelschnalle und der Krawatte

Tina im Hotelaufzug des Grauens, ich in Tropenbeklei-
dung. Die Krawatte stammt von der ›Linnean Society of
London‹, deren jüngstes Mitglied ich in den 1990er-
Jahren wurde.

der ›Linnean Society of London‹ fiel er in Palermo kaum auf …
hüstel …

Ich überlegte tatsächlich, ob es in Marks Gegenwart für mich
sicherer wäre, in den Straßen der sizilianischen Großstadt, die für
ihre unheilvollen und gewalttätigen Aktivitäten bekannt war –
und entschied mich dafür, dass die Mafiosi ihn wahrscheinlich
eher für einen Irren als für eine lukrative Geisel halten würden.
Mit diesem Gedanken fühlte ich mich sicherer.

Noch am ersten Abend setzten wir uns in ein Taxi und machten uns auf den Weg zum Kapuzinerkloster, wo die Mumien in
den Katakomben auf uns warteten. Übrigens zahlten wir für die
Taxifahrten zum Kloster und zurück zum Hotel an jedem Tag ver-
schiedenste (Fantasie-)Preise, obwohl uns jeder Fahrer stets versi-
cherte, der günstigere zu sein.

Die Mumien stehen und liegen in mehreren Reihen an den Wänden.

Im Kloster angekommen, wurden wir von einem freundlichen Mitarbeiter empfangen. Fabrizio war allerdings gar kein Mönch, und in mir keimte der Verdacht, dass sein Arbeitgeber womöglich auch mit einem großen M anfing …

Tagsüber waren die Katakomben für die Touristen geöffnet. In der Mittagspause und am Abend durften wir bis um Mitternacht hinunter zu den Mumien und dort unsere Untersuchungen durchführen. Ich habe diese Zeit in den Katakomben sehr genossen. Die einmalige Gelegenheit, in völliger Ruhe mit einer unbeschreiblichen Vielzahl von Mumien in den unterschiedlichsten Erhaltungszuständen arbeiten zu dürfen, war fantastisch.

Als ich das erste Mal in jedem Gang beidseitig mehrreihig aufgehängte Mumien um mich herumhängen sah, war ich sehr ergriffen. Meine Neuronen im Gehirn feuerten ohne Pause, und

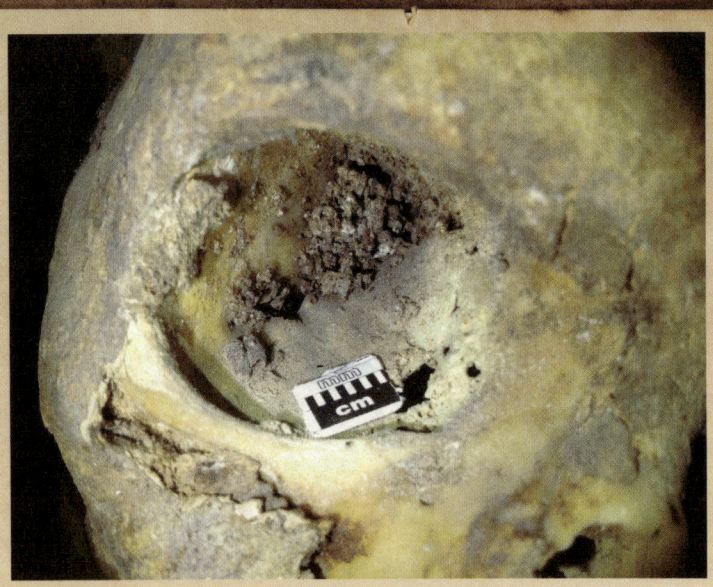

Kein Schmutz, sondern Insektenreste in der Augenhöhle einer Mumie.

es ergaben sich unendlich viele Ideen und Fragen für unsere wissenschaftliche Arbeit, sodass ich beinahe einen epileptischen Anfall bekommen hätte. Die Mumien hatten mich vollständig in ihren Bann gezogen, und die Arbeit konnte losgehen.

Mein besonderes Interesse weckten die zahlreichen Insektenfraßspuren. Besonders an den die Gesichtsknochen überziehenden Hautfetzen waren diese zu erkennen. Teils fanden wir auch noch Insektenreste in den Nasenhöhlen.

Da wir niemals Annahmen machen, sondern stets nur Fakten prüfen, war es für den das Projekt begleitenden Journalisten und mich selbstverständlich, auch in den Körperhöhlen nach Insektenspuren zu suchen. Wer jetzt etwas Schäbiges denken sollte, wird enttäuscht: Wir beschränkten uns dabei auf die Körperöffnungen des Kopf- und Gesichtsbereichs. Unsere intensiven

Nicht nur Tina fand manchmal, dass die Mumien so aussahen, als sprächen und lachten unsere stillen Zeugen,
wenn wir nicht hinsahen.

Nachforschungen, die uns mit einer Tubuskamera in Augen,
Mund und Ohren der Mumien führten, wurden von den um uns
herumhängenden, trockenen Körpern kritisch beäugt.

Man konnte tatsächlich denken, die Mumien kommunizier-
ten untereinander. Durch die unterschiedlichen Kopfhaltungen
schien es, als neigten sie sich einander zu oder schauten vom
Nachbarn weg. Die Mundhöhlen waren geöffnet oder verschlossen. Freiliegende Zähne bei geschlossenem Mund ähnelten einem
Lächeln, bei offenen Mund einem Lachen. Tatsächlich dachte ich
häufig, dass sie sich miteinander unterhielten und auch im Tod
nicht alleine waren.

Nicht unerwähnt sollte die Eisdiele bleiben, die sich nahe
dem Kloster befand und in der wir unsere Pausen beziehungsweise die Zeit zwischen Mittag und Abend verbrachten, während

die Katakomben für die Touristen geöffnet waren. Zu Anfang der Woche berichteten die männlichen Teilnehmer unserer Expedition, dass die einzige Toilette dort in einem »passablen« Zustand sei. Mit jedem Tag, der verging, veränderte sich der Zustand des Klos jedoch so sehr, dass zum Ende der Woche niemand mehr auf diese Toilette gehen wollte. Ich selbst habe bereitwillig darauf verzichtet, mir diese Touristenattraktion anzuschauen. Dafür schmeckte mir das hausgemachte Pistazieneis viel zu gut. Erst sehr viel später dachte ich über einen Zusammenhang zwischen den dreckigen Sanitäranlagen und dem hervorragenden Geschmackserlebnis nach – kein Wunder, dass Mark immer sagt, man solle nicht denken …

Apropos dreckig: Gegenüber dem Kloster tummelten sich hoffnungslos überfüllte Müllcontainer. Dass diese überhaupt existieren, hätte man nicht ohne Weiteres gedacht: Die Straßen waren mit Müll gepflastert, und ständig wickelten sich um unsere Beine Plastiktüten, die zusammen mit heißer Luft durch die Straßen wirbelten.

Sicherlich ist auch dieses Ereignis auf einen Müllstreik der Mafia, wie seit Jahren in Neapel, zurückzuführen. Generell war das große M überall in der Stadt vertreten. Auch im Kloster. Von den Mönchen und dem Mitarbeiter wurden unsere Arbeiten streng überwacht.

Fabrizio war stets sehr zuvorkommend. Zweifel an seinen Freundlichkeitsabsichten kamen mir erst, als er für uns alle Cannoli kaufte und wir sie vor Ort essen mussten.

Cannoli sind eine kalorienschwere Attacke gegen die Gesundheit und das Normalgewicht. Im Namen der Diätindustrie, die nicht Pleite gehen wird, solange es Cannoli gibt, werden kleine Teigröllchen produziert und mit Sahne und allem anderen gefüllt, was Fettzellen wachsen lässt und den Geschmacksrezeptoren schmeichelt.

Bevor ich hineinbiss, schaute ich zur TV-Journalistin, die ebenfalls das Projekt begleitete. Wir schienen von demselben Gefühl erfüllt zu sein: Angst. Die Journalistin war allerdings so schlau und aß nicht das ganze Cannoli, sondern entsorgte den

Wurden keine Freunde: Tina und die energiereichen Cannoli.

Rest später unauffällig. So schlug wenigstens bei ihr der Anschlag zur Vermehrung des Hüftgoldes fehl.

An unserem finalen Abend aßen wir in einem Altstadtviertel, das sicher nicht zu den für den Fremdenverkehr erschlossenen Vergnügungsvierteln gehörte. Genaugenommen zählte es wohl eher zu den Areas, in die man abends als Nicht-Einheimischer besser keinen Fuß setzen sollte. Im Laufe des Abends tummelten sich immer finsterere Gestalten auf den Straßen, die ihren nächtlichen Geschäften nachgingen.

So kam es, dass Mark während unseres Abendausflugs unbedarft eine kleine Straßenschlucht fotografierte, in der zufällig ein Mopedfahrer stand. Dieser nahm daraufhin seinen Helm ab, fixierte Mark und bedeutete ihm, dass er das Fotografieren gesehen habe und Mark sich gründlich vorsehen solle.

Mark und ich haben beruflich mit recht vielen merkwürdigen Leuten zu tun und mitunter auch mit solchen, die gefährlich sind oder sein können. Wenn ich an diese kurze Begegnung denke, bekomme ich noch immer eine Gänsehaut. Ohne Worte zu verlieren, hatte uns dieser Mensch mit einer kleinen unscheinbaren Geste gedroht. Subtil, aber effektiv.

Die Mafia sollte mich noch weiter beschäftigen. In der Nacht hallten laute Schüsse durch das Hotel. Ich schreckte regelrecht aus dem Schlaf hoch und hörte den Fahrstuhl hochfahren. Das Überlebensprogramm lief wie automatisch ab: Stellen wir uns direkt tot oder wagen wir die Flucht auf die Hotelterrasse? Dort allerdings wären wir gefangen gewesen und hätten nur in die Straßen Palermos stürzen können. Auch kein schöner Tod.

Oder sollte ich mich einfach hinter Mark verstecken und ihn als Schutzschild nutzen? Eine blöde Idee, befand ich jedoch schnell, denn wer sollte hinter Mark Schutz finden? Da wären abgebrannte Baumstämme – während unseres Aufenthaltes gab es großflächige Waldbrände nahe dem Kloster – oder Laternenpfähle sinnvoller gewesen, aber es waren keine in der Nähe. Vielleicht könnte man mit den Leuten verhandeln? Auch keine gute Idee, denn sie hätten wohl leicht die Nerven verloren, wenn Mark mit seinem Hang und Zwang zum Analysieren und Hinterfragen von Verhaltensweisen losgelegt hätte.

Ich hatte große Angst, denn die Schüsse fielen in unregelmäßigen Abständen weiter. Ich beschloss, Mark zu wecken, schlich zu ihm rüber, rüttelte ihn wach und erzählte ihm von meiner Vermutung, dass wir bald sterben würden. Mark reagierte sehr verständnisvoll, hielt aber eine Exekution für unwahrscheinlich. [Genauer gesagt hielt ich es für eine *Bomben*-Explosion. Eine solche hatte erstens ein früheres Labor auf den Philippinen zerstört und war zweitens bei einem meiner Besuche bei Serienmörder Luis Alfredo Garavito Cubillos in Kolumbien nahe unserem Hotel hochgegangen. – MB]. Zusammen standen wir im Flur und gingen der Ursache des Knallens auf den Grund.

Letztlich war des Rätsels Lösung dann doch recht einfach: Der Fahrstuhlmotor verursachte die Knallgeräusche. Mark und ich überlebten den Rest der Nacht und konnten am nächsten Tag mit bester Laune in den Flieger zurück nach Köln steigen.

Die Mumien haben einen bleibenden Eindruck hinterlassen und fehlen mir ganz ehrlich. Aber ich habe in meinem Alltag ja stets eine lebendige Mumie um mich herum: Mark, auch Dr. Mummy genannt, mit der trockensten Haut ever. Ich hoffe, er lässt sich mit der vollständigen Vertrocknung noch etwas Zeit.

KAPITEL 6

Einsatz in Kolumbien

Zum Ende möchte ich noch zwei Bonbons einfügen, um Sie aus den grimmigeren Fällen und von den vielen Leichen wieder in den Alltag zu entlassen. Ich beginne mit einem Artikel, den ich für den Mitgliederteil der Zeitschrift ›Rechtsmedizin‹ verfasst habe. Mein kleiner Bericht zeigt, wie wild unsere Arbeit manchmal doch sein kann – allerdings nie dann und dort, wo wir es erwarten. Ich stolperte beim Insekten-Forensik-Training im kolumbianischen Medellín in eine bewaffnete Auseinandersetzung. Allerdings wurde sie mit deutlich weniger Ernst geführt, als wir das aus deutschsprachigen Gegenden gewohnt sind.

Danach hat meine Frau Ines noch ein paar Reisetipps für Endlostouren durch Zentraleuropa eingefügt.

III. ›SIMPOSIO LATINOAMERICANO DE ENTOMOLOGIA FORENSE‹ IN MEDELLÍN, KOLUMBIEN

Von Mark Benecke

Der Zweijahresrhythmus unserer Kurse pendelt sich ein, und so fand einer der informativsten, aber auch bizarrsten forensischen Trainings an der staatlichen Universidad de Antioquia (›U de A‹) in Medellín statt.

Der Kurs erfreut sich trotz Teilnahmegebühr großer studentischer Beliebtheit, weil die Referenten aus mehreren Ländern kommen und die Veranstaltung mit viel Theorie, aber auch breit gefächerter Praxis angelegt ist. Da Kolumbianer nordamerikanische »Gringos« nicht leiden können, lud Kursleiterin Marta Wolff von der ›U de A‹ statt bekannterer KollegInnen aus den USA und Kanada lieber José Roberto Pujol (Universität de Brasilia, Spezialist für Waffenfliegen (Stratiomyidae)), Claudio José Carvalho (Universität Paraná, einer der weltweit bekanntesten Experten für die oft schwierig zu bestimmenden »normalen« Fliegen (Musciden)), den Kriminalbiologen Marco Villacorta (von einem Institut für Rechtsmedizin aus Peru) sowie unsere ehemalige Studentin und jetzt Gruppenleiterin Sandra Pérez Pareia (›U de A‹) als »Conferencistas« ein.

So sehr sie die Gringos verabscheuen, so sehr lieben unsere StudentInnen Tiere. Daher konnten wir für deutsche Verhältnisse ungewohnt spezialisierte Vorträge über insektenkundliche Details bringen. Sogar die geladenen StaatsanwältInnen, KriminaltechnikerInnen und PolizistInnen ließen sich von den sonst als langweilig geltenden Insektendetails diesmal nicht abschrecken. Sie wissen, dass auch Kleinteile oder Verhaltensbeobachtungen von Kerbtieren – also eben nicht nur die reine Bestimmung des postmortalen Intervalles über deren Larven – zielführend sein können.

Wegen der in Kolumbien sonst nie verfügbaren ausländischen Besucher wurde die Zahl der von StudentInnen vorgestellten Experimente zugunsten der GastrednerInnen leider reduziert. Das wurde aber durch biogeografische Diskussionen ausgeglichen. Denn die Wachstumsraten, Mindesttemperaturen und allgemein sehr diversen Umweltbedingungen an Küsten, Innenland, heißen Tälern, tropischen Wäldern und Bergen (Medellín und Bogotá liegen sehr hoch) sind in Südamerika je nach Fundort der Leiche sehr verschieden. Wir leben in Europa in dieser Hinsicht auf einer Insel der Glückseligen, weil die Umweltbedingungen nicht nur viel kleinteiliger untersucht und dokumentiert, sondern in Kriminalfällen auch leichter verfügbar und vor allem von Grund auf weniger mannigfaltig sind.

Einen Höhepunkt erreichte die örtlich hohe Gewaltgewöhnung, als sich die Polizei mit der von der Guerilla unterstützten StudentInnenbewegung direkt neben dem Insektenlabor der Universität und mitten im Forensikkurs eine etwa fünfstündige Schlacht lieferte, die in Deutschland für rasche Gesetzesänderungen und einwöchige Schlagzeilen auf Seite Eins sorgen würden. Die KolumbianerInnen zuckten aber nicht einmal mit der Augenbraue. Man arbeitete entweder im Labor weiter oder ging in den Hof der Universität zum Straßenkampf. Die meisten arbeiteten weiter.

Die von den Studierenden verwendeten Wurfgeschosse sind sogenannte ›papa bombas‹: Wegen ihrer Form und Größe erinnern sie an eine Kartoffel (»papa«). Diese kleinen Bomben, die sonst nichts mit Kartoffeln zu tun haben, können leicht selbst gebaut werden und haben einen kurzen, innen liegenden Kontaktzünder, der beim Auftreffen – egal ob auf den Boden oder den Helm des Polizisten – explodiert. Die Polizei darf, laut Erlass des Präsidenten, die Universität aber weder ernsthaft beschießen noch betreten. Die einzige Möglichkeit der Gegenwehr der Polizei gegen die Studierenden war daher ein Beschuss des Universitätshofes mit Tränengas.

Kurzerhand zündeten die kampferprobten StudentInnen alle Mülleimer an (so soll das ausgetretene Tränengas in der Luft verbrennen) oder stülpten alte Fässer über die auftreffenden Gaskartuschen (eine mechanische Gasbarriere). Damit war das Tränengasproblem beseitigt und das Getöse konnte weitergehen.

Mit Einbruch der Dunkelheit machten beide Seiten »Feierabend« (O-Ton der Studierenden). Auch »bei Regen gibt es grundsätzlich nie Kämpfe, weil man dann ja nass würde« – ebenfalls O-Ton meiner Schützlinge. Der Ablauf des Kurstages wurde zum Erstaunen nicht nur von mir, sondern auch der fliegenkundlichen KollegInnen aus Peru und Brasilien wegen der offenbaren nebensächlichen Kämpfe keine Minute unterbrochen.

Spannend gestaltete sich auch der schon traditionelle Ausflug

Forensikkurs in Kolumbien. Wie im Rest der Welt erfreuen sich auch hier nicht alle Studierenden an den Gerüchen. Immerhin gelang uns in diesem Wald die Entdeckung einer neuen Leicheninsektenart aus der Trauermücken-Gattung *Pseudolycoriella*.

zu den von uns ausgelegten verwesenden Schweinen und Hasen im Piedras Blancas. Das Gelände ist eigentlich ein Erholungsgebiet. Da es aber von ehemaligen StudentInnen und SchulkollegInnen der Kurschefin verwaltet wird, dürfen wir (und das Militär) es als Experimentiergelände nutzen.

Neben Geiern und Vogelspinnen leben dort in den Bergen auch Kriebelmücken (Simuliiden), die interessante Stichmuster erzeugen. Zu Beginn breitet sich auf der Haut ein breiter, ganz flacher Hof aus, der beim Abschwellen vulkanartig aufbiegt und – anders als die hierzulande bekannteren Stechmücken-*(Culicidae-)*Verletzungen – zentral eine runde, wie ausgestochene Verfärbung aufweist.

Wie auch Herbstgrasmilben-*(Neotrombicula-)*Bisse können diese Wunden gut zur Datierung einer Leichenablage verwendet werden, allerdings durch Beobachtung der Entzündung beim Täter und nicht durch Verwendung der Larven von der Leiche. Neben Fliegen gibt es also auch im Reich der Mücken und Milben viele forensische Anwendungsmöglichkeiten, die vor allem der Polizei als ersteingreifende Einheit nahegebracht wurden (vgl. ›So arbeitet die moderne Kriminalbiologe‹, Lübbe).

Landesweites Interesse erregte zuletzt noch ein Vortrag über die Untersuchung von Hitlers Schädel und Zähnen, der eigentlich nur als kleines Extra gedacht war, dann aber in den Parque Explora, ein riesiges naturwissenschaftliches Museum, verlegt wurde. Der Andrang war so groß, dass sich um das Gebäude herum eine Warteschlange bildete.

Mehr als alles andere erstaunte die KolumbianerInnen Hitlers Amphetamin- und Kokaingebrauch, von seinem Leibarzt als »Einreibungen ins Zahnfleisch« beschönigt, der zur Zerstörung seiner Kiefer beitrug. Obwohl es sich um einen populärwissenschaftlichen Vortrag handelte, war das Frageniveau so hoch wie sonst auf einem wissenschaftlichen Fachkongress.

Insgesamt zeigte der für südamerikanische Verhältnisse schon fast uhrwerkartig straff organisierte Kurs erneut, dass die lateinamerikanischen Gebiete, vom Rest der Welt fast unbeachtet, einen interessanten, kompetenten und eigenständigen – leider aber auch wissenschaftlich oft isolierten – Gegenentwurf zu dem darstellen, was wir hierzulande als sozialen, forensischen und kulturellen Konsens ansehen. Wer zu einer solchen Veranstaltung eingeladen wird oder sie mit organisiert, darf sich glücklich schätzen, weil sie viele neue Ideen für eine zusätzliche Herangehensweise an randständige – beispielsweise überbrutale oder kulturell motivierte – Kriminalfälle bietet.

HANDBUCH FÜR FORSCHUNGSREISENDE: WIE MAN DAS ENDLOSE UMHERREISEN ÜBERLEBT

Von Ines Fischer

Die meisten Geschäftsreisenden sind nicht wie wir dauernd im Zug unterwegs, und sie übernachten in besseren Hotels. Mark und ich bezeichnen uns gerne scherzhaft als Business-Schaben, die an ungemütlichen Orten hausen, aber nicht totzukriegen sind. Die Reisen sind unvorhersehbar, abenteuerlich und anstrengend. Selbst die Veranstalter und deren Team finden es zwar für kurze Zeit aufregend, sehnen sich aber nach spätestens einer Woche dann doch in ihr gemütliches Bett und zu ihrem geregelten Tagesablauf in einer kontrollierten Umgebung zurück. Auf Reisen müssen wir uns einfach mit den veränderten Umständen abfinden. Hier folgen meine wichtigsten Erfahrungen.

GERUCHSNEUTRALISIERER WERDEN DEINE BESTEN FREUNDE

Es passiert regelmäßig, dass der streng organisierte und terminreiche Tagesablauf uns nicht viel Zeit für die Suche nach einem gemütlichen Ort zum Essen übrig lässt und am Ende die Frittenbude im Bahnhof zum Lebensretter wird. Dass wir danach selbst wie zwei wandelnde Portionen Pommes riechen, ist natürlich nicht zu vermeiden, da sich das Frittierfett in unseren Mänteln, Schals und Haaren besonders wohlfühlt. Die kurze Zeit, bis zum nächsten Termin die Mäntel und Haare auszulüften, bringt kaum etwas, und einen Waschsalon brauchen wir zeitlich gar nicht erst in Erwägung zu ziehen. Das einzige wirksame Mittel ist ein geruchsneutralisierendes Spray, das die unangenehm riechenden Bestandteile in Schach hält. Leider funktioniert es nicht mit Parfüm oder anderen Duftstoffen. Denn das führt nur dazu, dass es nach Fritten und Parfüm riechen würde. Zum Glück gibt es neuerdings Spezialsprays, die jeden Geruch in den Zauber von Babyhaut umwandeln.

Im Hotel geht das Geruchserlebnis meistens nahtlos weiter. Selten riecht ein Zimmer nach frischer Bettwäsche und gereinigtem Teppich. Meist ist es eine Mischung aus muffigen Noten von zu kurz getrockneten Handtüchern, schwefligen Dämpfen aus dem schon lange nicht mehr gesäuberten Abfluss und kaltem Rauch als Zeugnis aus der Vergangenheit als ehemaliges Raucherzimmer. In solchen Momenten ist der Geruchsneutralisierer ebenfalls Gold wert, da wir uns damit wenigstens ein kleines Stück Privatsphäre schaffen können. So vergessen wir nach dem Schließen der Augen die Fußabdrücke der Aberhunderte Hotelgäste, die vor uns in diesem Zimmer waren.

Die eigene gebrauchte Wäsche ist ebenfalls eine Herausforderung. Immerhin müssen wir sie immer wieder im Koffer unterbringen, und das zwangsweise nicht weit entfernt von der sauberen Wäsche. Wer sich mit Plastikbeuteln aushelfen will, wird nach der Rückkehr eine böse Überraschung erleben. Besonders übelriechende Bakterien vermehren sich unter Luftabschluss sehr gut: die kleinen Biester, die auch gerne mal in nicht atmungsaktiven Schuhen hausen. Praktisch ist hier nicht nur der Geruchsneutralisierer, sondern auch noch einige Duftsäckchen mit Lavendel. So schaffen wir es, dass die frische Wäsche auch vier Wochen auf Reisen frisch bleibt.

DEINE UMHÄNGETASCHE WIRD EINE KÖRPERERWEITERUNG

Irgendwann mussten wir uns geschlagen geben und einsehen, dass es nicht möglich ist, alle Utensilien immer griffbereit zu haben, die wir auf Reisen brauchen. Die Umhängetasche ist immer zu klein. Portemonnaie, Schlüssel und Handy reichen auf langen Reisen nicht aus. Es ist vollkommen egal, wie sparsam und gut gepackt ist, es fehlt am Ende immer irgendetwas, das wir mitten im fahrenden Zug aus einer Ecke des Koffers kramen müssen. Schlussendlich ist unser Gepäck daher auf ein kleines Repertoire der wichtigsten Gegenstände zusammengeschrumpft.

Den meisten Platz nimmt der wahlweise extraflache beziehungsweise kleine Laptop ein, mit dem wir alle Arbeiten erledigen können, die auf dem Handy für zu viel Daumenakrobatik sorgen, wie zum Beispiel das Beantworten von Dutzenden E-Mails. Wir mussten lernen, mit dem Laptop überall arbeiten zu können: bei zwei Grad Celsius am Bahnhof, auf dem Koffer sitzend oder im vollen Fahrradabteil mit begeisterten Kindern und feiernder Fußballmannschaft.

Ladekabel für das Handy und für den Laptop müssen ebenfalls immer in Reichweite sein. Sie gehen Hand in Hand mit der täglichen Suche nach öffentlichen Steckdosen. In kurzer Zeit mussten wir unseren Blick dafür schärfen, wie wir an Strom kommen: am Fenster einer Bar, unter der Bank eines Restaurants oder zwischen den Sitzen eines Zuges. Dann heißt es immer, schnell den Stecker zücken und neue Energie tanken.

Die Taschenlampe ist ebenfalls unentbehrlich, da sie nicht nur zur Spurenuntersuchung praktisch ist, sondern manchmal auch nur, um den Weg wiederzufinden. Erstens sind die meisten Backstagebereiche, die wir bei den Vorträgen zu Gesicht bekommen, nicht nur riesige Irrgärten, sondern auch noch komplett dunkel. Damit wir nicht in unserer gewohnt chaotischen Art die Ton- oder Lichtanlage für die Bühne umreißen oder einfach im Gewirr der Gänge verloren gehen, kann uns nur eine Taschenlampe aushelfen. Oft sind wir auch spät am Abend auf kleinen

Straßen unterwegs, in denen die Verwaltung der manchmal sehr kleinen Stadt eine Beleuchtung nicht mehr für nötig hält. Die Einheimischen wissen ja, wo es langgeht, da kann man auch Strom sparen.

Für die Spurenkundler dürfen als grundlegendste Ausrüstung auch Lupe, Pinzette, Taschenmesser, Tatortkärtchen und Handschuhe nicht fehlen. Eine wichtige Spur müssen wir so schnell wie möglich dokumentieren. Dazu gehört natürlich auch die gute Handykamera, da eine große Kamera in der Umhängetasche zu viel Platz wegnimmt. (Das hält uns aber nicht davon ab, trotzdem eine im Koffer mitzunehmen.) Reinigungstücher gehören ebenfalls zur Ausrüstung. Sie sind auch im Alltagsgebrauch sehr nützlich: Türklinken, Aufzugsknöpfe und Haltestangen beherbergen ein eigenes Universum an Keimen.

Die Umhängetasche muss diebstahlsicher sein, da wir die meiste Zeit, wie gesagt, auf Bahnhöfen oder in Bussen und Zügen verbringen. Wir müssen sie wie einen Augapfel hüten, da es einer Katastrophe gleichkommt, auf Reisen die wichtigsten Sachen zu verlieren.

PACKEN WIRD ZUR HÖCHSTEN KUNST

Unsere Koffer erwecken oft den Eindruck, dass sie innen größer als außen sind. Wir haben eine strenge, schon fast autistische Ordnung in unseren Koffern. In den vielen Tagen oder sogar Wochen, die wir unterwegs sind, wird unser Koffer zum kleinen Zuhause. Er ist Vorratskammer, Büro, Wäschekeller, Kleiderschrank, Bücherregal und Badezimmerschrank. Wir sind, wie gesagt, meistens nur eine Nacht in einem Hotel, und es lohnt sich so gut wie nie, den Koffer wirklich auszupacken. Auf der Straße benötigen wir aber garantiert irgendetwas aus dem Koffer, und dann darf es nicht passieren, dass wir alles auf den Kopf stellen müssen. Wenn Personenkontrollen im Zug gemacht werden und wir – wie immer – mal wieder besonders verdächtig aussehen, müssen auch alle Koffer leicht durchsuchbar sein. Es ist nichts schlimmer, als wenn der gesamte Inhalt im Abteil verteilt werden muss. Fächer, Behälter und kleine Taschen sind deswegen essenziell, um die Ordnung aufrechtzuerhalten. Wenn wir im Zug mal wieder Büroarbeit erledigen müssen, können wir einfach an unser Bürotäschchen gehen, Briefumschläge, Briefmarken, Stempel und Klebestreifen herausholen.

Eine wichtige Regel ist, dass jeder seinen Koffer immer alleine tragen und hochheben können muss. Selbst einen Rollkoffer müssen wir in kleineren Städten oder Gegenden, wo die Fahrstühle meist kaputt sind, die Treppe hoch- und 'runtertragen können. In vollen Zügen müssen wir sie auf die Ablage hochheben können, damit sie nicht die Gänge versperren. Das bedeutet, dass die Menge an Gepäck immer von der eigenen Kraft abhängt. Also Kraftsport machen oder wenig mitnehmen.

Es gibt ein paar kleine Utensilien, die trotzdem nicht im Koffer fehlen sollten. Ziplockbeutel sind zum Beispiel plötzlich unglaublich nützlich, wenn die angebrochenen Kekse nicht die frische Wäsche bekrümeln sollen, das Shampoo nicht auf Dokumenten auslaufen soll und der viele Kleinkram nicht lose umherfliegen darf. Es besteht durchaus die Möglichkeit, dass wir einen wichtigen Auslandstermin plötzlich mitten auf einer längeren Reise einschieben müssen. Das heißt, es muss möglichst wenig Gepäck für einen Flug, aber trotzdem genug Kleidung für unterschiedliches Wetter, Stromadapter für andere Steckdosentypen und ein aktueller Reisepass zur Hand sein.

Schuhe sind ein Thema für sich. Insbesondere bei Frauen zählen Schuhe, die wetterfest, leicht und elegant sind, zu den nicht existierenden, eierlegenden Wollmilchsäuen. Leider ist es aber notwendig, sich nur auf ein Paar Schuhe zu beschränken.

DU BEKOMMST DEN DRANG, ALLES FESTZUKETTEN

Wir mussten sehr schnell lernen, dass auf Reisen alles verloren geht. Es kann aus Eigenverschulden geschehen, indem wir einfach etwas liegen lassen, aber es passiert auch oft genug, dass es geklaut wurde. Bei Vorträgen verschwinden gerne unsere Füller und Kugelschreiber, die wir deswegen auf Reisen immer in doppelter und dreifacher Ausführung dabeihaben. Im Winter sind Mützen, Handschuhe, Brille und Schal beliebte Liegenlasser im Zug, und Seife und Zahnpasta bleiben gelegentlich im Hotel zurück. Wir würden am liebsten sogar unser Frühstück, das wir oft am Bahnhof kaufen und im Zug zu uns nehmen, irgendwo festketten. Irgendwann haben wir aufgehört zu zählen, wie viele unserer Obstbecher wir einsam an Bäckereikassen zurückgelassen haben, weil wir uns noch schnell einen Tee dazu kaufen wollten und dann alles durcheinanderging, weil der Zug gleich abfuhr.

Was geht, haben wir deshalb festgekettet oder angebunden, beispielsweise Portemonnaie, Schlüssel, Handy und Taschenlampe. Alles hat seinen festen Platz und muss immer nach Gebrauch an seinen Platz geräumt werden, sonst ist es weg.

DU HAST NUR NOCH WENIGE SOZIALKONTAKTE

Weil wir immer wieder in anderen Städten und Ländern unterwegs sind, ist es schwierig, Freundschaften zu pflegen. Regelmäßige Abende in kleiner Runde sind so gut wie unmöglich, da sich die gemeinsame Terminfindung endlos hinauszögert. Sollten wir einmal zu Hause sein, heißt das noch lange nicht, dass wir gerade Zeit für einen abendlichen Plausch haben. Die liegen gebliebene Post durcharbeiten, die offenen Fälle besprechen, die verstaubte Wohnung putzen, die verbrauchte Kleidung waschen und vieles mehr fällt an, wenn wir lange nicht mehr zu Hause waren. Jeder, der fast täglich sein heimisches Bett aufsucht, denkt sich dabei natürlich, dass wir das doch sicher auch mal einen Tag aufschieben können. Aber das endet nicht gut, da am nächsten Tag schon wieder irgendwas anderes anstehen wird, wodurch die Arbeit komplett liegen bleibt. Unsere kleine Weihnachtsfeier der MitarbeiterInnen für das Jahr 2015 – das heißt, zusammen um die Ecke essen gehen – fand erst Ende Februar 2016 statt.

Telefonate sind ebenfalls schwierig, da selten genügend Ruhe oder Handyempfang herrscht. Wir haben deswegen die Kommunikation auf E-Mails beschränkt, da schriftlich wenigstens nichts im oft wackeligen Netz verloren geht. Die nervigen »Achtung, es kommt ein Tunnel und das Netz bricht ab«-Gespräche im Zug wollen wir niemandem zumuten.

Freunde und Familie müssen mit uns viel Geduld haben. Wir sind meist nicht erreichbar, und wir können uns mit ihnen nur alle paar Monate treffen.

Das alles klingt nach vielen Einschränkungen. Doch wer sich nicht von Heimweh plagen lässt, kann sich auf die schönen Seiten der Unternehmung konzentrieren: Die Tage sind abwechslungsreich, und es begegnen uns überall Menschen mit interessanten Lebensgeschichten. In anderen Regionen und Ländern gibt es andere Sitten und Lebensweisen kennen zu erlernen. Wenn du ein Kind bleibst, macht es Spaß, die Welt zu erforschen.

QUELLENANGABEN ZU BILDERN

Seiten 8, 57: Martin Schoeller, New York

Seite 21: Benno Meyer-Rochow

Seite 26: Albert Kok mit Lizenz ›Public Domain‹, https://de.wikipedia.org/wiki/Kraken#/media/File:Octopus_vulgaris_2.jpg

Seite 26: Fir0002/Flagstaffotos mit Lizenz ›GFDL 1.2‹, https://de.wikipedia.org/wiki/Ameisenigel#/media/File:Wild_shortbeak_echidna.jpg

Seite 26: Nehrams2020 mit Lizenz ›CC BY-SA 3.0‹, https://de.wikipedia.org/wiki/Flamingos#/media/File:FlamingoSD.jpg

Seite 26: (http://durbed.deviantart.com/art/Spinosaurus-Aegyptiacus-287547465) unter Lizenz ›CC BY-SA 3.0‹, https://en.wikipedia.org/wiki/Spinosaurus#/media/File:Spinosaurus_durbed.jpg

Seite 33: Martin Salzmann, Dessau

Seite 80: Pierre Barbet

Seite 87: Hotel Cross, Međugorje

Seite 132: Volkmar Schneider

Seite 158: Barcroft / Bulls

Seite 203: Louisiana State Arthropod Museum unter Lizenz ›by-nc‹, http://www.lsuinsects.org/images/gibbium/psylloides/gibbium_psylloides_lsam_lateral.jpg

Seite 204: Siga mit Lizenz ›CC‹, https://upload.wikimedia.org/wikipe dia/commons/5/58/Necrobia_rufipes_side.jpg

Seite 206: Thomas Pettigrew (1834)

Seite 209: Mike Haigh, Montgomeryshire Moth Group

Seite 233: Yimin Yang, 中国科学院大学 (University of the Academy of Sciences)

Alle weiteren Bilder stammen aus dem Archiv von Mark Benecke.

LITERATURHINWEISE UND QUELLEN

Viele der hier angegebenen Artikel und Bücher sind nicht im Internet verfügbar, sondern nur in Bibliotheken und Antiquariaten. Besonders großer Dank an die ›Alpha Omega Alpha Honor Medical Society‹ in Kalifornien, die zwei rare Veröffentlichungen für mich auftrieb, sowie die Bibliothek der ›National Autistic Society‹ in London, die eigens Jalousien angebracht hat, um die lichtempfindlichen LeserInnen (nicht die Bücher) vor Licht zu schützen.

Die Qualität der Quellen schwankt. Beispielsweise hat Kollege Frederick Zugibe zwar experimentell an Leichen gearbeitet, sich die Schlüsse aber so zurechtgebogen, dass Teile seiner Forschungen nur in Zeitschriften oder Büchern für Gläubige gedruckt wurden. Ähnliches gilt für die von mir für ihre Sammelarbeit sehr geschätzten KollegInnen Larry Arnold, Jenny Randles und Peter Hough. Bitte beachten Sie beim Quellenstudium den Unterschied zwischen *Experiment oder Beobachtung* und möglicher *Auslegung und Bewertung*. Ist die Grundannahme falsch, so ordnet man selbst die beste Beobachtung falsch ein.

Zur »Plötzlichen Selbstentzündung« gibt es noch einige weitere Artikel. Ich habe im folgenden diejenigen angegeben, die mir zum Zeitpunkt der Druckfreigabe vorlagen und die in dieses Buch eingeflossen sind.

Anon. (2013) Rahul to leave hospital; burning question remain The Times of India (City), 23. August 2016, http://timesofindia.indiatimes.com/city/chennai/Rahul-to-leavehospital-burning-question-remains/articleshow/21992749.cms (zuletzt geöffnet 4. August 2016).

Sam Adams (2015) Mum claims badly burned baby boy spontaneously combusted … the SECOND of her children to suddenly ›burst into flames‹. http://www.mirror.co.uk/news/world-news/mum-claims-badly-burned-baby-5005063 (zuletzt geöffnet 13. August 2016).

Lester Adelson (1952) Spontaneous Human Combustion and Preternatural Cumbustibility. Journal of Criminal Law and Criminology, Band 42, Seiten 793–809.

James Apjohn (1848) Combustibility, Preternatural; Combustion, Spontaneous Human. In: John Forbes, Alexander Tweedie, John Conolly & Robley Dunglison (Hrsg.): The Cyclopaedia of Practical Medicine. In four volume Volume I: Abdomen – Emmenagogue Philadelphia, Lea and Blanchard, Seiten 470–476.

Larry Arnold (1996) Ablaze! The Mysterious Fires of Spontaneous Human Combustion. M. Evans & Co., Lanham (USA).

Vytenis Babrauskas, John Krasny (1997) Upholstered Furniture Transition from Smoldering to Flaming. Journal of Forensic Sciences, Band 42, Seiten 1029–1031.

Mark Benecke (1998) Spontaneous Human Combustion. Thoughts of a Forensic Biologist. Skeptical Inquirer, Band 22; Heft 2, Seiten 47–51.

Mark Benecke (2013) Seziert. Das Leben von Otto Prokop. Berlin, Das Neue Berlin.

Steffen Berg (1958) Wie Lebensversicherungs- und sonstiger Versicherungsbetrug geklärt wurde. Die Identifizierung von Brandleichen. Archiv für Kriminologie, Band 122, Seiten 81–89.

Norman Bergman (1988) Spontaneous human combustion: Its roke in literature and science. The Pharos/Alpha Omega Alpha Honor Medical Society, Band 51, Heft 4, Ausg. Herbst 1988, Seiten 18–21.

Giuseppe Bianchini (1743) Parere sopra la Cagione della morte della Comtessa Cornelia Zangari ne' [née] Bandi Cesenate. 3. Auflage, Rom, Ottavio Puccinelli (erste Auflage: Verona, Pierantonio Berno 1731).

Michael Bohnert, Thomas Rost, Stefan Pollak (1998) The degree of destruction of human bodies in relation to the duration of the fire. Forensic Science International, Band 95, Seiten 11–21.

Henning Brinkmann/dpa (2015) Gefährlicher Fund. Rheinspaziergänger gerät in Brand. 28. Okt. 2015, http://www.ruhrnachrichten.de/nachrichten/vermischtes/aktuelles_berichte/Autofahrer-beginnt-zu-brennen;art29854,2855993 (zuletzt geöffnet 27. August 2016)

Roger Byard (2016) The mythology of ›spontaeous‹ human combustion. Forensic Science, Medicine and Pathology, Band 12, Seiten 350–352

Kateřina Čapková (1999) Das Zeugnis des Salmen Gradowski. In: Theresienstädter Studien und Dokumente, Nr. 6, Prag, Academia-Verlag (ab Seiten 105–111; es handelt sich um den in einer Flasche versteckten Bericht von Gradowski aus Auschwitz-Birkenau.)

Anupama Chandrasekaran (2013) Doctors Suspect Rare Disease Might Have Afflicted Indian Child. The New York Times (India Ink), 20. August 2013, http://india.blogs.nytimes.com/2013/08/20/doctors-suspect-raredisease-might-have-afflicted-indian-child/?src=recg&_r=1& (zuletzt aufgerufen 3. August 2016)

John DeHaan & Nurbakhsh (2001) Sustained combustion of an animal carcass and its implications for the consumption of human bodies in fire Journal of Forensic Sciences, Band 46, Seiten 1076–1081.

John DeHaan, David Brien, Robert Large (2004) Volatile organic compounds from the combustion of human and animal tissue. Science&Justice, Band 44, Seiten 223–236.

John DeHaan (2011) Commentary on: Levi-Faict TW, Quatrehomme G: ›So-called spontaneous human combustion‹. Journal of Forensic Sciences, Band 56, Seiten 1405.

John DeHaan (2012) Sustained combustion of bodies: some observation Seiten Journal of Forensic Sciences, Band 57, Seiten 1578–1584.

Charles Dickens (1853) Bleak House. London, Bradbury and Evans.

Charles Dickens (1866) Bleak House. Aus dem Englischen von Julius Seybt. Boz [Pseudonym] (Dickens), Gesammelte Werke: Dritter Band. Leipzig, L. Wiedemann.

David Dolinak, Elisabeth Balraj (2006) In Memoriam: Lester Adelson, MD (1914–2006). American Journal of Forensic Medicine & Pathology, Band 27, Seiten 283–284.

Jonas Dupont (1763) Specimen Pathologico-Medicum Inaugurale De Incendiis Corporis Humani Spontaneis (…). Lugduni Batavorum [Leiden], Theodor Haak (gedruckte Doktorarbeit).

James Gamble (1999) Death by spontaneous combustion: Charles Dickens and the strange case of Mr. Krook. The Pharos, Alpha Omega

Alpha Honor Medical Society, Band 62, Heft 2, Ausg. Frühjahr 1999, Seiten 11-15.

J. Graff (1850) Medizinisch-gerichtliche Verhandlungen, die Todesart der halbverbrannt gefundenen Gräfin von Görlitz betreffend. Adolph Henke's Zeitschrift fuer die Staatsarzneikunde, Band 59, Seiten 392-450.

Gideon Greif (1995) »Wir weinten tränenlos ...«. Augenzeugenberichte der jüdischen »Sonderkommandos« in Auschwitz. Aus dem Hebräischen übersetzt von Matthias Schmidt. Köln, Weimar, Wien, Böhlau.

Austin Gresham (1977) Farbatlas der gerichtlichen Medizin. Ins Deutsche übertragen von Horst Leithoff. Stuttgart, New York, Schattauer.

Johann Jacob Hemmer (1799) On Animal Electricity. In: Alexander Tilloch (Hrsg.): The Philosophical Magazine: Comprehending the various branches of Science, the Liberal and Fine Arts, Agriculture, Manufactures and Commerce. Band 5, London, Edinburgh & Dublin, J. Davis, Seiten 1-7 (zu elektrostatischer Aufladung).

Johann Jacob Hemmer (1800) Observations on Animal Electricity, and particularly that called Spontaneous, In: Alexander Tilloch (Hrsg.): The Philosophical Magazine: Comprehending the various branches of Science, the Liberal and Fine Arts, Agriculture, Manufactures and Commerce. Band 5 (1800), London, Edinburgh & Dublin, J. Davis, Seiten 140-145 (zu elektrostatischer Aufladung; Original erschienen in Acta Academiae Theodoro-Palatinae (Historia et commentationes academiae electoralis scientiarum et elegantiorum literarum Theodoro-Palatinae, Mannheim).

Adolph Henke (1884) Lehrbuch der gerichtlichen Medicin. Berlin, Ferdinand Dümmler.

Bernd Herrmann (1980) Kleine Geschichte der Leichenbranduntersuchung. Fornvännen, Journal of Swedish Antiquarian Research, Band 75, Seiten 20-19 (Artikel in deutscher Sprache).

Charles Hirsch (1989) Lester Adelson, M. D. The American Journal of Forensic Medicine and Pathology, Band 10, Seiten 261-263.

Matthias Jacobus (1673) Crebrior Spiritus Vini usus lethalis (»Tod durch häufigen Gebrauch von Wein«). In: Thomas Bartolin (Hrsg.): Acta Medica et Philosophica Hafniensia, Abschnitt CXXIIIIII, Band 1671 & 1672, Seiten 211-212.

H. Klauer (1940) Selbstentzündung, verursacht durch gebrannten Kalk.

Zugleich Entgegnung auf den Aufsatz »Brandstiftung durch eine Katze« im Arch. f. Krim. Bd. 104, H. 1 und 2, S. 53). Archiv für Kriminologie, Band 106, Seiten 36–45.

Pierre-Aimé Lair (1800) On the Combustion of the Human Body, produced by the long and immoderate Use of Spirituous Liquors, In: Alexander Tilloch (Hrsg.): The Philosophical Magazine: Comprehending the various branches of Science, the Liberal and Fine Arts, Agriculture, Manufactures and Commerce. Band 6, London, Edinburgh & Dublin, J. Davis, Seiten 132–146 (Originalbericht ursprünglich im ›Journal de Physique‹ aus dem VII. Pluviôse [im Jahr 1800 nach republikanischem Kalender])

Claude-Nicolas Le Cat (1813) Mémoire posthume sur les incendies spontanés de l'économie animale. Paris, Migneret.

Thierry Levi-Faict, Gérald Quatrehomme (2011) So-called Spontaneous Human Combustion. Journal of Forensic Sciences, Band 56, Seiten 1334–1339.

Justus von Liebig (1844) Chemische Briefe, 24. Brief. Heidelberg, Akademische Verlagshandlung von C. F. Winter.

Burkhard Madea (1992) Branddauer und Verkohlungsgrad einer Brandleiche. Archiv für Kriminologie, Band 189, Seiten 39–47.

Sara Malm (2013) Three-month-old baby boy suffers horrifying burns ›after spontaneously bursting into flames for the fourth time‹. The Daily Mail Online, 12. August 2013, http://www.dailymail.co.uk/news/article-2389972/Three-month-old-baby-boy-suffers-horrifying-burns-spontaneously-bursting-flames-fourth-time.html (zuletzt geöffnet 11.–15. Aug. 2016).

Karal Marx (2016) Diarrhoea Claims Life of ›Burning‹ Baby. The New Indian Express, 19. Februar 2016, http://www.newindianexpress.com/states/tamil_nadu/Diarrhoea-Claims-Life-of-Burning-Baby/2016/02/19/article3284931.ece (zuletzt geöffnet 11.–15. Aug. 2016).

F. Mekereş, C. L. Buhaş (2016) Spontaneous human combustion, homicide, suicide or household accident? Romanian Journal of Legal Medicine, Band 24, Seiten 11–13.

Herman Melville (1849) Redburn. His First Voyage. Being the Sailor Boy: Confessions and Reminiscences Of the Son-Of-A-Gentleman In the Merchant Navy. 2 Bd., London, Richard Bentley/New York, Harper & Brothers (hier: Kapitel 48).

Herman Melville (1946) Redburn. Hamburg, Classen & Goverts.

Hermann Merkel (1932) Diagnostische Feststellungsmöglichkeiten bei verbrannten und verkohlten menschlichen Leichen. Deutsche Zeitschrift für die gesamte gerichtliche Medizin, Band 18, Seiten 232–249.

Gillian Mohney (2013) Indian Baby Released After No Signs of Spontaneous Combustion. abc News via Good Morning America, 23. August, 2013, http://abcnews.go.com/blogs/health/2013/08/23/indian-baby-released-after-no-signs-of-spontaneous-combustion/ (zuletzt geöffnet 16. August 2016).

Stefan Nehring (2005) Rüstungsaltlasten in der Nordsee. Das vergessene Erbe. Waterkant, Band 20, Heft 3/2005, Seiten 5–8.

Stefan Nehring (2007) Pulverfass Ostsee. Statistik über Unfälle mit versenkter Munition. Waterkant, Band 22, Heft 4/2007, Seiten 23–28.

John Oliver (1936) Spontaneous combustion – a literary curiosity. Bulletin of the Institute of the History of Medicine, Band 4, Seiten 559–572.

Otto Prokop (1960) Die Einwirkung hoher Temperaturen. In: Lehrbuch der gerichtlichen Medizin. Berlin, VEB Verlag Volk und Gesundheit, Seiten 116–124.

Otto Prokop, Günther Dotzauer (1979) Die Akupunktur. Stuttgart, New York, Fischer.

Jenny Randles, Peter Hough (1992) Spontaneous Human Combustion. London, Robert Hale.

Gareth Roberts (2015) Mum ›set fire to both babies for attention and blamed spontaneous combustion‹. Mirror, 4. März 2015, http://www.mirror.co.uk/news/world-news/mum-set-fire-both-babies-5270194 (zuletzt geöffnet 18. August 2016).

Volkmar Schneider (1982) Bemerkenswerte intracranielle Befunde in einer Brandleiche. Archiv für Kriminologie, Band 169, Seiten 129–139.

Harald Schütz, Günter Weiler (1993) Justus Liebig und die forensische Toxikologie. Gießener Universitätsblätter, Band 26; Seiten 43–50; urn:nbn:de:hebis:26-opus-96600

Gennaro Selvaggi, Serge Hoste, Hierry Tondu, Koen van Landuyt, Moustapha Hamdi, Phillip Blondeel, Stan Monstrey (2003) A combined chemical and fire burn following suspected spontaneous combustion. Journal of Burns and Surgical Wound Care [heute: ePlasty], Band 2 (o.S.; Hinweis: schwierig zu finden).

R. Sujatha (2013) Burning baby case: Rahul discharged from Kilpauk hospital. The Hindu (Cities: Chennai), 23. August 2013, http://www.the

hindu.com/news/cities/chennai/burning-baby-case-rahul-disch arged-from-kilpauk-hospital/article5051911.ece (zuletzt geöffnet 11. August 2016).

Ambroise Tardieu, X. Rota (1851) Considérations sur la combustion humaine spontanée. Annales d'hygiène publique et de médecine légale, Band 45, Seiten 99–125 (beinhaltet den 24. ›Chemischen Brief‹ von Justus von Liebig).

Frank Thadeuz (2012) Lebende Fackel. Können Menschen spontan Feuer fangen und verbrennen? Der Spiegel, Heft 23/2011, Seiten 150.

M. Thomsen (1978) Spontaneous human combustion. Burns, Band 5, Seiten 54–59.

UPI (1982) Woman chatches fire on street. The Citizen/Ottawa Citizen, 6. August 1982, Seite 6.

UPI (1982) Woman walking down street bursts into flames. Bangor Daily News, 6. August 1982, Seite 19.

Guy Walters (2013) Can a baby just burst into flames? This child is claimed to have spontaneously combusted FOUR time Crazy? A new theory offers a tantalising explanation. Mail Online, 25./26. August 2013, http://www.dailymail.co.uk/news/article-2401922/Baby-Rahul-This-child-claimed-spontaneously-combusted-times.html (zuletzt geöffnet 7. August 2016).

Michael Warren, William Maples (1997) The anthropometry of contemporary commercial cremation. Journal of Forensic Sciences, Band 42, Seiten 417–423.

BLUTWUNDER

Eduard Aigner (1939) 10 Jahre Konnersreuth. Berlin, A. Bock.

Anon (2005) Der »Konnersreuther Kreis«. In: Portal der Stadt Dahn für Kapuzinerpater Ingbert Naab, online http://www.pater-ingbert-naab.de/konnersreuth.htm (zuletzt geöffnet 19. Febr. 2016).

Anon. (1927/28) Okkultistische Umschau. Zentralblatt für Okkultismus: Monatsschrift zur Erforschung der gesamten Geheimwissenschaften, Band 21, Seite 334–335 (äußert sich kritisch zu den Erscheinungen)

Erwein Freiherr von Aretin (1983) Fritz Michael Gerlich. Prophet und Märtyrer. Sein Kraftquell. 2., ergänzte Auflage mit einem Vorwort von Karl Otmar von Aretin. München, Schnell und Steiner.

Mark Benecke, Saskia Reibe, Kristina Baumjohann, Sarah Gulinski, Waltraud Wetzel, Kira Schmidt, Katharina Preßler, Isabell Lebküchner, Markus Streckenbach (2012) Zur Morphologie langsam beschleunigter Blutauftropfspuren. Archiv für Kriminologie, Band 230, Seiten 42–54.

Liciano Berra (1931) Augen, die den Heiland sahen. Therese Neumann von Konnersreuth. Aus dem Italienischen. Dülmen, Laumann.

Ennemond Boniface (1956) Thérèse Neumann, la Stigmatisée. Paris, Pierre Horay; dt. Übersetzung als ›Therese Neumann. Die Stigmatisierte von Konnersreuth. Ein Bekenntnis‹, übersetzt von Josef Probst. Wiesbaden, Credo-Verlag, 1958.

Josef Breuer, Sigmund Freud (1916) Studien über Hysterie. 3., unveränderte Auflage. Leipzig und Wien, Deuticke.

Ludwig van Bunzen (1927) Wunder und Rätsel der Stigmatisation im Lichte von Wissenschaft, Kirche, Okkultismus und Neugeist unter besonderer Berücksichtigung der stigmatisierten Therese Neumann in Konnersreuth. In: ›Die Okkulte Welt‹, Band 177, Pfullingen, Johannes Baum.

Josef Deutsch (1932) Konnersreuth in ärztlicher Beleuchtung. Bonifacius-Druckerei-Verlag, Paderborn

Alphons Dorasz (1931) Konnersreuth. Eine wissenschaftlich-kritische Prüfung. Übertragen von F. R. von Lama. Waldsassen, Albert Angerer.

Fritz Gerlich (1927) Konnersreuth als historisches Problem. ›Die Einkehr‹, Beilage der ›Münchner Neuesten Nachrichten‹, Nr. 88, 30. November 1927.

Fritz Gerlich (1929) Die stigmatisierte Therese Neumann von Konnersreuth. Band 1: Die Lebensgeschichte der Therese Neumann, Band 2: Die Glaubwürdigkeit der Therese Neumann. München, Josef Kösel & Friedrich Pustet.

Ruth Halkon (2016) Girl who BLEEDS from her EYES, EARS and MOUTH describes misery of horrifying condition which leaves her housebound. The Mirror, 9. März 2016, http://www.mirror.co.uk/news/uk-news/girl-who-bleeds-eyes-ears7528247 (zuletzt geöffnet 2. August 2016)

Josef Hanauer (1999) Wahrhaftigkeit und Glaubwürdigkeit der katholischen Kirche. Der »Fall Konnersreuth«. Mit einem Geleitwort von Prof. Dr. med. Dr. h.c. mult. Prof. h.c. FRSM [Fellow of the Royal Society of Medicine] Otto Prokop. Karin Fischer Verlag, Aachen

Hans Heermann (1932) Um Konnersreuth. Sonderdruck aus ›Theologie und Glaube. Zeitschrift für den katholischen Klerus«, 1932, Heft 2. Paderborn, Bonifacius-Druckerei, 1932, Seiten 1–16 (guter, ärztlicher Bericht mit Befunden und experimentellen Vorschlägen).

Marc Lallanilla (2013) Medical Mystery: Man Sheds Tears of Blood. Live Science, 17. Oktober 2013, http://www.livescience.com/40519-man-sheds-tears-of-blood-haemolacria.html (zuletzt geöffnet 15. August 2016).

Friedrich Ritter von Lama (1927) Therese von Konnersreuth. Eine Stigmatisierte unserer Zeit. Bonn, Rhenania (2. u. 3. Auflage: 1928).

Helmut Moll (2013) Der »Kreis der Märtyrer im Dienste von Konnersreuth« (E. Boniface). Wahrheitssucher der NS-Zeit im Umkreis von Therese Neumann (1898–1962). Impulse, Bischöflicher Newsletter, Sept. 2013, online http://www.bistum-regensburg.de/fileadmin/user_upload/newsletter-archiv/Maertyrer_im_Dienste_von_Konnersreuth_Praelat_Moll.pdf (zuletzt geöffnet 8. August 2016).

Johannes Nießen (1927) Therese Neumann, die Stigmatisierte von Konnersreuth. Natur oder Übernatur? Populärwissenschaftliche Darlegung und Vertiefung. Erweiterte Abhandlung aus dem ›Katholischen Kirchenblatt‹, Krefeld. Krefeld, Johann von Acken.

Tracy Ollerenshaw (2016) The girl with bleeding eyes and ears – and no diagnosis. BBC Newsbeat, http://www.bbc.co.uk/newsbeat/article/35777597/the-girl-with-bleeding-eyes-and-ears-and-no-diagnosis (zuletzt geöffnet 9. August 2016).

Örjan Ouchterlony (1949) Antigen-antibody reactions in gels and the practical application of this phenomenon in the laboratory diagnosis of diphtheria. Dissertationsschrift, Solna, Karolinska-Institut.

Albin Salzmann (1927) Therese Neumann, die Stigmatisierte von Konnersreuth. Heimat, Jugend, Krankheiten, Heilungen, Visionen, Urteile. Persönliche Eindrücke und Berichte von Augenzeugen. Dessau, Martin Salzmann/Zichäus, Anhaltinische Buchdruckerei Gutenberg.

Michael Schäfer (1998) Fritz Gerlich, 1883–1934. Dissertation, Ludwig-Maximilians-Universität München (insbes. Kapitel 4: Der »Gerade Weg«, Abschnitt 1: Der Einsatz für Konnersreuth).

Walter Steffens (1927) Die Stigmatisierte von Konnersreuth. Leben, Leiden und Visionen einer Gläubigen. Ein Wunder? München, Paul Erttmann.

Walter Vandereycken, Ron van Deth, Rolf Meermann (1990) Hungerkünstler, Fastenwunder, Magersucht. Eine Kulturgeschichte der Ess-Störungen. Zülpich, Biermann.

Johannes Verweyen (1932) Das Geheimnis von Konnersreuth. Ein Augenzeuge berichtet und deutet die rätselhaften Vorgänge. 3. Auflage, Stuttgart, Süddeutsches Verlagshaus (N. B.: Verweyen war Philosophie-Professor an der Universität Bonn und wie mehrere Konnersreuth-Anhänger ausgesprochener Gegner der Nazis – auch der Rassenlehre. Er starb kurz vor der Befreiung im Konzentrationslager Bergen-Belsen).

Leopold Witt (1929) Die Leiden einer Glücklichen. Heimatblümchen aus dem Stiftland. Konnersreuth im Lichte der Religion und Wissenschaft. Teil 2: Das kleine Leben der stigmatisierten Jungfrau. Waldsassen, Albert Angerer.

Georg Wunderle (1927) Die Stigmatisierte von Konnersreuth. Tatsachen, Eindrücke, Erwägungen. In: Joseph Gmelch (Hrsg.) Schriftenreihe des Klerusblattes, Heft 1, Eichstätt, Geschäftsstelle des Klerusblattes.

LEICHENÖL

Mark Benecke (2011) Das Leichen-Öl der Heiligen Walburga. Skeptiker, Heft 3/2011, Seiten 144–147.

Eduard Hoffmann-Krayer, Hanns Bächtold-Stäubli (1927–1942) Handwörterbuch des deutschen Aberglaubens, zehn Bände, Berlin, Verlag Walter de Gruyter.

Johann Evangelist Stadler, F. J. Heim und J. N. Ginal (Hrsg.) (1882) Vollständiges Heiligen-Lexikon oder Lebensgeschichten aller Heiligen, Seligen etc. etc. aller Orte und aller Jahrhunderte, deren Andenken in der katholischen Kirche gefeiert oder sonst geehrt wird, Band 5: Q–Z, Augsburg, B. Schmid'sche Verlagsbuchhandlung/A. Manz.

Charles Tanford (1989) Ben Franklin Stilled the Waves: An Informal History of Pouring Oil on Water with Reflections on the Ups and Downs of Scientific Life in General. Durham, Duke University Press.

KREUZIGUNGEN

Pierre Barbet (o.J., wohl 1937/1938) Les Cinq Plaies du Christ. Étude anatomique et expérimentale par le docteur Pierre Barbet, Chirurgien de l'Hôpital Saint-Joseph de Paris etc.; 2., durchgesehene und erweiterte Auflage, Paris, Procedure du Carmel de l'Action de Grace Seiten (Anm.: Erste Auflage wohl aus dem Jahr 1937; basierend auf einem Vortrag, den Barbet am 8. März 1934 vor dem ›Comité de Paris de la Société médicale de Saint-Luc, Saint-Côme et Saint-Damien‹ gehalten und im selben Jahr in zwei Aufsätzen im ›Bulletin de la Société‹ veröffentlicht hatte.)

Mark Benecke (2016) Auf den Philippinen gibt es zu Karfreitag eine Tradition: Um ihren Glauben zu demonstrieren, lassen sich dort Menschen wie Jesus ans Kreuz nageln. Damit es nicht zu bleibenden Schäden kommt, ist die Art der Nägel entscheidend. DRadio Wissen, 24. März 2016, http://dradiowissen.de/beitrag/redaktions-konferenz-kreuzigung-illegale-strassenrennen-ruecksendungen-bei-amazon (zuletzt aufgerufen am 21. August 2016).

Jon Taylor, Sarah Kass (2008) Crucifixion. Indigo Films, San Rafael (Ca., USA)/History Channel (enthält Kreuzigungsexperimente mit meinem Team).

Frederick Zugibe (1983) Death by Crucifixion. Canadian Society of Forensic Science Journal, Band 17, Seiten 1–13.

Frederick Zugibe (1995) Pierre Barbet Revisited. Sindon (neue Serie), International Centre of Sindonology, Heft 8, December 1995 (ital.; Hrsg. Reale Confraternita del Sudario, Turin), Seiten 109–121.

Frederick Zugibe (2001) Doctors at Calvary: Victims of crucifixion were unable to push themselves up while fastened to the cros Shroud Newsletter, British Society for the Turin Shroud, Band 53, Heft Juli 2001, Seiten 22–29.

Frederick Zugibe (2005) The Crucifixion of Jesus. Previously titeled ›The Cross and the Shroud‹. Second edition, completely revised and expanded. New York, M. Evans and Company.

MUMIEN

Arthur Aufderheide (2003) The Scientific Study of Mummies. Cambridge, Cambridge University Press.

Mark Benecke (1996) Zur insektenkundlichen Begutachtung in Faulleichenfällen. Archiv für Kriminologie, Band 198, Seiten 99–109.

Mark Benecke (1998) Der Traum vom Ewigen Leben. Die Biomedizin entschlüsselt das Geheimnis des Alterns. München, Kindler (heutige Auflagen unter dem Titel ›Memento Mori‹ beim Verlag Roter Drache).

Mark Benecke (1999) Manche Tote leben länger. Lenins Leiche erzählt die Geschichte russischer Präparierkunst. Von ihr profitieren heute übel zugerichtete Mafiosi. Die Zeit 5/1999, S. 29.

Mark Benecke (2008) A brief survey of the history of forensic entomology. Acta biologica Benrodis, Band 14, Seiten 15–38.

Mark Benecke (2011) Käferfunde und andere biologische Spuren im Schrein des Hl. Severin. In: Joachim Oepen, Bernd Päffgen, Sabine Schrenk, Ursula Tegtmeier (Hrsg): Der hl. Severin von Köln. Verehrung und Legende. Befunde und Forschungen zur Schreinsöffnung von 1999. Studien zur Kölner Kirchengeschichte, Band 40, Seiten 183–190, Siegburg, Franz Schmitt.

Mark Benecke (2014) Arthropods on mummies in the Catacombe dei Cappuccini in Palermo, Italy. 8th International Congress of Dipterology, Potsdam 2014. Abstract in Kongressband 36, DOI 10. 13140/2.1.2929.9529.

Thomas Clausen, Karl Christensen, Karina Nielsen (2015) Does Group-Level Commitment Predict Employee Well-Being?: A Prospective Analysis. Journal of Occupational & Environmental Medicine, Band 57, Seiten 1141–1146.

Scott Cohen, Stefan Gössling (2015) A darker side of hypermobility. Environment and Planning A, Band 47, Seiten 1661–1679.

Sadie Conway, Lisa Pompeii, Robert Roberts, Jack Follis, David Gimeno (2016) Dose-response relation between work hours and cardiovascular disease risk: findings from the panel study of income dynamic Journal of Occupational and Environmental Medicine, Band 58, Seiten 221–226.

EFE (2015) La momificación aborigen canaria, una práctica rica y variada. El egiptólogo Daniel Méndez ha presentado ›Momias, xaxos y mirlados‹, un conjunto de narraciones sobre la embalsamamiento de los antepasados isleños. El Diario, 13. April 2015, http://www. eldiario.es/canariasahora/sociedad/momias-aborigenes-egiptologia_0_376912466.html (zuletzt geöffnet 5. August 2016).

Flaviano Farella (1982) Cenni storici della chiesa e delle catacombe dei Cappuccini die Palermo. Palermo, Fiamma Serafica.

Angelika Franz (2009) Einbalsamierung: Forscher lösen Rätsel der makellosen Mumie. Spiegel Online, 11. Mai 2009, http://www.spiegel. de/wissenschaft/mensch/einbalsamierung-forscher-loesen-raetsel-der-makellosen-mumie-a-623616.html (zuletzt geöffnet 3. August 2016).

Fritz Habekuss (2012) Siziliens Mumien: Im Zirkus der toten Artisten. Die größte Mumiensammlung Europas findet sich in Palermos Unterwelt – wissenschaftlich erschlossen ist sie bislang kaum. Deutsche Forscher haben die sizilianischen Katakomben und ihre Bewohner in Augenschein genommen. Die Zeit Nr. 36/2012, online auch unter http://www.zeit.de/2012/36/Forschung-Sizilien-Katakomben-Mumien (zuletzt geöffnet 22. August 2016).

Jan Harbort, Özlem Gürvit, Lothar Beck, Tanja Pommerening (2000) Extraordinary dental findings in an Egyptian mummy skull by means of Computed Tomography. PalArch's Journal of Archaeology of Egypt/Egyptology, Band 1, Heft 1, Seiten 1–8.

Jean-Bernard Huchet (2010) Archaeoentomological study of the insects remains found within the mummy of Namenkhet Amon, San Lazzaro Armenian Monastery (Venice/Italy). Advances in Egyptology, Band 1, Seiten 58–79.

Paul Koudounaris (2014) Katakombenheilige. Verehrt, verleugnet, vergessen. Übersetzt von Ulrike Kretschmer. München, Grubbe.

Paul Koudounaris (2014) Im Reich der Toten. Eine Kulturgeschichte der Beinhäuser und Ossuarien. Potsdam, Ullmann.

Clark Larsen, Rebecca Shavit, and Mark Griffin (1991) Dental Caries Evidence for Dietary Change: An Archaeological Context. In: Marc Kelley, Clark Larsen (Hrsg.) ›Advances in Dental Anthropology‹, New York, Wiley-Liss, S. 179–202.

Ursula Lehr (1982) Social-Psychological Correlates of Longevity. Annual Review of Gerontology and Geriatrics, Band 3, Seiten 102–147.

Rosella Lorenzi (2014) Optical Illusion: Child Mummy Opens And Closes Her Eyes. Discovery Channel News, 20. Juni 2014, http://news.discovery.com/history/archaeology/optical-illusionchild-mummy-opens-and-closes-hereyes-140620.htm (zuletzt geöffnet 14. August 2016).

Daniel Méndez-Rodríguez (2014) Momias, *xaxos* y mirlados. Las narraciones sobre el embalsamamiento de los aborígenes de las Islas Canarias (1482–1803). San Cristóbal de La Laguna, Instituto de Estudios Canarios.

Gabriel Moshenska (2012) Selected Correspondence from the Papers of Thomas Pettigrew (1791–1865), Surgeon and Antiquary. Journal of Open Archaeology Data, Band 1, Ausgabe 2, Seite 9, doi:10.5334/4f913ca0cbb89.

Andreas Nerlich, Albert Zink, Hjalmar Hagedorn, Ulrike Szeimies, C.

Weyss (2000) Anthropological and palaeopathological analysis of the human remains from three »Tombs of the Nobles« of the necropolis of Thebes, upper Egypt. Anthropologischer Anzeiger, Band 58, Seiten 321–343.

Dario Piombino-Mascali, Frank Maixner, Albert Zink, Silvia Marvelli, Stephanie Panzer, Arthur Aufderheide (2012) The Catacomb Mummies of Sicily A State-of-the-Art Report (2007–2011). Antrocom Online Journal of Anthropology, Band 8, Seiten 341–352.

Stephanie Panzer, Heather Gill-Frerking, Wilfried Rosendahl, Albert Zink, Dario Piombino-Mascali (2013) Multidetector CT investigation of the mummy of Rosalia Lombardo (1918–1920). Annals of Anatomy (Anatomischer Anzeiger), Band 195, Seiten 401–408.

Stephanie Panzer, Oliver Peschel, Brigitte Haas-Gebhard, Beatrice Bachmeier, Carsten Pusch, Andreas Nerlich (2014) Reconstructing the Life of an Unknown (ca. 500 Years-Old South American Inca) Mummy. Multidisciplinary Study of a Peruvian Inca Mummy Suggests Severe Chagas Disease and Ritual Homicide. PLoS ONE, Band 9, Dokument e89528.

Thomas Pettigrew (1834) A history of egyptian mummies. London, Longman, Rees, Orme, Brown, Green & Longman. [Darin auf S. 241–244 auch ein kurzer Bericht über die Mumien von Palermo mit möglichen Räuberpistolen.]

Thomas Pettigrew (1836) Account of the unrolling of an Egyptian mummy, with incidental notices of the manners, customs, and religion, of the ancient Egyptians. The Magazine of Popular Science, and Journal of the Useful Arts, Band 2, Seiten 17–40.

Guadalupe Piñar, J. Ettenauer, Katja Sterflinger, Dario Piombino-Mascali, Frank Maixner, Albert Zink, Lucia Kraková, Domenico Pangallo (2013) Microbial and molecular investigation in the Capuchin Catacombs of Palermo, Italy: Microbial detoriation risk and contamination of the indoor air. In: Miguel Angel Rogerio-Candelera, Massimo Lazzari, Emilio Cano (Hrsg.) Science and Technology for the Conservation of Cultural Heritage. London, Taylor & Francis, Seiten 87–91.

Guadalupe Piñar, Dario Piombino-Mascali, Frank Maixner, Albert Zink, Katja Sterflinger (2013) Microbial survey of the mummies from the Capuchin Catacombs of Palermo, Italy: Biodeterioration risk and contamination of the indoor air. FEMS (Federation of European Microbiological Societies) Microbiology Ecology, Seiten 341–356.

Dario Piombino-Mascali, Frank Maixner, Albert Zink, Silvia Marvelli, Stephanie Panzer, Arthur Aufderheide (2012) The Catacomb Mummies of Sicily, A State-of-The-Art Report (2007–2011). Antrocom Online Journal of Anthropology, Band 8, Seiten 341–352.

George Poinar (2005) *Triatoma dominicana sp. n.* (Hemiptera: Reduviidae: Triatominae), and *Trypanosoma antiquus sp. n.* (Stercoraria: Trypanosomatidae), the First Fossil Evidence of a Triatomine-Trypanosomatid Vector Association. Vector-Borne and Zoonotic Diseases, Band 5, Seiten 72–81.

Christine Quigley (1998) Modern Mummies The Preservation of the Human Body in the Twentieth Century. Jefferson, McFarland.

Simon Rasmussen, Morten Erik Allentoft, Kasper Nielsen, Ludovic Orlando, Martin Sikora, Karl-Göran Sjögren, Anders Gorm Pedersen, Mikkel Schubert, Alex Van Dam, Christian Moliin Outzen Kapel, Henrik Bjørn Nielsen, Søren Brunak, Pavel Avetisyan, Andrey Epimakhov, Mikhail Viktorovich Khalyapin, Artak Gnuni, Aivar Kriiska, Irena Lasak, Mait Metspalu, Vyacheslav Moiseyev, Andrei Gromov, Dalia Pokutta, Lehti Saag, Liivi Varul, Levon Yepiskoposyan, Thomas Sicheritz-Pontén, Robert Foley, Marta Mirazón Lahr, Rasmus Nielsen, Kristian Kristiansen, Eske Willerslev (2015) Early Divergent Strains of Yersinia pestis in Eurasia 5000 Years Ago. Cell, Band 163, Seiten 571–582.

Catherine Richards, Andrew Rundle (2011) Business travel and self-rated health, obesity, and cardiovascular disease risk factors. Journal of Occupational and Environmental Medicine, Band 53, Seiten 358–363.

rul (2013) Kapuzinerkloster Brig: Wirkt der »Bruder auf Zeit« Wunder? 1815.ch News, Regionalteil Wallis, 27. Nov. 2013, http://www.1815.ch/news/wallis/aktuell/wirkt-der-bruder-auf-zeit-wunder-20131127070000/ (zuletzt geöffnet 10. August 2016).

Stefan Schlagenhaufer (2010) Bruder Paulus übernimmt wieder Kapuzinerkloster. Zusammen mit 10 Mönchen kümmert er sich täglich um 160 Obdachlose und bis zu 1500 Kirchen-Besucher. Bild, Ausgabe Frankfurt, 30. Okt. 2010, online http://www.bild.de/regional/frankfurt/uebernimmt-wieder-kapuzinerkloster-14475796.bild.html (zuletzt geöffnet 16. August 2016).

Naseem Shah, Karimassery Sundaram (2004) Impact of socio-demographic variables, oral hygiene practices, oral habits and diet on dental caries experience of Indian elderly: a community-based study. Gerodontology, Band 21, Seiten 43–50.

Tim Stinauer (2002) Gräberfeld im Hinterhof. In der Südstadt haben Bauarbeiter zwei Skelette aus der Römerzeit gefunden. Kölner Stadt-Anzeiger Nr. 146, 27. Juli 2002, Seite 17.

Ma Teresa Valdes-Perezgasga, Francisco Sanchez-Ramos, Oswaldo Garcia-Martinez, Gail Anderson (2010) Arthropods of forensic importance on pig carrion in the Coahuilan semidesert, Mexico. Journal of Forensic Sciences, Band 55, Seiten 1098–1101.

Stefano Vanin, Mirella Gherardi, Valentina Bugelli, Marco Di Paolo (2011) Insects found on a human cadaver in central Italy including the blowfly Calliphora loewi (Diptera, Calliphoridae), a new species of forensic interest. Forensic Science International, Band 207, Seiten e30–e33.

Christina Warinner, João Matias Rodrigues, Rounak Vyas, Christian Trachsel, Natallia Shved, Jonas Grossmann, Anita Radini, Y. Hancock, Raul Tito, Sarah Fiddyment, Camilla Speller, Jessica Hendy, Sophy Charlton, Hans Ulrich Luder, Domingo Salazar-García, Elisabeth Eppler, Roger Seiler, Lars Hansen, José Alfredo Samaniego Castruita, Simon Barkow-Oesterreicher, Kai Yik Teoh, Christian Kelstrup, Jesper Olsen, Paolo Nanni, Toshihisa Kawai, Eske Willerslev, Christian von Mering, Cecil Lewis Jr, Matthew Collins, Thomas Gilbert, Frank Rühli & Enrico Cappellini (2014) Pathogens and host immunity in the ancient human oral cavity. Nature Genetics, Band 46, Seiten 336–344.

Alfried Wieczorek, Michael Tellenbach, Wilfried Rosendahl (2007) Mumien. Der Traum vom Ewigen Leben. Publikationen der Reiss-Engelhorn-Museen, Band 24, Mainz, von Zabern.

Yimin Yang, Anna Shevchenko, Andrea Knaust, Idelisi Abuduresule, Wenying Li, Xingjun Hu, Changsui Wang, Andrej Shevchenko (2014) Proteomics evidence for kefir dairy in Early Bronze Age China. Journal of Archaeological Science, Band 45, Mai 2014, Seiten 178–186.

Ilya Zbarski, Samuel Hutchinson (1999) Lenin und andere Leichen. Mein Leben im Schatten des Mausoleums. Übersetzt von Bodo Schulze. Stuttgart, Klett-Cotta.

SKEPTISCHES DENKEN, EXPERIMENTIEREN, MÜNCHHAUSEN BY PROXY

Harriet Alexander (2016) How Mexico's most dangerous city transformed itself to become safe enough for the Pope. Ciudad Juarez, once plagued by drug gangs and violence, is now safer than many American cities and stands ready to welcome Pope Francis. The Telegraph, 17 Febr. 2016, online http://www.telegraph.co.uk/news/worldnews/centralamericaandthecaribbean/mexico/12155890/HowMexicos-most-dangerous-city-transformed-itself-to-become-safe-enough-for-the-Pope.html (zuletzt geöffnet 2. August 2016).

Anon. (2016) Mordfall Maria P.: Hochschwangere angezündet – Angeklagte verweigern Aussage. http://www.morgenpost.de/berlin/article206055685/Hochschwangere-angezuendet-Angeklagte-verweigern-Aussage.html (zuletzt geöffnet 17. August 2016).

Ben Abbott & KollegInnen (2016) Observation of Gravitational Waves from a Binary Black Hole Merger. Physical Review Letters 116, 061102.

Mark Benecke (2011) Einsatz von übersinnlichen Fähigkeiten: Test eines »Mediums« bei Tötungsdelikten. Kriminalistik, Band 65, Seiten 628–634.

Hans Asperger (1979) Problems of infantile autism, Communicationon Band 13, Seiten 45–52.

Mark Benecke, Kristina Baumjohann (2012) Silikon als Abformmittel in Extremsituationen. Kriminalistik, Band 66, Seiten 162–164.

Mark Benecke (2015) Dem Täter auf der Spur. So arbeitet die moderne Kriminalbiologie. 10. Aufl., Köln, Lübbe.

Mark Benecke (2016) Das knallt dem Frosch die Locken weg. Experimente für kleine und große Forscher. Illustrationen von Max Fiedler. 7. Aufl., Hamburg, Oetinger.

Davide Castelvecchi (2016) Gravitational Waves: Six Cosmic Questions They Can Tackle. The discovery of ripples in spacetime will vindicate Einstein – but it can also do so much more. Nature Magazine/Scientific American, 10. Febr. 2016, http://www.scientificamerican.com/article/gravitational-waves-6-cosmic-questions-they-can-tackle/ (zuletzt geöffnet 4. August 2016).

Michael Faraday (1894) The Chemical History of A Candle. A course of lectures delivered before a juvenile audience at the Royal Institution. Edited by William Crookes. Piccadilly (London), Catto & Windus.

Anja Fiedler, Jessica Rehdorf, Florian Hilbers, Lena Johrdan, Carola Stribl, Mark Benecke (2008) Detection of Semen (Human and Boar) and Saliva on Fabrics by a Very High Powered UV-/VIS-Light Source. The Open Forensic Science Journal, Band 1, Seiten 12–15.

Bernd Harder (2014) Überraschung beim PSI-Test: Kandidat räumt »bittere Erfahrung« ein. Blog der Gesellschaft zur wissenschaftlichen Untersuchung von Parawissenschaften, http://blog.gwup.net/2014/07/28/uberraschung-beim-psi-test-kandidat-raumt-bittere-erfahrung-ein/ (zuletzt geöffnet 13. August 2016).

Robert Jacobson, Paul Targonski, Gregory Poland (2007) A taxonomy of reasoning flaws in the anti-vaccine movement. Vaccine, Band 25, Seiten 3146–3152.

Christine Kensche (2016) Urteilsverkündung: Furchtbare Details über den Tod einer Schwangeren. Sie verbrannten die schwangere Maria P. bei lebendigem Leib, dafür müssen Eren T. und Daniel M. für jeweils 14 Jahre in Haft. Die Richterin deckte beim Urteil alle Fehler ihrer Lügengeschichten auf. Die Welt, 19. Febr. 2016, http://www.welt.de/vermischtes/article152439835/Furchtbare-Details-ueber-den-Tod-einer-Schwangeren.html (zuletzt geöffnet 17. August 2016).

Anne Losensky (2016) 16. Prozesstag: Mord an Maria P.: Brandgutachten belastet die Angeklagten. Die Schlinge zieht sich zu: Im Prozess um den Feuertod der hochschwangeren Maria stützt ein neues Brandgutachten vom Bundeskriminalamt den Mord-Vorwurf der Berliner Staatsanwaltschaft. B. Z. (Berlin), 28. Januar 2016, http://www.bz-berlin.de/tatort/menschen-vor-gericht/mord-an-maria-p-brandgutachten-belastet-die-angeklagten (zuletzt geöffnet 22. August 2016).

Roy Meadow (1977) Munchhausen Syndrome By Proxy. The Lancet, Bd./Heft 2(8033), Seiten 343–345.

Michael Mielke (2015) Mordprozess in Berlin: Um 20:42 Uhr schrieb Maria ihre letzte Nachricht. Berliner Morgenpost, 8. Oktober 2015, http://www.morgenpost.de/berlin/article205963377/Um-20-42-Uhr-schrieb-Maria-ihre-letzte-Nachricht.html (zuletzt geöffnet 2. August 2016).

Brendan Nyhan, Jason Reifler, Sean Richey, Gary L. Freed (2014) Effective Messages in Vaccine Promotion: A Randomized Trial. Pediatrics, Band 133, Seiten e835–e842.

James Randi, Chip Denman & Rick Adams (2016) The James Randi Educational Foundation's Million Dollar Challenge has been terminated. http://web.randi.org/the-million-dollar-challenge.html (zuletzt geöffnet 11. August 2016).

Lucius Annaeus Seneca (1998) Naturales quaestiones Naturwissenschaftliche Untersuchungen. In acht Büchern. Hier: Erstes Buch: Feuererscheinungen am Himmel. Stuttgart, Reclam (Original verfasst in den Jahren 62–63 n.u.Z.).

Mary Sheridan (2003) The deceit continues: an updated literature review of Munchausen Syndrome by Proxy. Child Abuse & Neglect, Band 27, Seiten 431–451.

REGISTER